좋은 ... 좋은 삶은 어떻게 가능할까?
질... 함이 인류가 축적해온
고... 다. 저 살려고 하는 일이
남... 라는 노동에는 기꺼이
헌신하고 응므므다.

— 은유(작가, 《싸울 때마다 투명해진다》 저자)

어떤 책은 그 책이 가장 간절한 순간을 골라 찾아온다.
《다정한 것이 살아남는다》는 우리의 무르게 열린 부분들이 약점이
아니었음을 일러주고, 그것을 앎으로써 한결 단단히 내일을
마주하는 일이 가능해진다.

— 정세랑(소설가, 《시선으로부터,》 저자)

'객관'의 탈을 쓰고 자신이 가진 편견과 이기심을 무책임하게
정당화하던 사람들로부터 《다정한 것이 살아남는다》는 진화론을
구출해낸다. 지식인으로서 사회적 책무를 다하는 이 책이
교과서였으면 좋겠다. 과학책이 낯선 독자에게 특히 추천한다.
사랑하지 않을 수 없을 것이다.

— 하미나(작가, 《미쳐있고 괴상하며 오만하고 똑똑한 여자들》 저자)

다정한   살아남는다
것이

다정한 것이 살아남는다

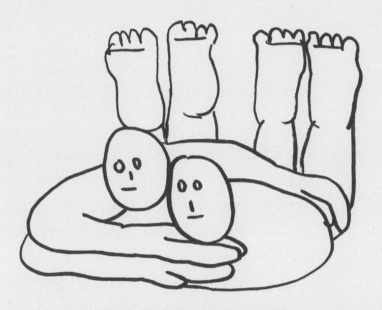

Survival
of
the Friendliest

디플롯   브라이언 헤어·버네사 우즈   이민아 옮김   박한선 감수

손잡지 않고 살아남은 생명은 없다

최재천

이화여대 에코과학부 석좌교수

생명다양성재단 이사장

생물학자들의 죄가 크다. 우리는 오랫동안 자연을 '눈에는 눈, 이에는 이'라며 피도 눈물도 없는 삭막한 곳으로 묘사하기 바빴다. 그리고 그 죄를 죄다 찰스 다윈Charles Darwin의 '적자생존 Survival of the fittest'에 뒤집어씌웠다. '적자생존'은 원래 다윈이 고안한 표현도 아니다. 다윈의 전도사를 자처한 허버트 스펜서 Herbert Spencer의 작품인데 앨프리드 월리스Alfred Wallace의 종용으로 다윈은 《종의 기원》 제5판을 출간하며 당신 이론의 토대인 자연선택natural selection을 대체할 수 있는 개념으로 소개했다. 그러나 다윈의 죄는 거기까지다. 《종의 기원》은 물론, 《인간의 유래와 성선택》과 《인간과 동물의 감정 표현》에서 그는 생존투쟁 struggle for existence에서 살아남는 방법이 오로지 주변 모두를 제압하고 최적자the fittest가 돼야만 하는 게 아니라는 걸 다양한 예를 들어 풍성하게 설명했다. 그의 후예들이 오히려 그를 좁고 단순한 틀 안에 가둔 것이다. 이 책은 그 틀을 속 시원히 걷어낸 반가운 책이다.

이 책의 저자 중 한 명인 브라이언 헤어Brian Hare는 침팬지를 대상으로 하여 마음이론의 다양한 면모를 실험적으로 검증해낸 탁월한 영장류 학자다. 그가 영장류 연구를 거쳐 개의 인지를 연구하기로 한 것은 그야말로 신의 한 수였다. 오랫동안 동물행동학이나 생태학에서는 인간과 너무 가까이 살아온 동물은 연구대상으로 채택하기 꺼렸다. 인간의 손길이 닿지 않은 오지의 청정 자연을 찾아가 그곳의 생태를 연구해야 했고 인간에게 오염되지 않은 야생 동물의 행동을 관찰해야 했다. 그러나 개를 연구하기로 한 헤어의 혜안은 적중했다. 동물 중에서 우리 다음으로 높은 IQ(지능지수)를 지닌 동물은 단연 침팬지지만 가장 탁월한 EQ(감성지수)를 지닌 동물은 아마 개일 것이다. 우리 사람 아기는 생후 4개월이면 손가락이 가리키는 곳으로 시선을 돌릴 줄 알지만 우리와 유전자의 거의 99퍼센트를 공유하는 침팬지는 그저 손가락 끝만 바라볼 뿐이다. 개는 여러 공들 중에서 정확하게 우리 손가락이 가리키는 공을 물어온다. 개 연구는 인지과학의 새로운 지평을 열었고, 이제 헤어가 있는 듀크대학교는 물론, 하버드대학교와 독일의 막스 플랑크 연구소 등 세계적 연구기관들이 경쟁적으로 개 연구에 뛰어들고 있다.

이 책에서 헤어는 하버드대학교 재학 시절 지도교수였던 리처드 랭엄Richard Wrangham의 '자기가축화 가설'로 많은 현상을 설명한다. 가축화 과정에서는 보편적으로 펄럭이는 귀, 얼룩무늬 털, 동그랗게 말린 꼬리, 작은 이 같은 특징이 나타나지만, 나는 여기에 정해진 번식기의 굴레에서 벗어나 훨씬 자주 번식하게 된 변화가 더욱 중요하다고 생각한다. 그래서 결국 야생에서 사냥을 기반으로 살아온 늑대는 세계 곳곳에서 절멸 위기를 맞고 있지만 개는 개체 수가 수억 마리에 이르도록 생존에 성공했다. 개인적으로 나는 가장 다정한 늑대들을 우리가 잡아다가 길들인 게 아니라 가장 붙임성 있는 늑대들이 우리와 함께 살기로 선택해준 것이라고 생각한다. 그들은 처음부터 친화적 속성을 지니고 있었을 것이다. 그것이 우리랑 살면서 발현되고 향상된 것이다. 개들도 자기가축화 과정을 거쳐 오늘에 이르렀다고 생각한다.

나는 2014년에 《손잡지 않고 살아남은 생명은 없다》라는 책을 출간하며 다윈이 스펜서의 용어를 채용할 때 최상급이 아니라 비교급 표현으로 각색해 'Survival of the fitter'라고 했더라면 인간성의 진화에 관한 우리의 생각이 지금같이 거칠게 형성되지 않았을 것이라고 주장했다. 가장 잘 적응한 개체 하나만 살아남고 나머지 모두가 제거되는 게 아니라, 가장 적응하지 못한 자 혹은 가장 운이 나쁜 자가 도태되고 충분히 훌륭한, 그래서 서로 손잡고 서로에게 다정한 개체들이 살아남는 것이다.

나는 이 책이 특별히 반갑다. 조금은 외롭던 차에 학문적 동지를 만나 기쁘고, 인류의 기원과 보편적 인간성에 관한 참으로 탁월한 분석을 맞이해 더할 수 없이 반갑다. 아직도 성악설과 성선설 사이에서 흔들리는 당신에게 이 책을 권한다. 조간신문과 저녁 뉴스가 들려주는 사건 사고 소식에는 인간의 잔인함이 넘쳐나지만, 진화의 역사에서 살아남은 종들 중에서 가장 다정하고 협력적인 종이 바로 우리 인간이다. 정연한 논리로 이처럼 마음을 따뜻하게 해주는 책은 참 오랜만이다.

For all humans

모든 인류를 위하여

E pluribus unum[*]

여럿이 모여 하나로

<hr />

[*] 미국의 건국 이념으로, 고대 그리스 철학자 헤라클레이토스의 아포리즘 "하나는 모든 것으로 이뤄져 있고 모든 것은 하나로부터 나온다"에서 영감을 얻어 고안한 것이다.

　사방천지에 안 좋은 소식뿐이다. 전 세계를 휩쓴 감염병에서 간신히 살아남는가 했더니 온갖 해묵은 문제들이 다시 불거진다. 도처에서 일어나는 군사 쿠데타며, 재앙의 벼랑 끝에 놓인 기후변화며.

　인간의 본성은 어차피 글러 먹었다고 생각하기 쉽다. 적자생존을 법칙으로 믿는다면, 강한 자가 살아남고 약한 자는 사라지며 사람은 누구나 각자 살길을 찾아야 하는 존재라고 믿는다면, 특히 더 그렇게 느낄 것이다. 자연계를 지켜보면서 사람들은 인간만이 아니라 모든 종이 다 그렇다고 믿게 되었다.

　이 책에서 설명하겠지만, 이 오해에서 비롯된 잘못된 생각이 막대한 후과를 초래했다. 자연은 친화력과 협력이 넘치는 세계다.—어디를 봐야 하는지만 알면 된다.

　인간의 본성도 그렇다. 인류가 달에 발을 디딘 이래 처음으로 지난 몇 해 동안 과학계에서는 전례 없는 규모의 협업이 이루어졌다. 수천 명의 과학자가 힘을 합쳐 전 세계적인 감염병을 잠재우기 위해서 백신과 치료제를 개발해냈다. 지난 수십 년 동안 민주주의 체제는 증가했으며 많은 독재 정권이 붕괴했다. 1946년 이후로 무력 충돌로 인한 사망자 수는 꾸준히 감소해왔다.

우리 안에 잠재한 최선의 본성을 살리기 위한 열쇠는 최악의 본성을 발동시키는 것이 무엇인지 이해하는 것이다. 우리의 기나긴 진화 과정에서 우리 종이 그저 생존에 성공한 정도가 아니라 그 어떤 종보다도 번영할 수 있게 해준 힘이 친화력이었다. 우리는 가족이나 친구, 내 편이라고 느끼는 사람들을 지키기 위해서라면 어떠한 위협에도 굴하지 않으며 어떠한 대가라도 감수할 정도로 강한 유대 속에 살아간다. 문제는 바이러스나 기후변화로부터가 아니라 우리가 외부자로 여기는 집단으로부터 위협받을 때다.

20여 년 지속해온 연구를 통해서 우리는 이 악순환을 저지할 길이 있다는 결론을 얻었다. 머지않은 미래에 이 해법을 실행에 옮겨야 한다. 더 다정한 미래가 여기에 달려 있으므로.

2021년 12월
브라이언 헤어와 버네사 우즈

차례

일러두기

- 원제에도 쓰인 'friendliest'는 맥락에 따라 '다정함'과 '친화력'으로 나누어
  번역했다.
- 원문에서 이탤릭과 대문자로 강조한 것은 굵은 글씨로 처리했다.
- 본문의 각주는 모두 옮긴이의 것이다.

살아남고 진화하기 위해서

1971년, '브라운 대 토피카 교육위원회' 재판에서 인종분리 학교는 위헌이라고 판결한 지 17년이 지나서도 전국 학교들은 여전히 혼란스러운 상태였다.

백인이 아닌 다른 인종의 어린이들은 여전히 버스를 타고 멀리 떨어진 다른 구역의 학교에 다녀야 했다. 백인 학생들보다 두 시간은 먼저 일어나야 했다는 뜻이다. 경제적으로 여유가 되는 백인 가정은 자녀를 사립학교에 보냈기 때문에 공립학교에 남은 백인 학생은 빈곤층 아이들뿐이었다. 인종 집단 간의 적대감이 넘치는 교실 안에서 면학 분위기란 찾아보기 어려웠다. 교육자, 학부모, 정치인, 인권운동가, 사회복지사를 가리지 않고 모두가 이 상황을 우두망찰 지켜볼 뿐이었다.

카를로스(실명이 아니다)는 텍사스주 오스틴에 있는 한 공립학교의 5학년 학생이었다. 그에게 영어는 제2언어였다. 수업 중에 질문을 받으면 말을 더듬었고, 아이들이 놀리자 더 심해졌다. 그러면서 점점 더 외톨이가 되어 학교 생활 거의 내내 입을 꾹 다물고 지냈다.

많은 사회과학자가 인종통합 학교 정책은 크게 성공할 거라고 예견했다. 교실 안 모든 어린이가 평등해지면 백인 어린이들이 학교 안의 유색인종뿐만이 아니라 살면서 만나게 될 다른 인종의 사람도 차별하지 않는 성인으로 성장할 것이며, 백인이 아닌 다른 인종의 어린이들은 성공적 미래의 기틀이 될 일류 교육을 받을 수 있을 것이라고 생각했기 때문이었다.

하지만 심리학자 엘리엇 에런슨Elliot Aronson이 카를로스와 그 급우들을 조사해보니 근본적 문제 하나가 눈에 띄었다. 인종통합 학급이라고는 하나 학급 내 어린이들이 평등하지 않다는 점이었다. 백인 어린이들이 다른 인종 학생들에 비해서 학과 공부든 준비물이든 더 잘 준비했고 휴식의 질도 더 좋았다. 다른 인종의 학생을 가르치는 것이 처음이었던 대다수의 백인 교사들은 이 새로운 환경에서 무엇을 어떻게 해야 할지 몰라 쩔쩔맸다. 카를로스가 학생들 사이에서 놀림거리가 되는 것을 본 담임 교사는 카를로스가 최대한 주목받지 않도록 아무것도 시키지 않았고, 되레 카를로스는 더 고립되었다. 그런가 하면 다른 인종 학생들을 아예 교실에 들이고 싶어 하지 않는 교사들도 있었다. 그들은 못된 백인 학생들이 다른 인종의 학생을 놀려대는 행동을 장려하지는 않았지만, 그렇다고 따로 조치를 취하지도 않았다.

전통적 학급 환경에서는 어린이들이 교사의 인정을 받기 위해서 끊임없이 경쟁한다. 이 내재적 갈등 구조, 즉 한 어린이의 성공이 다른 학생들에게 위협이 되는 구조가 해로운 환경을 조성할 수 있는데, 인종통합 학교 정책은 이 문제를 더 악화시킬 가능성도 있었다. 이미 몇 년째 그 학교를 다니고 있던 많은 백인 어린이는 다른 인종 어린이들을 침입자, 심지어는 열등한 침입자로 여겼다. 따라서 다른 인종 어린이들이 백인 아이들의 적대감에 위협을 느낀 것은 당연한 일이었다.

에런슨은 카를로스의 담임 교사에게 새로운 수업법을 제시했다. 교사가 재판장처럼 일부 학생을 선택해 질문을 던지고 나머지는 소외시키는 수업이 아니라, 학생 한 명 한 명에게 각각 학습 단원의 일부분을 전달하고 그 부분에 대한 권한을 부여하는 방식의 수업이었다.

카를로스의 반에서는 언론인 조지프 퓰리처Joseph Pulitzer에 대한 수업이 진행되었다. 에런슨은 반을 여섯 모둠으로 나누었다. 카를로스가 속한 모둠원들은 각각 퓰리처의 일생 가운데 한 시기씩 맡아 공부했고, 지식나눔 시간을 진행하고 나서는 퓰리처 일생에 대해 시험을 보기로 했다. 카를로스는 퓰리처의 중년 시기를 맡았다. 발표할 차례가 된 카를로스가 평소처럼 말을 더듬자 다른 학생들이 '멍청이'라고 부르면서 놀려댔다. 에런슨의 조수가 대수롭지 않은 듯 말했다. "그런 말을 하고 싶으면 해도 돼요. 근데 그게 퓰리처의 중년에 대해 배우는 데는 도움이 되지 않겠죠. 이제 20분 뒤에 퓰리처의 일생에 대해서 시험을 칠 거예요."

아이들은 카를로스가 경쟁자가 아니라는 사실, 카를로스가 필요하다는 사실을 금세 깨달았다. 카를로스를 긴장하게 했다가는 카를로스가 맡은 부분을 이해하기가 어려워질 뿐이었다. 아이들은 호의적인 질문자가 되어 카를로스가 공부한 내용을 차근차근 끄집어냈다. 같은 방식으로 몇 주에 걸쳐 다양한 프로젝트를 진행하자 카를로스는 다른 아이들과 좀 더 편하게 지내는 듯했고, 이후에는 반 아이들과 친해질 수 있었다.

에런슨이 개발한 이 학습법을 '직소모형jigsaw method'이라고 하는데, 한 모둠 내 각각의 구성원에게 정보 일부를 전달하고, 서로 협력하여 조각을 맞추는 방식으로 정보를 완성하는 상호 의존적 수업 방법이다.[1] 일주일에 단 몇 시간만 이 모형을 적용해 수업했을 뿐인데 겨우 6주가 지났을 무렵 엄청난 효과가 나타났다. 에런슨은 어린이들이 모두 인종에 상관없이 자신의 모둠원을 같은 반 다른 아이들보다 더 좋아하게 되었음을 확인할 수 있었다. 아이들은 학교도 더 좋아하게 되었고, 자존감도 더 높아졌다. 직소모형 학습법을 경험한 어린이들은 다른 아이들의 상황에도 더 쉽게 공감했다. 아이들이 친구가 되고 나자, 더 표준화된 경쟁적 수업법을 다시 도입하는 것도 안전해졌다. 다른 인종의 어린이들은 모든 점에서 더 크게 개선되었다. 직소모형 학습법은 미국 전역 수천 개 교실에서 수많은 초등학생을

대상으로 실시되었고, 비슷한 결과를 얻은 바 있다.[2, 3, 4, 5]

적자생존

협력은 우리 종의 생존에 핵심이다. 우리의 진화적 적응력을 높여주기 때문이다. 하지만 언제부턴가 '적자'라는 개념이 '신체적 적자'와 동의어가 되었다. 이 논리를 야생에 대입하면, 덩치가 클수록 더 싸우려 들며 그럴수록 덤비려는 자가 적고 따라서 성공할 가능성이 더 크다. 그러므로 최상의 먹이를 독차지할 수 있고 가장 매력 있는 짝을 얻을 것이며 가장 많은 후손을 낳을 수 있다는 얘기가 된다. 지난 150년 동안 이 잘못된 '적자'의 해석이 사회운동, 기업의 구조조정, 자유시장에 대한 맹신의 바탕이 되어왔으며, 정부 무용론의 근거로, 타 인구 집단을 열등하다고 평가하는 근거로, 또 그런 평가가 야기하는 결과의 참혹함을 정당화하는 근거로 이용되어왔다. 하지만 다윈과 근대의 생물학자들에게 '적자생존'이란 아주 구체적인 어떤 것, 즉 살아남아 생존 가능한 후손을 남길 수 있는 능력을 가리키며, 그 이상으로 확대될 개념이 아니었다. 다윈의 《종의 기원》 제5판이 나오던 1869년 무렵에는 강하고 냉혹한 자들이 살아남고 약한 자들은 사라질 것이라는 생각이 집단의식 속에 뿌리 깊게 자리 잡았는데, 다윈은 이 책을 쓰면서 "적자생존이 더 정확하며, 때로는 더 편리하다"면서 자연선택의 대안으로 이 개념을 제시했다.

다윈은 자연에서 친절과 협력을 끊임없이 관찰하며 깊은 인상을 받았으며, "자상한 구성원들이 가장 많은 공동체가 가장 번성하여 가장 많은 수의 후손을 남겼다"[6]고 썼다. 다윈을 위시하여 그의 뒤를 이은 많은 생물학자도 진화라는 게임에서 승리하는 이상적 방법은 협력을 꽃피울 수 있게 친화력을 극대화하는 것이라는 기록을 남겼다.[7, 8, 9]

대중의 상상 속에 존재하는 '적자생존' 개념은 최악의 생존 전략이기도 하다. 한 연구는 가장 덩치 크고 가장 힘세고 가장 비열한 것이 누군가에게는 평생의 스트레스가 될 수 있음을 보여준다.[10] 사회적 스트레스는 우리 몸에 비축된 에너지를 고갈시켜 면역체계를 약화하고 결국 우리는 더 적은 수의 후손을 남기게 된다.[11] 마찬가지로 공격성이 높을수록 비용이 많이 드는데, 싸워서 다치거나 잘못되면 죽을 확률도 높아지기 때문이다.[12, 13] 이런 유형의 '적자'는 우두머리 지위를 차지할 수도 있지만, 그러다가 '더럽고 잔인하고 짧은' 인생으로 끝날 수도 있다.[14, 15, 16] 다정함은 일련의 의도적 혹은 비의도적 협력, 또는 타인에 대한 긍정적인 행동으로 대략 정의할 수 있는데, 다정함이 자연에 그렇게 보편적으로 존재하는 것은 그 속성이 너무나 강력하기 때문이다. 인간 사회에서 다정함은 친하게 지내고 싶은 누군가와 가까이 지내는 단순한 행동으로 나타나는가 하면, 어떤 공동의 목표를 성취하기 위해 협력을 통해 누군가의 마음을 읽는 등의 복합적인 행동으로 나타나기도 한다.[7]

협력은 아주 오래된 전략이다. 수백만 년 전 떠다니는 박테리아로 존재하던 미토콘드리아는 더 큰 단위의 세포 속으로 들어갔고, 미토콘드리아와 더 큰 세포가 힘을 합치자 동물의 몸에 힘을 공급하는 배터리가 되었다.[17] 우리 몸의 미생물 군집은, 다른 기능도 많지만, 특히 우리 몸이 음식물을 소화하고 비타민을 합성하며 장내 물질을 생성하는 등 여러 기능을 수행하게 해주는데, 이 협력관계는 미생물군과 우리 몸에 공히 이로운 결과물이다.[18] 개화식물은 대부분의 식물 종보다 늦게 발생했지만, 꽃가루를 옮겨주는 곤충과의 성공적 협력관계로 번성한 덕분에, 현재 우리의 정원을 지배하고 있다.[19] 지구에 서식하는 모든 육상동물 개체의 5분의 1을 점하는 개미는 5천만 마리의 개체군이 하나의 사회로 기능하는 초개체 동물이다.[20]

나(이 책에서 '나'는 주로 브라이언 헤어다)는 매년 학생들에게 진화론을 활용하여 세계의 문제를 해결하라는 과제를 내주는데 우리도 우리 자신에게 같은 과제를 부여하려 한다. 이 책은 다정함이 어떻게 인류의 진화에 유리한 전략이 되었는지를 밝히고자 한다. 이를 위해 동물의 행동을 탐구하는데(특히 개의 활약이 두드러진다), 이는 우리 자신을 이해하는 데도 도움이 될 것이다. 우리는 또한 다정함의 이면, 즉 우리의 친구가 아닌 이들에게는 잔인해지는 능력에 관해서도 탐구할 것이다. 우리의 이 이중적 본성이 어떻게 진화했는지 이해할 수 있다면, 전 세계의 민주주의 체제를 위협하는 사회적·정치적 양극화를 해결할 새로운 해법을 찾아낼 수도 있을 것이다.

가장 다정한 사람

우리는 진화를 일종의 창조 설화 같은 것으로 생각하는 경향이 있다. 아주 오랜 옛날 어떤 일이 일어났고 그것이 일종의 선형으로 연속되어온 것이라고. 하지만 진화는 생명체가 호모 사피엔스*Homo sapiens*의 '완성'을 향하여 깔끔하게 일직선으로 발전해온 과정이 아니다. 우리 호모 사피엔스보다 더 성공적으로 진화한 종은 많다. 그들은 우리보다 수백만 년을 더 살았으며, 오늘날까지 살아남은 수십 종의 다른 종을 만들어냈다.

사람 종은 약 600만 년에서 900만 년 전 보노보와 침팬지와 같은 조상으로부터 갈라져나온 이래 호모 속屬 안에서 다른 수십여 종을 만들어냈다. 화석과 DNA 분석 결과, 약 20만 년에서 30만 년 전 사이의 대부분 기간 동안 호모 사피엔스가 살았으며 최소 4종 이상의 다른 사람 종과 공존했음이 밝혀졌다.[21] 이들 호모 가운데 일부는 우리만 하거나 우리보다 더 큰 뇌를 지녔다. 뇌의 크기가 성공의 주된 필수 요소였다면, 이들 호모도 살아남아서 우리처럼 번성했어야 마땅하다. 하지만 상대적으로 소규모 집단이었고 호모 이외의 종에 비해서는 인상적이었지만 기술이 부족했던 이들 무리는 어느 시점에 이르러 전부 멸종했다.

사람 종 가운데 우리가 유일하게 큰 뇌를 지닌 종이었다 해도,

화석 기록에 우리가 등장한 시기와 우리의 인구와 문화가 폭발적으로 발전한 시기 사이인 적어도 15만 년의 빈틈은 여전히 해명되지 않았다. 우리와 다른 사람 종을 구분하는 신체적 특징은 우리의 진화과정 초기에 나타났지만, 우리가 아프리카에 나타난 뒤로도 최소 10만 년 동안 우리는 문화적으로 여전히 미숙한 상태였다. 돌날, 좌우대칭을 맞춘 뾰족한 날, 붉은 안료를 바른 유물, 뼈와 조가비 장신구 등은 우리를 유명하게 한 기술이었지만, 혁신이라기에는 감질날 수준이었다. 혁신은 수천 년 동안 나타났다 사라졌다 했을 뿐 확고하게 정착되지는 않았다.[22, 23, 24]

10만 년 전, 최후까지 살아남을 가능성이 높은 인류가 어느 종이었을지 내기를 걸었다면 호모 사피엔스는 독보적 승자가 아니었을 것이다. 가능성이 더 높았던 경쟁자는 호모 에렉투스 *Homo erectus*였을 것이다. 호모 에렉투스는 180만 년 전 아프리카를 떠나 지구상 가장 너른 영토에 분포했던 탐험가요, 질긴 생존력을 지닌 전사였다. 그들은 지구의 거의 전역을 개척했고, 불 다루는 법을 깨쳐 몸을 데웠을 뿐 아니라 자기방어와 요리에도 이용했다.

호모 에렉투스는 석영, 화강암, 현무암 같은 원료로 만든 아슐* 손도끼를 포함하여 발전된 석기를 능숙하게 사용한 최초

---

*   아슐 문화는 100만 년 전 구석기시대 아프리카와 유라시아에 걸쳐 발달한, 석기 제작 공법을 뜻한다.

의 인류였다.[25, 26] 이 원료의 성질이 부스러뜨리거나 얇게 조각
내는 기술에 영향을 주었고, 그 결과로 눈물방울 모양에 면도
날처럼 날카로운 연모를 얻었다. 수천 년 후 이를 발견한 자들
은 그 돌에 초자연적 힘이 있다고 믿었다. 호모 에렉투스는 여
러 다른 인류의 흥망성쇠를 지켜보았으며, 우리를 포함하여 다
른 사람 종보다 더 오래 살아남았다.

10만 년 전까지도 여전히 인류는, 호모 사피엔스가 등장하
기 150만 년 전에 호모 에렉투스가 발명했던 손도끼를 쓰고 있
었다. 유전자 분석 결과는 호모 사피엔스의 인구 규모가 멸종
수준으로 감소할 수도 있었음을 시사한다.[27, 28, 29] 어쩌면 호모
에렉투스는 우리를 그저 플라이스토세*에 단명했던 또 하나의
사람 종으로 여겼을지도 모르겠다.

시간을 빨리 되감아서 7만 5000년 전으로 가보자. 호모 에
렉투스는 아직 생존해 있었지만 기술은 크게 진보하지 않은
그저 그런 수준이었으므로, 어쩌면 승자는 네안데르탈인*Homo
neanderthalensis*으로 바뀌었을지도 모르겠다. 네안데르탈인은 우
리만큼 또는 우리보다 머리가 컸다. 신장은 우리와 비슷했지만
우리보다 무거웠고 그 초과분은 대부분 근육이었다. 네안데르
탈인은 빙하시대를 지배했다. 그들은 엄밀하게 말하면 잡식성
이었으나 주로 육식하는 경향을 보였는데, 이는 그들이 대단히

---

*   신생대 제4기로, 홍적세라고 부르기도 한다.

기술 좋은 사냥꾼이었음을 의미한다. 그들은 빙하시대의 모든 덩치 큰 초식동물을 사냥했다. 붉은사슴, 순록, 말, 돼지가 주요 사냥감이었고 이따금 매머드도 사냥했는데, 전부 사람보다 훨씬 힘센 동물이었다.[23]

네안데르탈인들은 꽥꽥거리는 동굴인과는 거리가 멀었다. 우리들처럼 그들에게도 발화에 필요한 섬세한 운동신경을 담당하는 FOXP2 유전자가 있었다.[30] 그들은 시신을 매장했고, 병들거나 다친 사람을 보살폈으며, 몸을 안료로 칠하고 조가비, 깃털, 뼈로 만든 장신구로 치장했다. 유적지에서 발견된 한 네안데르탈인은 노련한 솜씨로 잡아 늘린 가죽 조각을 성글게 꿰맨 옷을 입고 있는데, 3000개에 달하는 진주 장식이 달려 있었다.[31] 그들은 신비한 동물의 형상을 그린 동굴 벽화를 남겼으며 생존 말기에는 현생인류가 사용한 것과 같은 도구 다수를 사용했다.[23]

네안데르탈인이 호모 사피엔스와 처음 만났을 무렵 그들 무리는 가장 큰 규모였다. 추위에 적응했던 그들은 호모 사피엔스가 다가오는 빙하를 피해 떠나자 유럽을 차지했다. 7만 5000년 전에 불확실한 기후 조건에서 앞으로 1000년 동안 누가 살아남을지 돈내기를 한다면, 가장 승률 높은 종은 네안데르탈인이었을 것이다.

하지만 5만 년 전에 이르면 대세는 호모 사피엔스에게 유리하게 바뀐다. 호모 속의 모든 종이 100만 년 이상 아슐 손도끼의 도움을 받는 동안 우리 호모 사피엔스의 연장통은 훨씬 더 복합적으로 발전했다. 우리는 네안데르탈인의 나무 창에 약 60센티미터 길이의 자루를 부착하고 1미터에 달하는 날카로운 화살 같은 투창기로 개선했다. 투창기 끝에는 보통 뾰족하게 벼린 돌이나 뼈를 부착했고, 한쪽 끝부분에는 구멍을 내서 투창기 자루를 꽂아서 쏘았다.[32] 이 무기는 반려견과의 공놀이에 사용하는 장난감 척잇Chuck-it과 동일한 물리 법칙으로 작동한다. 아무리 힘센 사람이라도 창을 손으로 던지면 대개는 몇 미터 이상 나가지 않을 것이다. 투창기는 자루에 축적된 에너지를 이용해 시속 160킬로미터 이상의 속도로 약 1킬로미터의 거리까지 발사할 수 있었다. 투창기는 사냥에 일대 혁명을 일으켰다. 사람과 비슷한 덩치의 초식동물들 외에도, 하늘을 날고, 헤엄치고, 나무를 타는 짐승을 사냥할 수 있었으며, 육중한 발에 밟히거나 엄니에 찔릴 위험 없이도 매머드를 죽일 수 있었다. 투창기는 방어 능력에서도 큰 혁명을 일으켰다. 우리는 검치호나 호전적인 사람에게도 창을 발사하여 안전한 거리에서도 부상을 입힐 수 있었다. 호모 사피엔스는 무기용으로 사용할 뾰족한 날과 조각용 연모, 절삭용 날, 구멍 뚫는 날을 제작했다. 뼈로 만든 작살, 낚시에 쓰일 그물, 조류나 덩치 작은 포유류를 사냥할 덫도 만들 줄 알았다. 막강한 사냥 기량을 가졌음에도 중간 포식자 이상은 되지 못했던 네안데르탈인과 달리, 웬만한 포식자의 공격에도 끄떡없을 신기술로 무장한 호모 사피엔스가 최상위 포식자 지위를 차지했다.

우리 호모 사피엔스는 위험을 무릅쓰고 아프리카를 떠나 빠른 속도로 유라시아 전역으로 퍼져나갔고, 몇천 년 안에 멀게는 오스트레일리아까지도 들어갔던 것으로 보인다. 이 위험천만한 횡단을 위해 우리 사람 종은 무기한 여행을 위한 계획을 세우고 음식을 꾸리고 예기치 못한 고장에 대비하며 낯선 사냥감을 포획할 때 사용할 도구를 챙겨야 했고, 바다에서 마실 물을 채워 넣는 것처럼 예상 가능한 문제도 해결해야 했을 것이다. 뱃사람들은 아주 사소한 사항까지 놓치지 않고 주고받을 정도로 의사소통이 가능해야 했으므로 일부 인류학자는 이 무렵 우리의 언어가 이미 완성 단계였을 것이라는 가설을 제시하기도 했다.[33]

무엇보다 인상적인 것은, 이들 뱃사람이 수평선 너머에 무언가가 있으리라는 추론을 했다는 점이다. 어쩌면 철새의 이동 패턴을 관찰했거나 멀리서 산불 연기가 나는 것을 보았을 수도 있다. 그렇다고 하더라도 수평선 너머에 어딘가가 있다는 생각은 상상을 해야 가능한 일이다.

2만 5000년 전에 이르면, 승산은 단연 호모 사피엔스에게로 기운다. 호모 사피엔스는 유목생활 대신 영구 거주지 성격을 띠는 막사를 짓고 수백 명이 모여 살았다. 막사는 도살하는 곳, 조리하는 곳, 잠자는 곳, 쓰레기 버리는 곳 등 기능별로 구획하여 분리되었다. 배불리 먹을 수도 있었다. 찧거나 빻는 도구가 있어 독성 때문에 버렸을 식물을 처리해서 식재료로 만들 수 있었고, 또 음식을 익히거나 구울 수 있는 불구덩이와 화덕이 있었으며, 보릿고개를 대비해 음식을 비축하는 기술이 있었다.[33]

우리가 가죽을 몸에 두르거나 느슨하게 묶어서 걸치는 것이 아니라 진짜 옷을 입을 수 있었던 것은 짐승 뼈로 만든 가느다란 바늘 덕분이었다. 몸에 딱 맞는 포근한 방한복이 있다는 것은 우리가 고열량을 필요로 하는 신체로 발달한 네안데르탈인보다 추위를 잘 견딜 수 있었다는 뜻이다.[34] 이렇게 모든 상황에 든든하게 대비한 우리는 온몸이 얼어붙는 빙하기에도 북쪽으로 올라갈 수 있었고 나아가 아메리카 대륙까지도 진출할 수 있어 장거리 원정에 나선 최초의 인류가 되었다.

하지만 후기 구석기시대로 분류하는 이 시기의 놀라운 점은 무기의 발명과 생활 조건이 향상되었다는 점뿐만이 아니었다.[35] 이 시기에는 우리 종 특유의 인지형식의 근거, 특히 사회적 관계망의 확장이라는 특성도 나타나기 시작했다.[36] 일부 사람이 장신구로 사용했던 동물의 이빨이나 호박 또는 조가비로 만든 장신구가 내륙의 활동 지역으로부터 수백 킬로미터 이내 범위에서 발견되었는데, 이는 그 물건이 실용적 가치는 없지만 먼 곳까지 운반할 가치가 있었거나, 아니면 인류 최초의 무역로로 여행하며 만난 누군가에게서 획득한 것임을 시사한다.[37, 38]

우리 종이 바위에 그린 동물 그림은 무척 정교했는데, 바위의 울퉁불퉁한 부분을 동물 몸의 윤곽으로 삼아서 그림에 입체적 효과를 줄 정도였다. 불빛을 받으며 여덟 개의 다리로 질주하는 듯 묘사된 동굴 벽의 들소는 영화의 원형이라 해도 될 법하다. 우리 종의 그림은 청각적 묘사도 뛰어나다. 말의 입에서 히힝 울음소리가 들리는 듯하고 사자의 포효가 느껴지며 코뿔소 둘이 머리를 맞댄 장면에서는 뿔 부딪치는 소리가 들리는 듯하다. 우리는 실물을 모방했을 뿐만 아니라, 사자 머리 여인, 들소 몸뚱이의 사내 등 신화적 생명체를 상상해서 그리기도 했다.[39, 40]

이러한 모든 것은 행동의 현대화를 의미한다. 우리 종은 현생인류처럼 생겼고 현생인류처럼 행동했다. 우리 종의 문화와 기술이 갑자기 다른 어떤 사람 종보다도 훨씬 더 강력하고 우월하게 도약한 것이다. 하지만 어떻게? 우리 종에게 무슨 일이 일어난 것이며, 그 일은 왜 우리 종에게만 일어났을까?

다른 사람 종이 멸종하는 와중에 호모 사피엔스를 번성하게 한 것은 초강력 인지능력이었는데, 바로 협력적 의사소통 능력인 친화력이다. 우리는 한 번도 본 적 없는 누군가와 하나의 공동 목표를 성취하기 위해서 함께 일할 수 있다. 알다시피 침팬지의 인지능력도 많은 면에서 우수하다. 우리와 침팬지는 수많은 유사성을 보이지만, 크게 차이 나는 한 가지 능력이 있다. 침팬지는 하나의 공동 목표를 이루기 위한 의도로 의사소통을 하기 힘들어한다는 점이다. 이는 침팬지가 똑똑하기는 해도 서로 행동을 맞추고 각기 다른 역할을 맡아 협력하고 새로운 아이디어를 전달하거나 물려줄 능력이 없으며, 심지어는 몇몇 기본적인 요구 이외에는 의사소통조차 할 수 없음을 의미한다. 우리는 걸음마를 떼거나 말을 배우기 전부터 이러한 기술을 습득하는데, 이것이 곧 복잡한 인간관계와 문화적 세계로 통하는 관문이 된다. 친화력은 타인의 마음과 연결될 수 있게 하며, 지식을 세대에 세대를 이어 물려줄 수 있게 해준다. 또 복합적인 언어를 포함한 모든 형태의 문화와 학습의 기반이 되었으며, 친화력을 갖춘 사람들이 밀도 높게 결집했을 때 뛰어난 기술을 발명해왔다. 다른 똑똑한 인류가 번성하지 못할 때 호모 사피엔스가 번성할 수 있었던 것은 우리가 특정한 형태의 협력에 출중했기 때문이다.

처음 동물을 연구하기 시작했을 때, 나는 경쟁적 속성에만 집중한 나머지 의사소통 능력이나 친화력이 동물뿐 아니라 우리의 인지 발달에도 중요한 요소라는 생각은 하지 못했다. 상대를 조종하는 기술, 속이는 기술의 향상이 동물계의 진화적 적응력을 설명해주는 근거라고 생각한 것이다. 하지만 내가 발견한 것은 똑똑한 것만으로는 충분하지 않다는 점이었다. 우리의 감정은 보람차거나 고통스럽다거나 매력적이라거나 혐오스럽다고 느낄 때 아주 큰 역할을 수행한다. 특정 문제를 해결하기를 선호하는 성향은 연산능력 같은 인지를 형성하는 데 중대한 역할을 한다. 그러나 타인의 의도나 욕망, 감정 등 인간에 대한 이해와 기억력, 전략능력이 아무리 고도로 발달하더라도 협력적 의사소통 능력과 결합하지 않으면 혁신을 이끌어내지 못한다.

친화력은 자기가축화self-domestication를 통해서 진화했다.[7]

수 세대에 걸친 가축화는, 기존의 통념과는 달리, 지능을 쇠퇴시키지 않으면서 친화력을 향상시킨다. 어떤 동물이 가축화될 때는 서로 아무 관련 없어 보이는 많은 요소가 변화를 겪는다. 가축화징후*라고 불리는 현상의 변화 패턴은 얼굴형, 치아 크기, 신체 부위별로 각기 다른 피부색에서 나타난다. 호르몬과 번식주기, 신경계에서도 변화가 일어난다. 우리가 연구에서 발견한 것은 조건이 일정하다면 자기가축화가 타인과 협력하고 소통하는 능력도 향상시킨다는 점이다.

이 모든 무관해 보이는 변화는 발달과 관련이 있다. 가축화된 종과, 이들과 조상은 같지만 야생으로 남아 있는 더 공격적인 종은 뇌와 신체가 다르게 발달한다. 놀이처럼 사회적 유대를 도모하는 행동의 경우, 야생의 친척 종보다 가축화된 종에게 더 이른 시기에 나타나고 더 오래, 대개는 성인 또는 성체가 될 때까지 유지된다. 다른 종의 가축화 연구는 우리 종의 초강력 인

---

*   야생종이 사람에게 길드는 과정에서 외모나 행동에 변화가 일어나는 현상으로, 인간에게도 사회화 과정에서 공격성 같은 동물적 본성이 억제되고 친화력이 높아지는 방향으로 진화하는 자기가축화 과정이 나타난다(리처드 랭엄·데일 피터슨, 《악마 같은 남성》, 이명희 옮김, 사이언스북스, 1998 참조).

지능력이 어떻게 진화했는지 이해하는 데 크게 도움이 되었다.

사람(이 책에서 '사람'은 호모 사피엔스를 뜻한다)은 네안데르탈인처럼 10명에서 15명 정도의 작은 무리로 살다가 친화력이 높아지면서 100명이 넘는 큰 규모의 무리로 전환되었다. 뇌가 더 크지 않더라도, 협력을 잘하는 더 큰 규모의 호모 사피엔스 무리가 다른 사람 종 무리를 쉽게 이길 수 있었다. 타인에 대한 감수성을 가진 우리 종은 갈수록 복잡한 방법으로 협력하고 소통했고 이로써 문화적 역량도 새로운 경지로 나아갈 수 있었다. 우리 종은 누구보다 빠르게 혁신할 수 있었고 또 그 혁신을 공유할 수 있었다. 다른 인류는 가망이 없었다.

하지만 우리의 친화력에도 어두운 면은 존재한다. 우리 종에게는 우리가 아끼는 무리가 다른 무리에게 위협받는다고 느낄 때, 위협이 되는 무리를 우리의 정신 신경망에서 제거할 능력도 있다. 그들을 인간이 아닌 존재로 여기는 것이다. 연민하고 공감하던 곳에 아무것도 남지 않는다. 공감하지 못하므로 위협적인 외부인을 우리와 같은 사람으로 보지 않으며 그들에게는 얼마든지 잔인해질 수 있는 것이다. 우리는 지구상에서 가장 관용적인 동시에 가장 무자비한 종이다.[7]

현재 미국 의회에서는 타인을 비인간화하는 수사가 넘쳐나고 있다. 남북전쟁 때보다도 양극화가 더 심한 상황이다.[41] 아이오와주 공화당 의원 짐 리치Jim Leach는 "공화당 의원 휴게실에서는 민주당 의원들에 대해 별별 해괴한 소리가 다 나오고 있다"[42]고 했고 전 민주당 상원의원 톰 대슐Tom Daschle은 "의원총회라는 게 단합대회가 되어버려서 (…) '우리 편' 아니면 '남남', '다 죽여버려' 하는 분위기가 팽배하다"[42]고 말한 바 있다. 소셜미디어가 이런 반목과 적개심의 낙인을 더 널리 퍼뜨렸다. 도널드 트럼프Donald Trump가 "국경 장벽은 여러분을 저 짐승들로부터 보호해줄 동물원 담장 같은 것"이라고 말했을 때 민주당 의원 일한 오마Ilhan Omar는 이렇게 앙갚음했다. "원숭이가 높이 올라 갈수록 보이는 것은 엉덩이뿐이다."

오래되지 않은 과거에 워싱턴은 더 화기애애한 곳이었다. 로널드 레이건Ronald Reagan은 가볍게 목이나 축이며 '그저 우스갯소리나 나누자'면서 민주당과 공화당 사람들을 모두 백악관으로 초대하곤 했다.[43] 민주당과 공화당 의원들은 한 차를 타고 자기네 고향에서 서로 운전대를 바꿔 잡아가며 밤새 운전해 워싱턴으로 가곤 했다. "국회에서는 미친 듯이 논쟁했죠." 일리노이 민주당 의원 댄 로스텐코프스키Dan Rostenkowski의 말이다. "하지만 밤에는 같이 골프 치러 나갔어요." 한번은 열띤 논쟁이 끝난 뒤 레이건이 하원의장 팁 오닐Tip O'Neill에게 전화했을 때 팁이 이렇게 말했다. "이보게 친구, 그게 정치야. 6시 땡 하면 우린 친구가 될 수 있다네."[44]

이런 분위기에서 의회는 일을 했다. 오늘날보다 더 많은 법안이 발의되고 통과되었다. 당파성을 초월한 투표도 더 많았다.

1967년 공화당과 민주당은 미국 현대사에서 가장 중요한 사회적 법안인 민권법*과 레이건의 경제회복조세법**을 통과시켰다.

그러나 1995년 조지아주에서 뉴트 깅그리치Newt Gingrich라는 젊은 공화당 의원이 40년 이상 하원을 장악하고 있는 민주당의 영향력을 약화시키겠다는 계획을 들고 나왔다. 의회가 작동하는 한, 사람들은 패권을 쥐고 있는 당을 바꾸고 싶어 하지 않는다는 것이 그의 주장이었다. 그는 "신질서를 건설하기 위해서는 구질서를 무너뜨려야 한다"[45]고 말했다.

1990년대 말 하원의장 깅그리치의 전술은 노골적으로 공화당과 민주당의 우호적 관계를 어렵게 만들거나 심지어는 아예 불가능하게 만들 정책을 제도화하는 것이었다. 그가 맨 처음으로 한 일이, 의회 근무일을 주 5일에서 주 3일로 단축해 공화당 소속 하원의원들로 하여금 대부분 시간을 지역구에서 보내고 선거구민들과 더 어울리면서 모금 활동에 집중하게 만드는 것이었다. 이 조치로 가족을 데리고 워싱턴으로 이사하는 의원이 줄면서 정치인들이 소속을 초월하여 우정을 쌓던 전통이 무너졌다.[46] 정치학자 노먼 오른스타인Norman Ornstein은 "의원들이 주말이면 모여서 만찬을 나누거나 다 같은 학교로 자녀들을 보내

---

*   인종, 민족, 출신 국가, 여성 차별을 불법화한 민권법은 1964년 법안이고, 1967년 법안은 고용상 연령 차별 금지를 다룬다.

**   개인과 기업의 소득세율을 낮추고 자산의 감가상각 규제를 철폐한 감세 개혁안이다.

는 것이 워싱턴의 일상이었지만, 이제 더는 그런 모습을 찾아볼 수 없다"[42, 47]고 썼다.

상임위에서건 의원석에서건 깅그리치는 의사당에서 공화당 의원들이 민주당 의원들과 협조하는 것을 금지시켰다. 공화당 의원들은 민주당 의원이나 민주당에 대해서 발언할 때 "부패했다"거나 "역겹다" 같은 혐오감을 유발하는 어휘를 사용하도록 권고받았다.[48] 깅그리치는 민주당 의원들을 나치에 자주 비유했다.[49] 깅그리치가 공화당을 이렇게 적대적인 영토로 몰아가자 민주당의 많은 의원도 뒤질세라 맞불을 놓았다. 막후 협상 같은 것은 사라졌고, 초당파적 모임이며 회의도 없어졌다. 깅그리치가 도입한 하원의 규범이 결국에는 상원까지 접수했다.[50]

조 바이든Joe Biden이 존 매케인John McCain과의 관계에 대해서 한 말은 그때의 분위기를 잘 보여준다. "1990년대에 존과 나 둘 다 논쟁에 참여하곤 했죠. 우린 민주당 쪽으로든 공화당 쪽으로든 건너가서, 글자 그대로, 옆에 나란히 앉아서 얘기를 나눴는데… 그걸… 질책하더군요. 양당 지도부가요. 논쟁 중에 그런 식으로 말을 걸고 친한 티를 내면 어쩌냐는 거죠. 1990년대 깅그리치 혁명 이후의 일입니다. 지도부는 우리가 같이 있는 걸 원치 않았어요. 그때부터 분위기가 바뀐 겁니다."[51]

의사당에서 지켜오던 양당 간의 상호 예절이 사라지면서 협상과 타협을 가능하게 했던 수단들은 비난의 대상이 되었다. 여당이 정치적 계산하에 정부 예산을 특정 지역구에 투입하는 사업인 포크배럴pork barrel은 낡은 관행이 되었다. 쓸모없는 관행으로 보일 수도 있지만 일반적으로 포크배럴이 중대 법안을 관철하는 데 결정적 역할을 해온 것은 사실이다. 정치학자 션 켈리 Sean Kelly는 2010년의 포크배럴 예산집행금지안이 의회를 움직이게 하는 기어를 잠가버렸다고 생각한다.[52] 이 금지안이 시행된 뒤로 매년 통과되는 법안 수가 100건 넘게 감소했다. 정책 입안자에게 협상의 동기가 될 당근이 없다면 성공 확률은 떨어질 수밖에 없다.

민주주의 체제 아래서 정치적 경쟁자들은 누군가를 적으로 만들고 있을 여유가 없다.[53] 경쟁자와 교제하는 것이 서로를 더 인간적으로 만들어줄 것이다. 그럴 때 현재 워싱턴에서는 부족한 덕목들인 신뢰, 협력, 협상이 가능해질 것이다.

자기가축화 가설을 단순히 또 하나의 창조론에 불과하다고 볼 수는 없다. 이는 우리와 다른 사람을 인간 이하로 취급하는 우리 종의 경향을 극복하는 데 도움이 될 만한 진정한 해법으로 고려해볼 강력한 도구다. 또 이것은 우리 종이 살아남고 진화하기 위해서는 우리의 정의를 확장하지 않으면 안 된다는, 반드시 기억해야 하는 경고다.

1 생각에
대한

생각

사람은 생후 9개월쯤이면, 그러니까 걸음마나 말을 떼기도 전에 이미 손짓을 시작한다. 물론 태어난 직후에도 손짓을 하지만 이 동작이 의미를 띠기 시작하는 것은 9개월이 지나서다. 손짓은 신기한 몸짓이다. 어떤 다른 동물도 손짓을 하지 않는다. 손이 있는 동물이라도 마찬가지다.

손가락이 가리키는 것의 의미를 이해하기 위해서는 섬세한 마음 읽기가 요구된다. 대개는 "저기를 봐, 무슨 뜻인지 알 거야"[1]라는 뜻이다. 하지만 머리를 가리킨다면 여러 의미가 될 수 있다. 가리키는 사람 자신을 뜻하는 것인가? 나보고 미쳤다고 하는 것인가? 내가 모자를 잊어버렸나? 미래의 무언가를 가리키는 것일 수도 있고 혹은 예전에는 그랬지만 더 이상은 아닌 무언가를 의미할 수도 있다.

생후 9개월 전의 아기는 엄마가 손짓하면 그 손가락을 볼 가능성이 높다. 생후 9개월이 지나면 엄마의 손가락 끝에서 이어지는 가상의 선을 따라가기 시작할 것이다. 생후 16개월 무렵에는 손짓을 하기 전에 엄마가 자기를 보고 있는지부터 확인할 것이다. 엄마가 보고 있어야 손짓이 소용 있다는 것을 알기 때문이다. 두 살 무렵이면 타인이 본 것과 생각하는 것을 알게 된다. 또 그들의 행동이 어쩌다 나온 것인지 혹은 의도한 것인지 구분할 줄도 안다. 네 살 무렵에는 타인의 생각을 아주 영리하게 추측할 수 있어서 난생처음으로 거짓말을 할 수 있게 된다. 또 다른 사람이 누군가에게 속으면 도움을 줄 수도 있다.[2]

손짓은 심리학에서 '마음이론Theory of Mind'[3]이라고 부르는 타인의 마음을 읽는 능력이 시작되는 관문이다. 우리는 다른 사람이 무슨 생각을 하는지 궁금해하면서 일생을 살아간다. 어둠 속에서 자신의 손을 스친 손의 의미. 어떤 방으로 들어갈 때 치켜올라간 눈썹의 의미. 이런 생각은 어디까지나 하나의 '이론'일 뿐이다. 우리는 다른 사람의 생각을 정확하게 알 도리가 없기 때문이다. 그리고 다른 사람들도 우리와 똑같이 그런 척 시늉하거나 아닌 척 꾸미거나 거짓말을 지어낼 능력이 있다.

우리에게는 마음이론 능력이 있어서 지구에서 가장 정교한 방식으로 타인과 협력하며 의사소통을 할 수 있다. 우리가 겪는 거의 모든 문제에서 마음이론이 중대하게 작용한다. 이 능력이 있기에 우리는 수백 년에서 수천 년 전으로 시간을 거슬러 올라가 그 시대에 살았던 사람들에게서 무언가를 배울 수 있다.

언어는 중요한 능력이지만 듣는 이가 우리가 하는 말을 모른다면 아무 쓸모가 없다. 누군가를 가르치는 것도 모른다는 것이 어떤 상태인지 기억할 수 있어야 가능한 일이다. 어떤 정당에 투표할 것인가, 어떤 종교를 신봉할 것인가, 어떤 종목의 운동을 할 것인지가 이 마음이론에 달려 있으며, 산 사람이든 죽은 사람이든 진짜 사람이든 가상의 인물이든 우리가 타인과 함께하는 거의 모든 경험이 타인의 마음을 추론하고 이해할 수 있는, 이 마음이론 능력에 달려 있다.

이 능력은 또한 우리 존재의 정수다. 타인의 마음을 읽고 추론할 능력이 없다면 사랑도 그림책에서 오려낸 그림에 지나지 않을 것이다. 누군가가 나와 같은 마음이라는 것을 느끼는 마법이 없다면, 사랑이 다 무엇이겠는가? 마음이론은 두 사람이 무언가를 보고 동시에 서로를 마주 보며 웃음을 터뜨리는 환희의 순간이요, 상대방의 말을 내가 끝맺어줄 때 느끼는 편안함, 아무 말 없이 손을 맞잡고 있는 순간의 평화다. 내가 사랑하는 사람도 행복하다고 느낄 때 행복은 더 달콤한 것이 된다. 죽음으로 떠나보낸 누군가가 나를 자랑스럽게 여기리라고 믿는다면 슬픔은 더 견딜 만한 것이 된다.

때로는 마음이론, 즉 타인의 마음을 읽는 능력은 고통의 원천이 되기도 한다. 누군가가 의도적으로 나를 괴롭힌다는 확신이 들 때 증오는 더 뜨겁게 불타오른다. 무심코 흘려보낸 수많은 몸짓이 내가 포착했어야 하는 경고임을 헤아릴 때 배신감은 더욱 쓰라리다.

모든 감정은 우리가 세상을 보는 렌즈를 통해서 더 크게 자라난다. 감정은 우리의 가슴에, 육감에, 손끝에 있다고 '느껴'지지만, 실제로는 우리의 생각에 있으며 대개는 타인의 생각에 대한 나의 추측과 추론에서 만들어진 것이다.

오레오와 함께한 나날

어린 시절 나와 가장 가까운 친구는 나의 개 오레오였다. 여덟 살 무렵, 내 두 손에 쏙 들어가던 오레오는 순식간에 식탐 강하고 삶을 사랑하는 약 30킬로그램 무게의 래브라도 레트리버 성견으로 자라났다.

여름밤이면 내 무릎에 고개를 기댄 오레오와 함께 현관 아래 층계에 앉아 있곤 했다. 오레오가 말을 못 한다고 답답해한 적은 없었다. 그냥 함께 있는 것이 좋았고, 녀석의 눈을 통해서 보는 세상은 어떻게 생겼을지 늘 궁금했다.

에머리에 있는 대학에 진학해서야 나는 동물의 마음을 과학적으로 진지하게 탐구할 수 있다는 것을 알았다. 나는 아동 마음이론의 권위자 마이클 토마셀로Michael Tomasello와 연구를 시작했다. 토마셀로는 신생아의 마음이론 능력을, 언어를 포함하여 모든 형태의 문화를 습득하는 능력과 연결하는 실험을 수행한 바 있다.[4]

토마셀로와 나는 10년 동안 우리와 가장 가까운 종인 침팬지의 마음이론 능력을 실험했다. 우리의 실험 이전에는 동물의 마음이론을 입증하는 실험이 없었다. 우리의 연구결과는 생각보다 훨씬 더 복합적이었다.

침팬지에게는 남의 마음을 추측하는 능력이 어느 정도 있었다. 우리는 실험을 통해서 침팬지가 남이 무엇을 보았는지를 인지할 뿐만 아니라 남이 무엇을 아는지를 알고 남이 무엇을 기억하는지 추측하며 그들의 목적과 의도를 이해할 수 있다는 점을 알아냈다. 침팬지는 심지어 누군가가 다른 사람에게 하는 말이 거짓말이라는 것까지 알았다.[2]

침팬지가 할 수 있는 이 모든 것은 그들이 할 수 **없는** 것과 아주 선명하게 대조되었다. 침팬지는 협력할 수 있고, 의사소통을 할 수 있었다. 하지만 그 둘을 동시에 하기는 힘들어했다. 토마셀로는 나에게 컵 두 개 중 한 곳에 먹을 것을 숨기라고 한 뒤, 침팬지에게 음식을 숨긴 사실은 알게 하되 숨긴 위치는 모르게 하라고 했다. 그러고는 손가락으로 가리켜서 어느 컵에 먹을 것이 들어 있는지 알려주라고 했다. 믿기 어려운 얘기겠지만, 침팬지들은 도움을 주려는 나의 손짓을 거듭 무시하고 계속 짐작으로 하나를 골라잡았고 10여 차례 실험을 시도한 뒤에야 성공할 수 있었다. 그러다가도 내가 손동작을 약간만 달리하면 침팬지들은 다시 혼란에 빠졌다.

처음에는 침팬지가 우리의 손짓을 활용하지 못하고 힘들어하는 이유가 실험 방법이 잘못되었기 때문이라고 생각했다. 하지만 침팬지들이 경쟁하는 상황에서는 우리의 의도를 잘 이해하는 것처럼 보였으나 협력해야 하는 상황에서는 그렇지 못하는 것으로 보였기 때문에, 우리는 그들의 실패가 유의미할 수도 있다고 결론 내렸다.

사람 아기의 경우에는 백이면 백이 아주 초기에, 백이면 백이 같은 월령에, 그리고 백이면 백이 말을 배우거나 간단한 도구를 사용하기 전인 어느 순간 갑자기 손을 사용하는 능력에 번쩍 불이 붙는다.[3] 한쪽 팔과 집게손가락을 뻗는 이 단순한 동작은 생후 9개월이면 시작되고, 사라진 장난감이나 머리 위로 날아가는 아름다운 새를 가리키는 엄마의 손끝을 따라가는 능력(침팬지는 하지 않고 이해하지 못하는 것)도 이 시기에 시작된다.[2]

이 협력적 의사소통이 사람에게 가장 먼저 나타나는 능력인데, 침팬지의 마음이론 별자리에는 이 능력이 없다.[5, 6] 사람 아기는 첫 단어를 말하거나 자기 이름을 배우기 전에 협력적 의사소통을 할 줄 안다. 우리가 기쁠 때 타인은 슬퍼할 수 있으며 역으로 타인이 기쁠 때 우리가 슬플 수 있다는 것을 이해하기 전에, 우리가 나쁜 행동을 하고 거짓말로 덮는 법을 배우기 전에, 혹은 내가 누군가를 사랑하는데 그 사람은 나를 사랑하지 않을 수도 있다는 사실을 이해하기 전부터, 우리는 협력적 의사소통 능력을 습득한다.

우리가 타인과 마음으로 소통할 수 있는 것은 이 능력 덕택이다. 이 능력은 새로운 사회적 관계로 통하는 관문, 수 세대를 걸쳐 쌓여온 지식을 잇는 문화적 세계로 통하는 관문이다. 호모 사피엔스로서 우리의 모든 것이 이 능력에서 시작된다. 많은 위력적인 현상이 그러하듯이 이 능력도 일상에서부터 시작되는데, 그 시작이 아기가 부모 손짓의 의도를 이해하게 되는 순간이다.

협력적 의도를 이해하는 일이 호모 사피엔스의 모든 능력이 발달하기 위한 기초라면, 그 능력이 어떻게 진화했는지 이해하는 것이 사람의 진화에서 아직 풀리지 않은 수수께끼 중 아주 중요한 일부를 밝히는 데 도움이 될 것이다.

어느 날 토마셀로와 토론하던 도중에 내가 불쑥 말했다.

"우리 개가 그걸 할 수 있을 것 같습니다."

"여부가 있겠나." 토마셀로가 재미있다는 듯 몸을 뒤로 기대며 말했다. "사람들은 자기 개가 미적분을 할 수 있다고 믿거든."

토마셀로가 그렇게 반응하는 것도 그럴 만했다. 변기 물을 들이켜고 스탠드 기둥에 목줄이 엉켜 버둥대는 동물에게 깊은 인상을 받기란 어려운 일일 테니까. 심리학자들은 개를 흥미로운 동물로 여기지 않았고, 따라서 개의 인지능력에 관한 연구는 거의 없었다. 1950년부터 1998년까지 개의 지능에 관한 중요한 실험은 두 차례밖에 없었고, 두 실험 모두 주목받지 못했다. 한 저자는 "이상하게도 가축화가 개의 행동에 어떤 새로운 변화도 가져다주지 못한 것으로 보인다"[7]고 썼다. 모든 과학자의 관심은 영장류에게로 쏠렸다. 우리와 생김새도 더 닮았고 생각도 더 비슷할 것으로 추정되는 영장류 친척을 연구하는 편이 더 말이 되는 일이었다.

가축화가 동물을 우둔하게 만들었다는 것이 사람들의 일반적 생각이었기 때문에 사람 이외 동물에게서 인지적 유연성을 찾고자 하는 연구자들은 문제해결 능력이 있어야만 생존이 가능한 야생에 답이 있을 것이라고 생각했다. 평생 자기 머리로 생각해야 하는 상황을 한 번도 겪어본 적 없는 동물이라면, 그러니까 양식과 보금자리와 번식을 누군가가 다 알아서 해결해준다면, 어떻게 인지적으로 유연할 수 있겠는가? 하지만 오레오에 관해서라면 내가 잘 알았다.

"그건 아니죠. 하지만 오레오가 몸짓 테스트는 통과할 거라고 봅니다."

"좋네." 토마셀로가 달래는 말투로 말했다. "샘플 실험을 해보면 어떤가?"

착한 개

오레오의 특기는 테니스 공 3개 한입에 물어오기였다. 공 물어오기 놀이를 할 때 나는 보통 공 두세 개를 각기 다른 방향으로 던진다. 그러면 오레오는 하나를 물어와서 두 번째 공은 어디로 던졌는지 알려달라고 나를 바라보았다. 내가 방향을 가리키면 오레오가 그 공도 가져와서 다시 나를 바라보고, 그럼 나는 세 번째 공의 방향을 가리켰다.

나는 토마셀로에게 내가 무슨 얘기를 하고 있는지 보여주기 위해서 오레오를 데려와 공 물어오기 놀이를 시연했다.

"자, 오레오, 가자."

오레오는 테니스 공 하나를 입에 물고 꼬리를 흔들었다. 오레오는 우리가 어디로 가는지 알고는 한창때 속도로 달리기 시작했다. 우리 집 근처에는 종종 우리가 가서 놀던 큰 호수가 있었다.

오레오는 곧장 물가로 질주하더니 내가 공을 던지지 않으면 영원히 멈추지 않을 것처럼 짖어댔다.

"알았어, 알았어. 잠깐만 기다려!"

나는 가방에서 커다란 비디오카메라를 꺼내 녹화 버튼을 눌렀다. 그러고는 호수 한가운데로 공을 던지자 오레오가 공을 따라 껑충 뛰었다. 마법 같은 순간이었다. 오레오는 활짝 웃는 입으로 혀를 쭉 늘어뜨리고는, 중력도 시간도 초월한 듯, 네 다리를 큰대자로 펼치면서 물 위로 솟아올랐다.

언제나처럼 요란한 물보라가 일어났다. 오레오는 공을 잡자 나에게로 헤엄쳐 왔다. 나는 팔을 뻗어 왼쪽을 가리켰지만 이번에는 공을 던져주지 않았다.

내 팔을 쫓아 왼쪽으로 갔다가 공을 찾지 못한 오레오가 나를 바라보았다. 나는 오른쪽을 가리켰다. 오레오는 오른쪽으로

헤엄쳐 갔다. 공은 없었다. 오레오는 귀를 뾰족 세우고 눈썹을
잔뜩 찌푸리고 다시 나를 바라보았다. 나는 왼쪽을 가리켰다.
오레오는 왼쪽으로 헤엄쳐 갔다. 이번에는 오레오를 불러 입에
물고 온 공을 빼서 다시 던졌다. 토마셀로에게 오레오의 반응이
우연에 의한 것이 아님을 보여주기 위해서 공 물어오기 놀이를
10회 반복했다.

　토마셀로는 기록 영상을 묵묵히 보더니 되감아서 다시 보
았다.

나는 초조하게 기다렸다.

"와."

토마셀로의 눈동자가 흥분으로 빛나고 있었다.

"이제 진짜 실험을 해보지."

세계를 각기 다르게 이해하는 두 개인의 생각에서도 동일한 행동이 나올 수 있는 법이다. 복잡한 인지능력의 속성을 이해하기 위해서는 절약성의 원리The principle of Parsimony[8]를 따르지 않으면 안 된다. 즉, 개연성 있는 더 간단한 가정들을 다 배제하기 전까지는 복잡한 가정을 추론해서는 안 된다는 뜻이다. 실험이야말로 이를 증명할 수 있는 방법이었다.

토마셀로는 말을 하지 못하는 누군가의 사고 세계를 조사할 때는 간단한 것이 최선이라고 가르쳐주었다. 실험은 질문을 위한 한 가지 방법이다. 질문을 이해하기 쉽다면 답도 이해하기 쉽다. 여기에 나는 '덕트테이프 과학'이라는 이름을 붙였다. 장비가 고장 났는데 덕트테이프를 붙여서 고치지 못한다면 실험이 너무 복잡한 것이라는 뜻이다.

침팬지를 대상으로 했던 실험에서는 컵 두 개에 테이블 하나, 소량의 덕트테이프밖에 들어가지 않았는데도 몇 달이 걸렸다. 복장을 갖춰 입고 대기하고 먹이를 준비하고 장비를 점검하고 침팬지를 만나기 위해 운전하고 양식을 작성하고 또 기다려야 했다.

반면 오레오와는 컵 두 개를 들고 나가 땅바닥에 몇 미터 간격으로 뒤집어서 놓으면 끝이었다.

"앉아."

나는 컵 한쪽에 먹이를 한 조각 숨겼다. 그러고는 먹이 숨긴 컵을 손으로 가리켰다. 첫 시도에 오레오는 먹이를 찾아냈다. 이어 진행한 18차의 실험에서도 모두 다 먹이를 찾아냈다.

"오레오." 오레오가 온몸의 무게를 내 다리에 실어 나를 껴안았다. 나는 오레오의 귀를 긁어주며 말했다. "넌 천재야."

침팬지를 데리고 손짓 발짓해가며 아무것도 얻지 못하던 그 몇 달 내내 오레오는 뒷마당에 앉아 내게 능력을 보여줄 기회를 기다리고 있었다.

오레오와 나는 새로운 실험 놀이를 하며 함께 시간을 보냈다. 나는 오레오에게 선택권을 주었고, 그때마다 오레오는 자신의 세계에 대해서 조금씩 더 이야기해주었다. 오레오가 정말로 내 손짓을 이해하는지 아니면 그저 컵 속에 담긴 먹이를 냄새로 찾아낸 것인지 알고 싶을 때는 같은 방식으로 먹이를 숨기고 손짓은 하지 않았다. 이렇게 했을 때 오레오가 먹이를 찾아낸 횟수는 평소보다 절반으로 떨어졌다. 내 도움이 없으니 그냥 골라잡은 것이다. 이는 오레오가 다른 개들과 마찬가지로 탁월한 후각을 지녔음에도 첫 시도에서 먹이가 든 컵을 찾는 데는 후각을 활용할 수 없었음을 의미한다.

몇 가지 의문점을 체크하기 위해서 우리는 방식을 변형한 10여 가지 놀이를 무수히 반복했는데, 다행히 오레오는 이 시간을 즐거워했다. 물론 오레오가 내 손짓을 이해했다고 해서 사람 어린이처럼 그 의도까지 이해한 것은 아니었다. 오레오의 성공을 설명해주는 몇 가지 단순한 해석이 있었는데, 토마셀로의 도움을 받아 각각의 해석을 테스트할 실험을 설계했다.

가장 뻔한 해석은, 오레오가 그저 내 팔의 움직임을 따라갔으리라는 가설이다. 창문을 타고 흘러내리는 빗방울을 볼 때와 같은 방식으로. 오레오가 빗방울이 자기한테 무언가를 말해주려고 한다고 생각해서 그 움직임에 시선이 따라갔던 것은 아닐 것이다.

손가락으로 어딘가를 가리킬 때 내 팔의 움직임이 오레오의 주의를 끌었을 수도 있다. 내 팔을 따라 시선을 움직이다가 눈에 들어온 컵에 찾던 먹이가 들어 있었을 수도 있다. 어쩌면 또 다른 컵의 존재는 잊었을지도 모른다. 그렇다면 오레오가 내가 무슨 생각을 했는지에 대해서는 아무것도 이해하지 못했다는 뜻이 된다. 내가 먹이가 든 컵 방향으로 팔을 흔들 때나 플래시를 비출 때나 똑같은 결과가 나왔을 수도 있다는 얘기다.

대조 실험으로 나는 손가락 움직임을 배제해보았다. 먹이가 있는 컵 방향으로 고개만 돌려 바라볼 때도 있었고, 또 몸을 컵이 있는 곳과 반대 방향으로 틀어 손가락만 컵 방향으로 가리켜보기도 했으며, 가끔은 다른 사람에게 오레오의 눈을 가리게 하고 그 사이 팔을 뻗어 움직임 없는 손끝만 보게 하기도 했다. 가장 난이도 높은 테스트는 내가 먹이가 없는 컵을 향해 걸어가면서 먹이가 있는 컵을 가리키는 것이었다. 오레오는 어떤 식으로 해도 어려움 없이 먹이를 찾아냈고 이로써 오레오가 내 팔의 움직임에만 의존한 것이 아니었다는 사실이 분명해졌다.

오레오는 침팬지들처럼 시행착오를 통해서 손짓을 이해하게 된 것이 아니었다. 그랬다면 실험 회차를 더해갈수록 성공률은 더 높아졌어야 한다. 대신 오레오는 기본 난이도의 테스트에서 한 번도 실수하지 않았으며 더 어려운 테스트에서도 실수하지 않고 처음부터 끝까지 잘해냈다. 어떤 행동에서든 오레오의 반응은 침팬지들보다 더 유연하고 인지적으로도 더 정교했다.[9]

이제 다음 단계로 넘어갈 때였다.

오레오와 나는 함께 자랐다. 자라면서 내 손짓에 따라 움직이는 법을 배웠을지도 모른다. 다른 개들도 내 손짓에 따라 움직일 수 있을까? 나는 애틀랜타에 있는 한 동물보호소의 개들에게 컵 두 개 중 하나에 먹이를 숨겨놓고 먹이가 든 컵을 찾게 하는 실험을 수행했다. 방금 전에 만난 사이였지만 보호소 개들도 오레오와 다를 바 없이 내가 가리키는 손짓을 이해했다. 이 동작을 이용하는 것은 모든 반려견의 능력으로 보였다.[10]

사람 아기의 특별한 점은 우리가 몸짓으로 전달하고자 하는 바를 틀림없이 이해한다는 것이다. 이해하는 데 도움이 되는 것이라면 어떤 동작이든 가능했다. 토마셀로는 이를 증명하기 위해 사람 엄마와 아기를 대상으로 아기의 엄마에게 컵에 블록을 하나 넣으라고 했다. 아기들은 엄마들이 이런 행동을 하는 것을 본 적이 없었지만, 분명히 자기를 도와주려는 행동이라고 추측하고 블록이 담긴 컵을 선택했다. 같은 놀이를 개와 했을 때, 개도 똑같이 행동했다. 사람 아기와 똑같이 내가 그들을 도와주려 한다고 이해했으며, 어떤 새로운 동작이든 선의로 받아들였다.[11]

개와 사람 아기 모두 눈을 마주치고 다정한 목소리를 낼 때 더 주의를 집중하는 듯했다. 심지어 둘 다 목소리의 방향까지 이용할 줄 알았다. 사람 아기는 첫돌 무렵이면 목소리의 방향을 인식하고, 낱말이 특정 물건과 행동을 가리킨다는 것을 이해하기 시작한다. 이것이 일부 개가 새로운 낱말이 주어졌을 때 시행착오 없이 바로 그 의미를 유추해내는 이유일 수도 있다.[12, 13]

수십 회 시행착오를 통해서야 가리키는 동작을 이해할 수 있던 침팬지들에게 새로운 동작을 시도할 때는, 가령 나무 블록을 놓아 먹이를 숨겨둔 곳을 암시하는 경우 또다시 이해하지 못했다. 침팬지와 물건 가져오기 놀이를 할 때, 팔을 뻗어 우리가 원하는 장난감을 가리키면 침팬지는 장난감을 가져오기는 했지만 반드시 우리가 가리킨 것을 가져오지는 않았다.[14] 침팬지들은 가리키는 동작이 "가서 뭔가를 집어서 나에게 가지고와"를 의미한다는 것만 아는 듯했다. 침팬지는 개가 하는 것처럼 사람과 눈을 마주치지 않았고 대신 사람의 입을 보는 데 더 많은 시간을 썼다.[15] 이것이 침팬지가 우리 손짓을 활용하는 데 실패하는 이유를 말해주는 것일 수도 있다.

최근에 우리는 사람 아기의 다양한 행동 반응과 연관성이 있는 몇 개의 범주가 존재한다는 것을 발견했다.[16] 우리가 정답 컵을 향해 손 뻗는 행위의 의미를 이해하는 아기들은 정답 컵을 바라보거나 손가락으로 가리키는 동작도 이해했다. 가리키는 동작을 이해하기 어려워하는 아기들은 다른 유형의 손짓이나 동작도 읽어내기 어려워했다. 하지만 이 놀이에서 높은 점수를 받는다고 모든 것을 다 잘한다는 의미는 아니다. 손짓이나 몸짓을 잘 읽는다고 해서 어떤 물체가 넘어질지 무너질지 간파한다거나, 어떤 문제를 푸는 데 어떤 도구가 유용할지 알아내는 감각까지 갖춘, 물리학에 능한 아기는 아니라는 얘기다. 이런 능력은 다른 범주에 속한다.

실험에서 우리는 의사소통 능력이 개들에게서 훨씬 더 밀접하게 집결되어 있다는 것을 발견했다. 한 가지 손짓 놀이를 잘하는 개는 다른 손짓 놀이도 다 잘해냈다. 한 놀이를 잘 못하는 개는 나머지 다른 놀이에서도 잘하지 못했다. 사람 아기의 경우와 마찬가지로, 이들 기술은 사회적 범주에 속하지 않는 문제를 해결하는 능력과 연관되지는 않았다. 개도 우리처럼 협력적 의사소통에 특화된 인지능력이 있다는 뜻이다. 개는 우리와 생존에 아주 중요한 영역에서 비슷한 모습을 보였다.

침팬지는 달랐다. 침팬지의 경우, 개나 사람 아기와는 달리, 의사소통에 사용하는 여러 가지 몸짓이 사회성과 여하한 상관관계를 보이지 않았다. 개나 사람 아기와는 달리, 침팬지들이 사용하는 몸짓은 사회성과는 무관한 과제와 상관관계를 보였다. 침팬지한테서는 소통에 특화된 인지능력의 단서가 나타나지 않았다는 뜻이다. 개와 사람은 협력적 의사소통에 능하도록 설계되었으나 침팬지는 그렇지 않은 것이다.[16]

인지능력은 생식의 성공을 촉진하도록 진화했다. 따라서 동물은 종의 생존에 핵심이 되는 문제를 해결하기 위한 유형의 사고에서 가장 높은 인지적 유연성을 발휘하게끔 발달해왔다. 침팬지와 달리 개는 사람과의 의사소통에 생존이 달려 있다. 하지만 개가 우리가 전달하고자 하는 의도를 얼마나 정교하게 이해하는지는 나조차도 놀랄 정도였다. 심리학자들이 우리 종 고유의 능력이라고 믿어온 사회적 기술을 개는 어떻게 갖게 되었을까?

가장 뻔한 가설을 꼽아보자면, 개가 가축화되는 과정에서 개의 인지능력 진화를 유발한 어떤 일이 일어났으리라는 설명이 있을 것이다. 이것이 사실이라면, 우리가 밝혀낼 수 있을 것이고, 어쩌면 개에게서만이 아니라 우리에게서도 협력적 의사소통 능력의 진화를 만들어낸 동력이 무엇인지 밝혀낼 수 있을 것이다. 수십 회에 걸쳐서 각각 독립적으로 진화해온 다리나 눈, 날개[17]와 마찬가지로 협력적 의사소통 능력도 수 차례에 걸쳐 진화해왔을 수 있다. 개의 인지능력은 제한적일 수도 있으나 결정적인 면에서는 우리와 유사한 형태로 진화해온 것일 수 있다.

개는 늑대로부터 갈라져 나온 이래로 많은 면에서 우리와 더 닮도록 진화해왔다. 사람이 전분을 섭취할 수 있도록 진화를 도운 유전자가 개에게도 있어서 개는 조상인 늑대와 달리 사람이 채집하거나 경작한 양식도 거뜬히 소화할 수 있게 되었다.[18] 또 고지대에 적응하면서 진화한 인류의 유전자가 티베탄 마스티프종에게서도 발견되는데, 이 유전자로 인해 두 개체군 모두 산소가 희박한 높은 고도에서도 온몸에 체내 산소를 전달할 수 있다.[19] 또 서아프리카 지역 사람들에게는 말라리아에 대한 항체 생산에 관여하는 유전자가 있는데, 그 일대 가정에서 키우는 개에게도 이 유전자가 있는 것으로 밝혀졌다.[20]

이런 진화는 어떻게 일어났는가? 우리가 이미 이런 특질의 조합을 지닌 늑대만 골라서 가축화시킨 것일까?

개연성은 있으나 입증하기 어려운 가설이었다. 우리에게는 협력적 의사소통 능력을 중심으로 늑대를 몇 세대에 걸쳐 번식시켜서 이들이 과연 개로 변하는지 지켜볼 시간이 없었다. 하지만 어떻게 가축화가 일어난 것인지 더 깊이 알기 전에는 더 이상 연구를 진척시킬 수 없었다.

2 다정함의   힘

스탈린의 대공포*가 진행되던 1937년부터 1938년까지의 시기에 니콜라이 벨랴예프Nikolai Belyaev는 유전학자라는 이유로 비밀경찰에 체포되어 재판 없이 처형되었다.[1] 스탈린의 편집증은 사람을 가리지 않았으나 유전학자들에 대한 증오는 특히나 집요했는데, 적자생존의 법칙이 공산당 정치 노선을 거스르는 것으로 보였기 때문이다. 스탈린은 이 가설이 본질적으로 노동자들은 가난에 허덕이는데 권세나 지능이 우월한 자들이 부를 쓸어 담는 상황을 정당화하고 미국 자본주의를 옹호하는 생각이라고 보았다. 스탈린의 해결책은 유전학을 전적으로 금지하는 것이었다. 유전학을 중고등학교와 대학교 교과과정에서 삭제했

---

*   레닌 사망 후 반대파에 대한 대대적인 숙청을 벌여 독재체제를 완성한 사건이다.

고, 해당 내용은 교과서에서도 빼버렸다. 유전학자들은 국가의 적이라는 선고와 함께 강제수용소로 보내지거나 처형되었다. 벨랴예프도 그중 한 명이었다.

한 해 뒤 니콜라이의 동생 드미트리 벨랴예프Dmitry Belyaev도 유전학자가 되었다. 1948년 드미트리는 모스크바의 모피동물 사육중앙연구소에서 해고되었지만 침착하게 노보시비르스크로 옮겼다. 모스크바의 중앙 정치로부터 될 수 있는 한 멀리 가려는 것이었다.[2] 안전한 거리에서 그는 20세기 행동유전학 분야에서 가장 중대한 실험을 수행했다.

벨랴예프의 목표는 야심 찼다. 동물이 가축화되는 과정을 추측하기보다는 무無에서부터 시작하여 직접 지켜보기로 한 것이다. 그는 개와 가깝지만 가축화되지 않은 친척 종, 여우를 선택해 지켜보기로 했다. 여우를 다루는 사람들은 5센티미터 두께의 장갑을 착용해야 했는데 여우가 버티다가 사람 손을 깨무는 경우가 있기 때문이었다. 하지만 여우는 이 실험을 지키는 데 완벽한 보호막이 되어주었다. 모피를 위해 여우를 사육하는 일이 러시아 경제에 중대한 사업인 까닭에 벨랴예프는 정부 관료들의 의심을 피할 수 있었던 것이다.

실험은 명쾌했다. 벨랴예프의 제자 류드밀라 트루트Lyudmila Trut는 여우 개체군을 두 그룹으로 나누었다. 동일한 조건으로 사육하되 그룹을 분류하는 기준을 딱 하나만 두었는데, 우선 첫 그룹은 사람에 대한 반응을 기준으로 나눠 번식시켰다. 이 그룹의 여우들이 생후 7개월이 되었을 때 류드밀라는 조심스럽게 그들과 접촉을 시도했다. 다가오거나 겁먹지 않는 여우는 비슷한 반응을 보인 다른 여우와의 짝짓기에 선택되었다. 각 세대에서 가장 친화력 좋은 여우들만 선택했으므로, 이 그룹은 친화력 좋은 여우가 되었다. 다른 그룹은 사람에 대한 반응을 토대로 무작위로 번식시켰다. 이 두 그룹 사이에 어떤 차이가 있다면, 그것은 오로지 선택 기준, 즉 사람에 대한 친화력에 의한 것이 될 수 있도록 했다.[2,3]

벨랴예프는 이 실험에 여생을 헌신했고, 벨랴예프가 사망한 뒤로는 류드밀라가 실험을 이어받았다. 내가 시베리아에 갔을 때는 이 실험이 시작된 지 44년이 지난 뒤였는데, 보통 여우들은 조상들과 크게 다른 점이 없었다. 친화력 좋은 여우들은 놀라운 결과를 보여줬다.

다윈은 가축화에 매료되어 이를 이용하여 진화론의 주요 법칙을 증명하고자 했다. 《종의 기원》을 출간한 뒤 다윈은 자연선택이 여러 유전형질에 작용하는 방식을 인위적 선택으로 증명하기 위해 《가축화에 따른 식물과 동물의 변종들The Variations of Plants and Animals under Domestication》을 썼다. 하지만 이 저서에서는 동물이 언제, 어디에서, 어떻게 처음으로 가축화되었는지에 관한 가설은 내놓지 않았다.

가축화는 흔히 신체 특성으로 정의한다. 몸 크기는 하나의 가변적 형질이다. 개의 경우, 이 가변성의 범위가 치와와 같은 작은 종에서 그레이트데인 같은 큰 종까지 분포되어 있다. 개는 야생의 친척 종보다 머리가 작고 주둥이가 짧으며 송곳니가 작다. 야생에서 위장해야 할 필요성이 없어지면서 털색에도 변화가 일어났다. 변칙적인 얼룩무늬 털이 될 수도 있고 때로는 이마에 별무늬가 있는 돌연변이가 나타나기도 한다. 꼬리는 위를 향해 동그랗게 말리는데, 허스키처럼 꼬리가 완전히 동그랗게 말린 종도 있고 가축화된 돼지처럼 여러 번 둘둘 말린 종도 있다. 개는 늑대보다 뼈대가 가늘다. 펄럭이는 귀를 지녔으며 짝짓기는 정해진 한철이 아니라 한 해 내내 할 수 있다. 이러한 형질 조합이 개 고유의 특성은 아니고, 가축화된 종들 각각에게서 일련의 조합으로 나타난다.[4]

어떠한 규칙도 없어 보이는 이들 형질 사이에 어떤 연관성이 있는지 혹은 연관성이 있기는 한 것인지 아무도 알지 못했다. 몇몇은 가축화를 위해서 사람들이 의도적으로 번식시킨 것이라고 생각했다. 생물학자 에이탄 체르노프Eitan Tchernov는 덩치가 작은 동물이 다루기 수월했을 것이고 식량도 덜 들어갔을 것이라고 생각했다.[5] 유전학자 레이프 안데르손Leif Andersson은 농부들이 방목할 때 알아보기 쉽도록 얼룩무늬 털이 있는 동물을 번식시킨 것이라고 말했다.[6] 동물학자 헬무트 헤머Helmut Hemmer는 가축화된 동물들은 시력과 감각기관이 약해서 탐험적 행동과 스트레스, 공포 반응도 줄었다고 했다.[7] 작은 이빨과 더 강한 번식력이 주는 이점은 굳이 설명할 필요가 없을 것이다. 모든 과학자가 각각의 형질이 개별적 가축화와 연관이 있을 것으로 보았고, 많은 이가 이런 형질이 해롭다고 보았다. 일례로 대다수 과학자가 가축화된 동물의 지능을 얕잡아보았다. 재레드 다이아몬드 Jared Diamond가 썼듯이, 추정컨대 가축화된 동물의 뇌가 작아진 것은 "헛간에 사는 동물들에게 뇌가 있는 것은 에너지 낭비"였기 때문이다.[8] 모두가 동의했던 것은, 사람들이 "같은 종의 다른 개체들보다 사람에게 더 쓸모 있을 동물"을 의도적으로 선택하여 번식시켰다는 점이었다.[9]

그러나 실제로 가축화의 가능성이 있는 전 세계의 덩치 큰 (45킬로그램 이상) 포유류 147종 가운데 14종만 가축화되었으며, 사람이 오랫동안 의지해온 포유류는 5종(양, 염소, 소, 돼지, 말)밖에 되지 않는다. 더 작은 포유류도 가축화되기는 했지만(늑대도 그중 하나다) 그럼에도 여전히 극히 적은 수다.

연구자들은 동물의 가축화에 유리하게 작용했을 일련의 조건을 제시했다. 다이아몬드는 사람이 주는 먹이를 쉽게 먹을 수 있고, 성장이 빠르고, 번식이 쉽고, 사육 상태에서 출산 빈도가 높고, 사람과 친해지기 쉽고, 지배 서열에 순응적이고, 울타리 안에서나 천적과 맞닥뜨렸을 때 침착할 줄 알아야 한다는 조건을 제시했다.[8] 다이아몬드는 가축화 자격을 얻기 위해서는 이 **모든** 기준에 부합해야 한다고 주장했다. 다른 연구자들은 가축화에 적합한 동물이 되기 위해서는 암컷이 여러 수컷과 짝짓기하

탈색(특히 흰 얼룩, 갈색 부분)

생쥐　들쥐　기니피그　토끼　밍크　흰족제비　고양이　개　여우

양　염소　돼지　과나코　알파카　소　말

순록　낙타

펄럭이는 귀

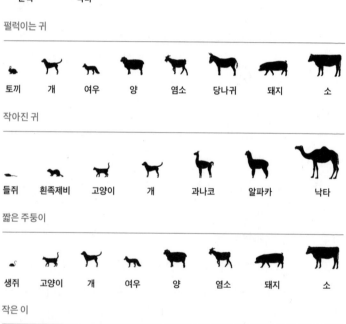

토끼　개　여우　양　염소　당나귀　돼지　소

작아진 귀

들쥐　흰족제비　고양이　개　과나코　알파카　낙타

짧은 주둥이

생쥐　고양이　개　여우　양　염소　돼지　소

작은 이

생쥐　개　돼지

온순함

가축화된 모든 종

작은 뇌 또는 두개頭蓋 용량

들쥐 저빌 기니피그 토끼 밍크 흰족제비 고양이 개 양 염소

돼지 라마 야크 소 당나귀 말 낙타

번식주기(더 잦은 발정기)

생쥐 들쥐 저빌 고양이 개 여우 염소 과나코

유아적 행동

생쥐 개 여우

동그랗게 말린 꼬리

개 여우 돼지

는 종이어야 하고 좁은 행동반경 안에서도 행동을 제어하기 수월해야 하며 암컷과 수컷이 섞인 큰 무리 안에서 살 수 있어야 한다는 조건을 추가했다.

가장 유력하다고 평가받은 가설에 따르면, 가축화는 동물이 사람의 지배를 받으며 경제적으로 사람에게 이익이 되는, 철저하게 인간 중심적인 과정이었다. 이 가설은, 생물학적 관점은 아니더라도, 문화적·경제적 관점에서, 어째서 특정 동물이 가축화되었으며 어째서 일부 사회에서는 농경이 발전했으나 다른 사회는 수렵채집 사회로 남아 있었는지를 설명했다. 하지만 이 가설로도 해명하지 못한 의문이 하나 있었는데, 바로 개에 관한 것이었다. 개는 분명히 가축화되었지만, 이들의 야생 친척인 늑대는 가축화의 필수 기준에 부합하지 않는다. 늑대에게 사람이 먹이를 공급하기는 어렵다. 늑대는 좁은 곳에 갇히면 확실하게 공황에 빠지며, 사납게 굴지는 않지만 위협받으면 문다.

한편 벨랴예프는 가축화의 기준은 딱 하나라고 생각했는데, 그의 가설이 다윈에서 다이아몬드까지 모든 연구자가 풀지 못한 그 난제에 해답을 줄 수 있을 듯했다.

사람에게 다정한 여우들은 아름답고도 이상하다. 고양이의 우아함을 지녔지만 개처럼 짖는다. 보더콜리처럼 흑백으로 얼룩덜룩한 털에 파란 눈동자를 지닌 여우가 있고 달마티안 같은 점박이 여우가 있는가 하면 비글처럼 붉은색, 흰색, 검은색이

섞인 여우가 있다. 류드밀라가 나를 안내하는 동안 모든 여우가 두 발로 선 채 나를 향해 달려들면서 꼬리를 세차게 흔들고 흥분해서 낑낑거리며 짖어댔다.

류드밀라가 여우 우리 한 곳의 문을 열자 검은 양말을 신은 듯한 발과 하얀 별이 박힌 듯한 이마를 지닌 황갈색 암여우 한 마리가 내 품으로 파고들더니 얼굴을 핥고 기쁨에 오줌을 지렸다.

사람에게 친화적인 여우 개체군에게서 처음 나타난 변화 중 하나가 털색이었다. 붉은 기가 도는 황갈색 털이 나타났고, 그 다음으로 흑백 얼룩이 나타났다. 스무 세대가 지난 후에 친화력 좋은 여우는 대부분 식별하기 쉬웠다. 몇 마리의 이마에 하얀 별 같은 얼룩이 나타나더니 갑자기 흔해졌다. 다음으로는 펄럭이는 귀와 동그랗게 말린 꼬리가 나타났다. 친화력 좋은 여우들은 주둥이가 짧고 이빨이 작은 편이었다. 수컷과 암컷의 두개골 형상도 서로 비슷해졌다. 이들 특징은 개가 가축화되던 초기에 나타났던 변화들이다.[10, 11]

변화는 여우의 외양에서만 나타난 것이 아니었다. 보통 여우의 번식주기는 1년에 단 한 번으로, 모피용 동물 사육자들은 번식주기가 더 밭은 여우를 만들어내기 위해서 오랫동안 노력해왔지만 성공하지 못했다. 친화력 좋은 여우들은 세대를 거듭할수록 짝짓기 철이 길어졌다. 많은 친화력 좋은 여우가 한 해에 2회 번식주기를 갖기 시작했는데, 말하자면 한 해 중 여덟 달 동안 짝짓기를 할 수 있다는 뜻이었다. 이들은 보통 여우보다 한 달 이르게 성체가 되었고 더 많은 새끼를 낳았다.

보통 여우는 늑대와 마찬가지로 사람에게 익숙해지는 기간이 아주 짧다(생후 16일부터 생후 6주까지다). 친화력 좋은 여우는 개와 마찬가지로 사회화 기간이 확장되었는데 보통 생후 14일에 시작되어 생후 10주 정도에 마무리됐다.[10] 보통 여우의 경우에는 코르티코스테로이드, 즉 스트레스 호르몬이 생후 2개월에서 4개월 사이에 상승하여 생후 8개월 무렵이면 성체 수준에 도달한다. 여우는 친화력이 높을수록 코르티코스테로이드가 증가하는 기간이 더 오랫동안 지연되었으며, 열두 세대 뒤 친화력 좋은 여우의 코르티코스테로이드 수치는 절반으로 감소했다.

서른 세대 뒤에는 다시 절반으로 감소했다. 쉰 세대가 지나자 친화력 좋은 여우의 뇌에서 분비되는 세로토닌, 즉 포식성과 방어적 호전성의 감소와 연관이 있는 신경전달물질이 보통 여우보다 5배 많았다.

이러한 변화가 유전자 차원에서 발생한 것임을 증명하기 위해서 벨랴예프와 류드밀라는 친화력 좋은 여우의 새끼들이 태어났을 때 서로 어미를 바꾸어 어미의 행동에 영향을 받는지 관찰했다. 그들은 친화력 좋은 여우의 태아를 보통 여우의 자궁에 이식했고 그 역으로도 이식했다. 하지만 어떤 어미가 낳고 키웠는지 여부는 상관이 없었다. 친화력 좋은 여우는 수태되는 순간부터 보통 여우보다 친화적이었다.[12]

이미 유전학자 안나 쿠케코바Anna Kukekova가 친화적 행동과 호전적 행동의 표출과 관련된 유전자를 VVU12 염색체에서 추출한 바 있는데, 이는 개의 가축화와 관련된 게놈 영역과도 유사한 염색체였다.[13] 그런가 하면 다른 연구자들은 과도한 친밀함이 특징인 윌리엄스증후군을 유발하는 유전자 변형을 개와 여우의 유전자에서 찾아내기도 했다.[14, 15] 미래에는 유전체 비교분석 기술로 정확히 어느 유전자가 친화력 좋은 여우를 만들어내는 데 선택되었는지 찾아낼 수 있을 것이다.

벨랴예프 실험의 탁월함은 친화력을 번식 조건으로 선택함으로써 사람을 좋아하는 여우를 만들어냈기 때문이 아니다. 그 과정에서 어떤 일이 일어났는지를 밝혀냈다는 점이다. 펄럭이는 귀, 짧은 주둥이, 동그랗게 말린 꼬리, 얼룩무늬 털, 작은 이빨은 번식을 위한 선택 기준이 아니었지만, 세대를 거듭할 때마다 이 특징은 점점 더 보편적인 형질로 바뀌어갔다. 류드밀라의 연구팀은 친화력만을 기준으로 삼고, 그에 따라 매 세대에 발생하는 생리적 변화와 외형상 변화를 관찰했다.[16]

과학자들은 다양한 종으로 벨랴예프와 류드밀라의 모델을 반복 실험할 수 있었는데, 개와 생물학적으로 관계가 먼 닭도 포함되었다. 연구자들은 친화적인, 말하자면 사람의 접근이나 손길을 허용하는 적색야계(아시아의 야생종으로 모든 재배종 닭의 조상) 개체군을 번식시켜서, 한 대조군과 비교하는 실험을 수행했다. 친화력 선택의 실험 결과는 벨랴예프가 예측했던 대로였다. 실험군 적색야계는 단 여덟 세대 만에 낯선 사물을 덜 두려워하게 되었고 세로토닌 분비 수치가 증가했으며 털에서는 탈색이 일어났고 몸집은 커지고 뇌는 작아졌으며 번식력은 높아졌다.[17]

자연이 일반적으로 수천 세대에 걸쳐 성취하는 것을 벨랴예프와 류드밀라는 인간의 한 생애 안에 이루어냈으며 그 결과로 하나의 공식을 수립했다. 즉, 사람에게 친화적인 동물이 더 높은 번식 성공률을 보일 때 가축화가 발생한다는 공식 말이다.

하버드대학교에서 박사과정을 공부할 때 내 지도교수는 리처드 랭엄이었다. 랭엄은 개와 닮은 러시아 여우에 관한 내 이야기에서 훨씬 더 심오한 의미를 찾아냈다. 원래는 겁 많고 호전적이던 어떤 여우 개체군을 오로지 사람에게 친화적인 태도 하나를 기준으로 선택 번식시켰는데, 단 몇 세대 만에 다른 형질에도 우발적인 변화가 일어났다면, 인지기능의 변화도 이에 해당된다고 할 수 있을까?

랭엄이 제기하는 가설은 불가능해 보였다. 우리가 이야기한 것은 펄럭이는 귀나 동그랗게 말린 꼬리 같은 것이 아니었다. 상대방이 전달하고자 하는 의사를 읽어내는 협력적 의사소통 능력은 사람 아기가 가진 마음이론 능력에서 가장 결정적인 요소다. 협력적 의사소통에서 상대방의 의도를 잘 읽어내는 개가 이 기술을 새끼에게 물려주는 데 성공할 확률이 높을 것이라고 봐야 한다는 이야기다. 이 능력도 얼룩무늬 털처럼 후대에 유전되는 형질일까? 지금까지 이런 의문을 제기하고 실험한 사람은 아무도 없었다. 그리하여 나는 직접 시베리아로 가서 여우를 대상으로 테스트해보라는 랭엄의 제안에 설득되었다.

시베리아 계획에 큰 문제는 없었다. 내가 여우를 한 번도 본 적이 없고 러시아어라고는 한마디도 할 줄 모른다는 '사소한' 문제 몇 가지만 제외한다면. 여우의 인지능력 테스트는 어디에서도 수행된 적이 없었다. 침팬지의 마음이론을 테스트하는 데 2년이 걸렸고 개는 1년이 걸렸는데, 시베리아의 여우를 테스트하기 위해 주어진 시간은 고작 11주였다. 보통 성체 여우는 사람을 무서워한다. 나는 친화력 좋은 여우와 보통 여우, 두 그룹을 모두 다 테스트해야 했다. 그래도 유리한 조건이 하나 있었으니, 타이밍이 절묘했다. 내가 러시아에 도착할 무렵 봄이 끝나가고 있었는데 때마침 농장에 갓 태어난 새끼 여우가 가득했다.

랭엄이 나탈리 이그나시오Natalie Ignacio를 이 프로젝트에 보내주었는데, 나는 그에게 여우와 붙어 지내는 임무를 맡겼다. 나탈리는 보통의 새끼 여우 그룹과 친해져야 했다. 이 그룹 개체들은 태어난 지 겨우 몇 주째였기 때문에 성체 여우들에게 있는 공포반응이 형성되기 전이었다. 나탈리는 호기심에 코를 킁킁 들이대는 10여 마리 은빛 털뭉치들 사이에서 웅크린 채 컹컹 소리를 내면서 지냈다.

"무슨 짓을 해서라도 녀석들이 나탈리를 좋아하게 만들어요. 두 달 뒤에는 테스트할 준비가 되어야 해요." 나는 나탈리에게 간곡히 말했다.

나는 나탈리를 떠나서 터벅터벅 농장을 가로질러 이제 막 형제들과 분리된 생후 3, 4개월령 여우들에게 갔다. 이들은 보통 여우 6마리와 친화적인 여우 6마리의 두 그룹으로 나뉘어 따로 각각의 우리에 분리된 상태였다. 나는 그사이에 앉아서 여우들의 우리를 들여다보았다.

친화력 좋은 여우들은 내가 들어가 앉자마자 컹컹거리거나 낑낑거리기 시작했고 꼬리를 치고 헥헥거리면서 문을 긁어댔다. 내가 귀를 긁어주자 내 손을 핥더니 배를 뒤집고 드러누워 마치 문질러주기를 기다리듯 눈을 감았다. 내가 손짓을 하면 손의 움직임을 찬찬히 따라왔다.

보통 여우들은 나를 응시했다. 나는 갑작스럽게 움직이거나 큰 소리를 내지 않도록 조심했다. 녀석들을 만지거나 놀이를 하려고 하지도 않았다. 그저 지켜보면서 기다렸다. 보통 여우들은 우리 안 구석 자리로 숨었다. 내 실험이 결실을 거두기 위해서는 충분한 시간 동안 두 그룹 모두의 주의를 끌 만한 무언가가 필요했다.

아무런 결실 없이 몇 주가 흘렀다. 그러던 어느 날 하늘에서 답이 내려왔다. 날개 길이가 1.2미터 정도 되는 매 한 마리가 여우 우리 위로 급강하했다. 여우들은 홀린 듯이 매를 바라보았다. 그때 날개깃 하나가 빙글빙글 돌면서 떨어졌고, 양쪽 그룹의 모든 여우가 모여들어 그 깃털을 응시했다.

다음 날 여우들에게 가는 길에 날개깃 하나를 집어 들었다. "너희들 날개깃 좋아하더라?"

모든 여우의 눈길이 나에게 쏠렸다. 나는 보통 여우 한 마리 앞에서 날개깃을 살랑살랑 흔들어보았다. 평소 같으면 우리 뒤로 허둥지둥 도망쳤을 녀석이 다가오더니 날개깃을 향해 돌진했다. 친화력 좋은 여우들의 반응도 똑같았다.

이거야! 모든 여우의 주의를 똑같이 끌 수 있는 무언가를 찾아낸 것이다. 나는 여우 한 마리가 내 앞으로 와서 설 때까지 날개깃을 살랑살랑 흔들었다. 여우가 내 앞에 오면, 앞에 놓인 장난감 두 개 중 하나를 가리켰다. 그러고는 장난감 두 개를 그 여우 쪽으로 밀어놓고 어느 장난감을 갖고 노는지 기록했다.

보통 여우는 둘 중 하나를 갖고 놀았지만 내가 가리킨 장난감을 고르지는 않았다. 녀석들은 아무 장난감이나 선택했다. 친화력 좋은 여우들은 내가 제안한 장난감을 선호했다. 보통 여우와 친화력 좋은 여우가 나와 함께 보낸 시간은 동일했지만, 친화력 좋은 여우만 내 **손짓에 응했다.**

9주간의 포옹과 훈련 끝에, 나탈리는 그릇 밑에 숨겨둔 먹이를 찾을 수 있는 보통의 새끼 여우 한 그룹을 꾸릴 수 있었다. 이제 테스트를 할 시간이었다.

나탈리가 그릇 두 개 중 한쪽에 먹이를 숨기고 먹이가 든 그릇을 가리켰다. 보통 여우가 정답을 맞힌 확률은 침팬지, 늑대와 마찬가지로 절반을 겨우 넘기는 수준이었다. 거의 추측으로 찾아냈다고 봐야 한다.

다음 테스트는 친화력 좋은 새끼 여우 그룹이었는데, 나탈리와는 처음 만나는 자리였다. 나탈리가 우리 문을 열어 여우들을 밖으로 나오게 한 뒤 두 그릇 중 한쪽에 먹이를 숨겼다. 만약 사람이 개를 선택한 것이 그들의 협력적 의사소통 능력 때문이었다면, 친화력만을 기준으로 선택된 이 여우들은 내 손짓에 응할 수 있는 사회적 기술을 갖고 있지 않았을 것이다. 하지만 여우들에게는 협력적 의사소통 능력이 있었다. 강아지들 수준

정도가 아니었다. **한 수 위**였다.

랭엄의 생각이 옳았다. 이런 유형의 놀이를 한 번도 해본 적 없는 친화력 좋은 여우들은 우리의 손짓을 이용해서 먹이를 찾아낼 수 있었다. 개에게 전혀 뒤지지 않았다. 반면에 보통 여우들은 몇 달에 걸쳐 집중적으로 사회화 훈련을 받았는데도 우리의 손짓에 응한 확률이 겨우 절반을 넘기는 수준이었다.[18]

영리한 여우를 원한다면 당신이 찾을 수 있는 한, 가장 친화력 좋은 여우를 번식시키면 된다. 야생 여우에게는 애초부터 다른 여우의 사회적 행동에 반응할 능력이 있었다. 벨랴예프는 사람에 대한 두려움을 감소시키기 위해 여우를 길렀는데, 사람과 관계를 맺는다는 새로운 환경이 여우들에게 아주 오래전에 진화되었으나 드러나지 않았던 사회적 기술을 발휘하게 했던 것으로 보인다.

두려움이라는 제약에서 벗어난 여우는 협력적 의사소통 같은 사회적 기술을 더 유연하게 활용할 수 있었다. 예전에는 홀로 대면해야 했던 문제도 협력적인 파트너들과 함께 쉽게 해결할 수 있는 사회적 문제가 된 것이다. 협력적 의사소통 능력은 증진되었지만, 반면 인지기능에 관해 예상했던 가설은 우연에 의한 것으로 밝혀졌다. 즉, 인지기능 같은 사회적 지능은 두려움이 친화력으로 대체될 때 우발적으로 발생한 또 다른 능력이었다.[19] 여우 실험은 우리가 개에게서 관찰한 협력적 의사소통 기술이 가축화의 산물임을 입증하는 강력한 근거가 되어주었다.

우리는 또한 개에게서 발견했던 이 협력적 의사소통 기술이 단순히 성견이 되기 전까지 수백 시간에서 많으면 수천 시간 동안 사람과 상호작용해 생긴 결과물이 아니었음을 발견했다. 각기 다른 양육 환경과 각기 다른 월령의 강아지들을 테스트하면서 우리는 심지어 가장 어린 강아지가 손짓을 이해하는 능력이 가장 탁월하다는 것을 알아냈다. 아닌 게 아니라 생후 6주에서 생후 9주 사이의 강아지들은 무언가를 가리키는 기본 손짓은 물론, 전에는 본 적 없는 새로운 손짓과 몸짓 실험도 완벽하게 수행했다.[20, 21, 22] 이 결과가 인상적인 이유는 생후 6주인 강아지는 아직 뇌가 완전히 발달되지 않았으며 여전히 걷기를 배우는 단계이기 때문이다.[23] 그런데 이 강아지들은 시각적 손짓의 의미를 이해하는 범위를 넘어섰다. 강아지들은 사람의 목소리 방향을 이용해서 먹이를 찾을 줄도 알았다. 사람의 목소리를 이용해 먹이를 찾는 능력은 심지어 성견보다 나았다.[24] 즉, 개의 모든 협력적 의사소통 기술은 강아지 때부터 이미 존재하며, 사람과 상호작용을 통해서 더욱 향상된다. 충분한 상호작용이 없는 어린 시절부터 이렇게 인지능력이 유연하게 활성화되는 동물은 드물다. 사람의 손짓, 몸짓을 읽어내는 능력은 사람 아기만이 아니라 개에게서도 가장 어릴 때 나타나는 사회적 기술의 하나로 보인다.

우리는 또한 개가 사람과 협력하고 의사소통하는 기술이 조상이었던 늑대 종에게서 그대로 물려받은 것이 아님을 발견했다. 늑대는 늑대들끼리 신호를 주고받거나 먹잇감이 보내는 신호를 읽는 기술이 뛰어났던 것이 분명하며, 따라서 사람과 개의 상호작용에 이 기술이 쉽게 활용되었으리라고 가정할 수 있다.[25, 26, 27] 우리는 개를 테스트했던 것과 같은 방식으로, 컵 두 개 중 한쪽에 먹이를 숨긴 뒤 늑대가 먹이가 있는 컵을 찾을 수 있도록 손가락으로 가리켰다. 하지만 이 실험에서 사람의 손짓을 이해하는 늑대의 능력은 침팬지의 능력과 비슷했다.[25, 26, 27] 테스트를 10여 차례 반복한 뒤에도 늑대들은 여전히 추측으로 컵을 찾아내고 있었다. 실험을 통해 우리의 손짓을 읽어내는 능력 면에서는, 사람과 거의 접촉한 적 없는 강아지가 성체 늑대보다도 뛰어난 것으로 밝혀졌다. 늑대는 지능이 높았음에도 사람이 보내는 협력적 의사소통의 의도는 자연스럽게 알아차리지 못했다.[28]

연구자들은 경험과 훈련이 어떻게 늑대와 개의 차이를 만들었는지 이해하기 위하여 계속해서 두 종을 비교해왔지만[29~33] 우리가 실험했던 여우들과 마찬가지로 이례적이었던 개의 협력적 의사소통 능력은 가축화의 결과로 진화한 것이었다.

문 앞의 늑대

"우리 집 개가 똥 먹는 것 끊는 법"이 2015년 개에 관한 구글 검색 순위 10위 안에 들었다.[34]

똥이야말로 개가 우리 삶에 들어오게 된 사연의 중심에 있다.[35]

인류는 5만 년 전 발사 무기를 들고 유라시아로 진입했는데 이때 사냥과 채집을 하기 위해서 빙하시대에 존재하던 거의 모든 천적을 싹 쓸어버렸다. 늑대는 예외였다.[36]

사람들은 일반적으로, 수천 년 전에 농경인이 새끼 늑대를 몇 마리 주워 집으로 데려갔고 길들인 새끼 늑대들을 수 세대에 걸쳐 번식시켜 더 길든 늑대를 얻음으로써 우리의 사랑스러운 개가 만들어졌다고 추정한다. 그러나 우리가 아는 진화의 작용 원리를 토대로 따져보자면, 이런 추정은 불가능하다. 늑대의 가축화는 적어도 농경인이 첫 씨앗을 뿌린 1만 년 전보다 먼저 시작되었기 때문이다. 최초로 개와 함께 살았던 사람은 수렵채집인들이었을 것이다.[37]

빙하시대에 사람들이 의도적으로 늑대를 가축화했다고 가정하면 비현실적인 시나리오가 나올 뿐이다. 사람들은 사람에게 가장 친화적이고 가장 덜 호전적인 늑대만을 골라서 10여 세대 이상을 번식시켰어야 한다. 그랬다면 적어도 수백 년이 걸렸다는 이야기가 되고, 그랬다면 수렵채집인들은 이 덩치 크고 충동적 공격성을 지닌 늑대들과 지내면서, 고생해서 얻은 고기의 상당 부분을 날마다 성체 늑대들과 나눠 먹으며 살았어야 한다는 이야기가 된다. 따라서 그보다는 사람이 통제하는 가축화 이전에 하나의 가축화 단계 즉, 자기가축화 시기가 있었다고 봐야 한다.[38]

사람이 무언가 창조한 것이 있다면, 그것은 단연 막대한 양의 쓰레기일 것이다. 오늘날에도 수렵채집인들은 음식물 쓰레기를 바깥에 내다버리고 천막 밖으로 나가 용변을 본다. 정착해서 사는 인구 집단이 많아지면서 주린 늑대들에게는 밤에 즐길 맛난 먹을거리가 많아졌을 것이다. 사람들이 내버린 뼈도 좋은 야식이겠지만, 조리한 음식을 먹기 때문에 소화가 빠른 사람의 똥도 음식 못지않게 영양가가 풍부하다.[39] 사람이 사는 천막에 접근할 만큼 침착하고 용감한 늑대라면 이 똥의 유혹을 뿌리치기란 어려웠을 것이다. 그런 늑대들에게 번식상 이점이 있었을 것이고, 이들이 같이 쓰레기를 뒤져 먹고 또 이들끼리 짝짓기했을 것이다. 친화력 좋은 늑대와 겁 많은 늑대 사이에 유전자 이동이 일어나는 빈도는 감소했을 것이고, 사람의 의도적 선택 없이 이런 과정을 통해서 친화력 좋은 새로운 종으로 진화했을 수 있다.

이렇게 친화력을 선택하고 단 몇 세대 만에 이 특별한 늑대 개체군의 겉모습은 달라지기 시작했을 것이다. 십중팔구 털색과 귀 모양, 꼬리 모양이 모두 변했을 것이다. 인류는 이 생김새로 청소부 늑대에게 점점 관대해졌을 것이고, 머지않아서 이들, 원시 개에게 우리의 손짓을 읽을 줄 아는 독특한 능력이 있다는 것을 파악했을 것이다.

늑대에게는 다른 늑대들의 사회적 제스처를 이해하고 반응할 능력이 있었지만, 사람을 보면 달아나기 바빠서 제스처까지 주의 깊게 볼 수는 없었을 것이다. 사람에 대한 두려움이 매력으로 대체되자 늑대의 사회적 기술은 사람과 새로운 방식으로 소통하는 데 사용될 수 있었다. 사람의 제스처와 목소리에 반응할 수 있는 동물은 사냥 동반자이자 안내자로 대단히 유용했을 뿐 아니라 온기를 제공하고 늘 함께하는 반려동물로서도 소중했을 것이다.[40, 41] 그렇게 우리는 서서히 천막 밖에 있던 그들을 불 곁에 오도록 허용했을 것이다. 개는 사람이 길들이지 않았다. 친화력 높은 늑대들이 스스로 가축화한 것이다.[2] 이 친화력 좋은 늑대들이 지구상에서 가장 성공한 종 가운데 하나가 되었다. 현재 그들의 후예는 개체수가 수천만에 달하며 지구의 모든 대륙에서 우리의 반려동물로 살아가고 있으나, 얼마 남지 않은 야생 늑대 개체군은 슬프게도 끊임없이 멸종의 위협에 노출되고 있다.

개에게 사람의 개입 없이 자기가축화가 일어났다면, 다른 동물들의 경우는 어떨까? 특히나 초기의 저 늑대들이 그랬던 것처럼 오늘날 사람이 거주하는 곳에 침입하는 동물들은?

수천 년 전의 원시 개들처럼 도시에 서식하는 코요테도 우리의 쓰레기를 뒤지는데, 사람의 쓰레기가 이들 식단의 30퍼센트를 차지한다.[42] 도시의 코요테는 배수용 도랑이나 담장 밑, 수도관 안에서 새끼를 키운다. 그들은 평균 일 교통량이 10만 대가 넘는 고속도로를 건너다니고 각종 교량을 행인마냥 스스럼없이 이용한다.[42]

나는 제자인 제임스 브룩스James Brooks와 함께 노스캐롤라이나주 전역의 생태통로마다 트랩카메라를 놓고 그 기록을 분석했다.[43] 우리는 카메라로 걸어오는 코요테의 행동을 코드화하면 이들의 기질과 인구밀도 간의 상관관계를 볼 수 있으리라고 예상했다. 첫 분석 결과, 도시에 서식하는 코요테가 야생 지역에 서식하는 코요테보다 트랩카메라에 더 많이 다가오는 경향을 보였다. 그러나 이런 코요테가 그저 기질 하나로 적응력 높은 동물이 된 것은 아니다. 우리가 동물 36종의 자기통제력을 비교하는 실험을 수행했을 때, 코요테의 자기통제력은 개나 늑대보다 높을 뿐만 아니라 유인원과 같은 수준에 달하는 유일한 동물이었다.[44]

영국의 붉은여우의 밀도는 야생 지역보다 도시 지역에서 10배나 더 높다. 도시에 사는 북극여우는 번식 시기가 상대적으로 더 일러 한 살이 되기 전에 짝짓기를 시작하기도 한다.[45] 유럽의 도시 지역에 서식하는 지빠귀는 야생 지역에 서식하는 친척들보다 덜 공격적이다. 그들은 번식 빈도가 더 잦으며 번식기가 더 길다.[46] 그들은 또한 야생의 친척 종들보다 수명이 더 길고 스트레스 호르몬인 코르티코스테로이드 농도도 더 낮다.[47]

플로리다키스제도에는 '키 사슴'이라고 불리는 이 지역 토종 사슴 개체군이 있다. 키 사슴은 도시화된 지역에 주로 서식하는데, 사람과 접촉이 없는 사슴보다 겁을 덜 내고 덩치는 더 크고 더 사회적이며 번식력도 더 강하다.[48] 다른 도시 지역에서는 특이한 털색을 가진 얼룩 사슴이나 백색증의 흰꼬리사슴이 빈번히 출몰해왔다. 얼룩 사슴과 백색증 사슴에 대해서는 짧은 다리, 윗니가 아랫니를 덮을 정도로 짧은 턱, 긴 꼬리 등 '기형'에 관련한 일화를 자주 들을 수 있었는데, 이는 가축화징후에 속하는 형질 변화이기도 하다.[49]

우리가 개의 인지능력이 얼마나 정교한지 밝혀낸 뒤로, 다른 연구자들도 가축화된 동물들의 지능에 대한 기존의 통념, 즉 가축화가 동물을 우둔하게 만들었다는 기존 생각의 재평가 작업을 진행하기 시작했다. 이러한 연구를 통해서 친화력이 동물들의 인지능력, 특히 협력과 의사소통의 측면에서 더 유리하게 작용했다는 근거가 하나둘 쌓이고 있다.

헝가리의 인지신경과학자 요제프 토팔Jozsef Topal은 가축화된 흰족제비가 야생 흰족제비보다 사람의 제스처를 더 잘 이해한다는 것을 발견했다.[50] 이 점이 놀라웠던 것은, 일반적인 품종 견들과 달리, 가축화된 흰족제비는 설치류를 찾아내는 등 사냥 같은 전통적 역할을 수행하는 동안 주인과 협력적 의사소통을 하지 않기 때문이다. 이는 사람의 제스처를 읽어내는 흰족제비의 능력이 사람과 친해지면서 향상된 것임을 시사한다. 사회적 인지능력만을 기준으로 했다면 사람들이 흰족제비를 가축으로 선택할 이유가 없었기 때문이다.

일본의 생물심리학자 오카노야 가즈오岡ノ谷一夫는 마니킨방울새 속에서 가축종 십자매와 야생종 흰줄무늬납부리새를 비

교했다. 오카노야는 십자매가 흰줄무늬납부리새보다 덜 공격적이라는 것을 발견했다. 또 이 두 종의 배설물을 검사한 결과 십자매의 코르티코스테로이드 농도가 흰줄무늬납부리새보다 낮게 나와 이들 가축종이 스트레스를 덜 받는다는 사실이 밝혀졌다. 십자매는 새로운 사물에 대한 두려움도 적었다. 오카노야의 관찰로 놀랍게도 가축종 십자매의 노래가 야생종 흰줄무늬납부리새보다 더 복합적이라는 것도 밝혀졌다. 십자매는 다른 새들의 다양한 노래를 배울 수 있었지만 흰줄무늬납부리새는 자기네 아버지가 부르는 간단한 노래밖에 배우지 못했다. 두 종의 새를 같이 길렀을 때, 가축종 십자매는 야생종 흰줄무늬납부리새의 노래를 쉽게 흉내냈지만 흰줄무늬납부리새는 훨씬 정교한 십자매의 노래를 끝까지 익히지 못했다.[51]

2008년 인구 집단은 새로운 전환점을 맞이했다. 야생 지역에 사는 사람보다 도시 지역에 사는 사람이 더 많아지면서 우리는 하나의 도시 서식 종이 되었다.[52] 현재 30억 명인 도시 인구는 2030년이 되면 50억 명이 될 것이다.[52]

가축화가 사람에게 쓸모 있는 희귀종에게서만 발생했음을 시사했던 다른 실험 모델들과 달리, 벨랴예프의 연구는 개체의 밀도가 높아지면 개체들 사이에서 자연선택을 통해 대규모의 자기가축화라는 사건이 일어나리라고 보았다. 이 사건은 선택압*의 강도, 개체 규모, 그리고 야생 개체군과 가축화 개체군의 유전자격리^{**}에 따라서 아주 빠르게 일어날 수도 있다. 두려움을 매력으로 대체함으로써 생존하는 데 사람을 활용할 수 있다면 어떤 동물이라도 살아남을 뿐 아니라 번성하게 될 것이다.

---

3 오랫동안 잊고 있던

우리의
사촌

개와 다른 도시 동물들이 사람에게 더 끌리고 더 친화적으로 행동함으로써 스스로 가축화된 것이라면, 그 방정식에서 '사람'이라는 변수를 제거했을 때도 같은 일이 일어날 수 있을까? 과연 동물은 자연선택을 통해서도 자기가축화될 수 있을까?

보노보만큼 친화적인 동물은 찾기 어렵다. 하지만 보노보는 늘 수수께끼 같은 존재였다. 보노보와 침팬지는 100만 년 전 무렵 공통의 조상에게서 나왔으며, 고릴라보다도 사람과 더 많은 유전자를 공유한다. 이런 점에서 보노보와 침팬지는 현존하는 영장류 가운데 우리와 가장 가까운 두 친척이라 할 수 있다. 촌수가 같은 사촌이 둘인 셈이다. 이처럼 보노보와 침팬지는 닮았지만 또 한편 여러 중요한 면에서는 차이를 보인다.

보노보와 침팬지의 다른 점 몇 가지는 상당 기간 수수께끼로 남아 있었지만, 우리는 가축화된 동물들에게서 일어났던 변화가 그들에게서도 발견된다는 것을 알 수 있었다. 수컷 보노보의 뇌 크기는 수컷 침팬지보다 약 20퍼센트 정도 작은 편이고, 암수 보노보 모두 얼굴과 치아가 침팬지보다 더 작으며 치열이 더 빽빽하다. 많은 보노보가 입술에 색소가 없어 옅은 분홍빛이 난다. 또 털에도 색소가 없는 부분들이 있고, 꼬리에 길고 뻣뻣한 흰 털이 한 묶음 나 있다. 침팬지도 어릴 때는 이런 털이 있지만 성체가 되면 없어진다. 보노보와 침팬지 모두 어릴 때는 장난을 좋아하지만, 침팬지는 나이를 먹으면서 이런 행동이 없어지는 반면 보노보는 성체가 되어도 이런 쾌활함을 잃지 않는다. 또한 보노보 성체는 성적으로도 유희를 즐긴다. 암컷은 성행위로 서로 간의 유대를 높이거나 수컷들 간에 일어나는 갈등을 해소한다.[1]

학자들의 연구는 다른 가축화 동물들에 대한 연구가 그랬던 것처럼 보노보가 지닌 형질의 기능을 개별적으로 밝혀내는 방향으로 이루어져왔다. 랭엄은 달랐다. 랭엄이 나를 시베리아로 보낸 것은 영리한 개들에 대해서 알아오라는 것이 아니었다. 랭엄이 벨랴예프의 여우들에게 가축화가 어떤 영향을 미쳤는지 알아내고자 한 것은 그것이 보노보에게 일어난 변화를 설명해줄 수 있다고 생각했기 때문이다.[2]

나는 여키스국립영장류연구센터에서 토마셀로와 함께 침팬지를 연구하던 시기에 겪었던 무시무시한 일을 영원히 잊지 못할 것이다. 일요일이었고, 현장에는 나 하나뿐이었다.

나는 침팬지 타이와 함께 손짓 놀이를 하고 있었다. 타이는 나이가 많아 움직임이 굼떴지만 손주의 응석을 받아주는 할머니처럼 나에게 맞춰주면서 놀이에 응했다. 내가 컵에 먹이 숨기는 것을 지켜보고 나서 손가락으로 가리키는 놀이였다. 타이는 마치 어려운 십자말풀이 낱말을 궁리하듯 얼굴을 잔뜩 찌푸리다가 손가락으로 컵을 가리켰다. 틀리면 손바닥으로 이마를 쳤다.

느닷없이 비명이 들려왔다. 벽이 흔들릴 정도로 큰 소리였다. 타이와 나는 얼어붙었다. 내가 벌떡 일어나다가 탁자를 쓰러뜨렸고 탁자 위에 있던 모든 물건이 바닥에 와르르 떨어졌다.

수컷 침팬지 트래비스가 다른 침팬지 네 마리에게 붙잡혀 있었다. 한 침팬지가 트래비스의 다리를 잡고 두 침팬지가 양팔을 붙잡아 상체가 큰대자로 펼쳐져 있었다.

이빨 없는 거대한 암컷 침팬지 소니아가 트래비스의 등에 올라타더니 바닥으로 찍어 눌렀다. 평소라면 웃고 넘겼겠지만, 그날은 무시무시했다. 소니아 밑에 깔린 트래비스는 발버둥쳤지만 일어날 수 없었다.

"놓아줘!" 내가 목청껏 소리쳐보았지만 내 목소리는 침팬지들의 비명에 묻혀버렸다.

양팔을 붙들고 있던 두 침팬지가 소름 끼치게 비명을 지르고 번갈아 가며 트래비스의 머리를 발로 차댔다. 트래비스의 두 손톱은 이미 물어뜯긴 상태였다. 트래비스의 어미가 곁에서 울

부짖고 있었으나 속수무책이기는 매한가지였다.

침팬지들이 싸우는 건 전에도 본 적이 있었다. 서로 물어뜯고 때리고 싸우는 현장을 본 적도 있고, 한 여성의 팔을 아무렇지도 않게 부러뜨리는 침팬지도 본 적 있다. 하지만 이 싸움은 달랐다. 이 싸움의 목적은 트래비스를 죽이는 것이었다.

야생에서는 수컷 침팬지들이 정기적으로 자기네 영역 경계선으로 순찰을 나간다. 순찰을 나가기 전에는 둥글게 모여 어깨동무 의식을 갖는데, 신뢰의 신호로 서로의 입에 손가락을 넣고 서로의 고환을 만진다. 그러고는 조용히 일렬종대로 걷다가 경계선 부근에 이르면 이따금 귀를 기울이고 냄새를 맡아 적이 근처에 있는지, 그 수는 얼마나 되는지 살핀다.[3] 3 대 1 정도로 수적으로 유리한 경우에는 공격에 나설 확률이 높다. 보통은 붙잡은 적을 땅에 찍어 누르고 손가락을 물어뜯는데, 심지어는 사지의 관절을 뽑아버리기도 한다. 극단적인 경우, 목이 찢겨나가고 고환이 없어진 사체가 발견된 사례도 있다.[4, 5] 인접영역 무리의 수컷을 충분히 살상한 침팬지 무리는 그 영역으로 들어가 그 안에 살던 암컷들까지 차지하면서 사실상 새 영역을 합병한다.[6] 랭엄은 수렵채집 부족에서 시카고의 갱단까지 인간 사회에서도 많은 집단이 침팬지 수컷과 유사한 방식으로 경계 순찰과 습격을 감행한다는 점, 침팬지 무리와 수렵채집 부족의 살해율이 비슷하다는 점에 주목했다.[7]

수컷 침팬지만 폭력성을 보이는 것은 아니다. 암컷 침팬지

사이에도 엄격한 위계질서가 있다. 과실수 아래 앉는 순서가 이를 잘 보여주는데, 높은 서열의 암컷일수록 노른자 자리를 차지하며 가장 맛있는 열매를 먹고 중간 서열의 암컷은 낮은 나뭇가지에 앉으며, 서열이 낮은 암컷일수록 무리의 영역 변두리로 밀려나 인접영역 무리의 수컷들이 공격해올 때 가장 먼저 공격받게 된다. 성숙기가 된 암컷은 어미의 무리를 떠나 다른 무리에서 짝을 찾는다. 이때 외부 집단에서 들어온 암컷은 대개 기존의 암컷들에게 공격당하는데, 너무 심각한 상해를 막기 위해서 서열 높은 수컷이 개입하기도 한다.[8]

나는 야생 침팬지는 아직 못 만나보았지만, 여키스 연구센터의 우리 앞에서도 트래비스의 상황이 심각하다는 것은 충분히 알 수 있었다. 바닥에 유혈이 낭자했고, 트래비스의 허벅지에 깊이 난 상처에서는 피가 멈출 줄 모르고 솟구쳤다.

나는 호스를 잡고 수도 밸브를 최대치로 연 뒤 소니아를 향해 물을 쏘았다. 격분한 소니아는 나를 향해 소리 지르면서 트래비스의 등에서 떨어졌고, 트래비스는 다른 방에 있는 어미에게로 달려갔다. 나머지 침팬지들이 트래비스를 바짝 뒤따랐지만 내가 물을 쏘아 막으면서 온몸으로 문을 쾅 밀어 닫았다.

트래비스는 쓰러져서 가까스로 어미의 품에 안겼고, 어미는 트래비스의 상처를 세심히 살폈다. 다행히도 트래비스는 살아났다. 하지만 우리가 워낙 엉성하게 지어진 탓에 연구센터의 관리자들이 더 이상의 폭력을 예방하기 위해 할 수 있는 일은 이들을 일단 두 무리로 갈라놓는 것뿐이었다. 침팬지들을 분리시키자 친구나 가족들조차 서로에게 손대는 일이 없어졌다.

공격성이 어떤 대가를 치를 수 있는지 극명하게 보여주는 사건이었다. 집단 내에서 심각한 부상이나 사망까지 발생할 수 있을 뿐만 아니라, 집단 내 협력자의 수가 크게 제한되는 결과를 빚을 수도 있었다. 공격성과 연관해 위험을 무릅쓸 때 기대할 수 있는 보상은 더 우수하거나 더 많은 후손을 얻는 것뿐이다. 이 공격성에 관한 비용 대비 이익 비중을 조금만 비틀어 생각해보아도 친화력이 호전성보다 생존에 유리하다는 것을 바로 알 수 있다.

콩고민주공화국 수도 킨샤사 외곽에 위치한 밀림 '롤라 야 보노보'는 인구 1000만*이 사는 넓은 대도시 속 피난처 같은 자연이다. 그 안에 발을 들이는 순간 콩고분지 심장부에 와 있는 느낌이 든다. 백합이 흐드러진 호수가 있고, 식물들은 새 형상의 꽃을 터뜨리고 있다.

숲길을 따라 걷는데 하늘에서 웬 검은 뭉치가 떨어져 내 목을 팔로 감쌌다.

"안녕, 말루." 그러자 녀석이 내 허리를 다리로 조였다. "엄마 이본Yvonne도 네가 여기 있는 걸 아시니?"

---

*   2021년 현재 기준 인구수는 1500만 명이다.

말루가 웃음을 터뜨리는데 때마침 짜증 난 목소리가 아침의 고요를 갈랐다.

"말루! 어디 있니?"

말루는 내 등에서 번쩍 뛰어오르더니 나무 속으로 사라졌다.

말루는 파리 공항, 한 러시아 부부의 수화물 속에서 동물밀매의 희생양으로 발견되었다. 때는 크리스마스 직전이었고, 엑스레이 기사가 가방 바닥에서 망고에 덮여 태아 자세로 웅크리고 있는 어린아이 모양의 무언가를 보았다. 공항 직원들은 이 작은 생명체를 어떻게 해야 하나 궁리했다. 배는 퉁퉁 부어 피투성이였고, 발에는 화상 자국이 가득했다. 전신을 꽁꽁 옭아맨 밧줄 때문에 살 부위가 찢겨 있었고 탈수도 심한 상태여서 꼼짝도 못 하고 있었다.

살아서 그날 밤을 넘길 것 같지 않아 안락사에 처할 상황이었으나 롤라 야 보노보를 설립한 클로딘 안드레Claudine André가 이 소식을 듣고 말루를 구하러 왔다. 안드레는 환경부 장관과 프랑스 대사관의 인맥을 통해서 당시 대통령 자크 시라크Jacques Chirac에게 이야기하여 말루를 고향 콩고로 돌아가게 했다.

어미 잃은 새끼 보노보가 롤라 야 보노보에 들어오면 먼저 수의사가 상처를 치료해준다. 그 뒤 어미 노릇을 해줄 여성 활동가에게 새끼를 위탁한다. 어느 정도 자란 보노보 고아는 다른 고아들과 함께 사육소로 보낸다. 사육소의 성체 보노보들은 낮에는 큰 숲에서 지내다가 밤이 되면 숙소로 돌아와 잔다. 보노보도 우리처럼 병을 앓거나 상처를 입기는 하지만 회복력이 강하다. 말루가 처음 롤라 야 보노보에 왔을 때 온몸이 차갑고 기생충에 감염된 상태였으며, 털이 뭉텅뭉텅 빠졌다. 친절한 마마 이본은 자신의 아이가 있음에도 말루의 위탁모가 되어주었고 그렇게 말루는 건강을 회복했다.

보노보 집단에서는, 야생에서건 사육소에서건, 수컷 우두머리가 없다. 그 결과 많은 과학자는 암컷이 보노보 무리의 대장이라고 생각했다.[9] 아기 보노보가 중요한 역할을 맡았다고는 아무도 생각하지 못했다.

아기 침팬지는 모르는 누군가가 주는 음식을 함부로 받아먹지 않으며, 덩치 큰 수컷은 특히 더 경계한다. 따라서 침팬지 무리 구성원들의 서열을 평가할 때는 아기 침팬지의 반응을 고려해봤자 유용한 정보를 얻지 못한다. 하지만 보노보들은 행동과 상호작용 면에서 침팬지들과 달리 타고난 무언가가 있었다. 놀랍게도 아기 보노보가 근처에 앉아 있을 때 보노보 성체 수컷들이 먹이를 외면하고 달아나는 모습이 반복적으로 눈에 띄었다. 나는 제자 카라 워커Kara Walker와 체계적 관찰 기법을 쓰기로 하고, 기존의 연구와는 달리, 각 무리의 우위 등식에 아기 보노보도 포함시키기로 했다. 서열상 상위에 속하는 보노보 중에는 무리 안에 어미가 있는 아기들도 있었다. 롤라 야 보노보에서 어미 보노보가 키우는 아기 보노보들은 일부 수컷 성체보다 서열이 높았다. 또, 아기 보노보보다 서열이 높은 수컷 성체라도 아기가 주위에 있을 때는 항상 행동을 조심했다.[10] 사람 눈에는 다 큰 수컷 보노보가 자기 발만 한 아기 보노보를 피해 달아나는 광경이 우스꽝스럽겠지만, 어미 보노보의 관점에서는 충분히 이치에 맞는 행동이다.

암컷에게 성공적으로 번식할 기회를 망가뜨린 최악의 상황은 누군가가 아기 보노보를 죽이는 사태다. 자신의 유전자를 물려줄 수 없을 뿐만 아니라 아기에게 쏟아부은 에너지가 값비싸게 지불한 비용으로 끝나고 마는 것이다. 특히 수유기 암컷은 신체 열량의 막대한 부분을 아기에게 쏟는다. 호전적인 수컷이 사납게 휘두른 주먹 한 방에 아기를 잃는다면 번식을 위해 들인 노력에 치명적인 손실이 아닐 수 없다.

암컷에게는 이런 위험을 제거하는 것이 엄청난 이익이 될 것이다. 암컷 침팬지는 여러 수컷과 짝짓기하여 아버지가 누군지 혼란을 빚음으로써 영아살해의 위험을 감소시킨다. 그러나 이 전략은 암컷 자신의 신체 때문에 발각되고 만다. 배란기의 암컷 침팬지는 마치 광고라도 하듯이 엉덩이의 분홍 부위가 부풀어 오르는데, 수컷들이 이를 보고 배란기임을 알 수 있기 때문이다. 서열 높은 모든 수컷들은 배란기의 암컷을 공격해서 복종하게 만든다. 다른 수컷과 짝짓기하는 것을 막기 위해서다. 배란기 암컷의 유일한 방어 수단은 우두머리 곁에 붙어서 떠나지 않는 것이고, 이는 곧 우두머리 수컷이 번식에서 가장 큰 성공을 거둔다는 뜻이다. 새끼가 아직 어릴 때 우두머리 수컷이 지위를 잃게 되면 새로운 우두머리 수컷이 그 암컷의 새끼를 공격할 수 있다는 뜻도 된다. 영아살해는 수유기의 암컷을 빠르게 배란기로 되돌림으로써 수컷의 적합도를 높이는 수단이며, 공격적인 수컷은 이렇게 유리한 전략을 구사하여 폭력의 악순환을 고착시킨다.[3, 11]

암컷 보노보는 배란기를 불분명하게 만들어 이 악순환의 고리를 끊어냈다. 그들은 엉덩이가 분홍빛으로 부풀어 있는 기간이 길어서 수컷으로서는 정확히 언제 배란을 하는지 알기 어렵다. 또 암컷들은 침팬지 같은 행동을 보이는 수컷에게는 적대적으로 군다. 암컷에게 강제로 짝짓기하려 드는 수컷은 반드시 맹렬한 저항에 부딪힌다. 성난 암컷들이 연대해서 공격하는 경우도 빈번하다. 어떤 수컷이라도 아기 보노보를 좋지 않은 눈빛으로 바라보았다가는 곧바로 암컷들의 맹렬한 반격을 당하게될 것이다. 암컷들은 함께 움직인다. 따라서 덩치는 수컷 개체들이 클지 몰라도 수컷들은 언제나 단결한 암컷들에게 수로 제압당한다.[11, 12, 13]

암컷 침팬지는 친척 암컷에게만 도움을 주지만 암컷 보노보는 모든 암컷을 돕는다. 새로운 암컷이 무리에 들어오면 흥분하거나 호의를 보이며 반기는데, 서로 앞다투어 달려들어 인사하고 털을 다듬어주고 성기를 문질러주곤 한다. 이 원주민 암컷들이 그동안 알고 지낸 수컷들에 맞서서 새내기 암컷을 지켜줄 것이며, 자기네 아들들로부터도 지켜줄 것이다.[14, 15]

랭엄은 보노보 집단이 친화력이 높아지는 방향으로 진화한 이유를 이들이 서식하는 콩고강 남부가 자원이 풍부하여 식량이 안정적으로 공급되는 지역이기 때문이라고 생각했다. 생태계에 관한 여러 연구는 보노보 서식지의 열매와 초본이 풍부함을 시사한다. 보노보는 이러한 자원을 놓고 고릴라와 경쟁할 필요도 없다. 고릴라가 침팬지 서식지에 사는 경우는 종종 있지만 콩고강 남부 보노보 서식지 부근에는 살지 않는다.[3, 16]

보노보 암컷은 서열과 상관없이 모두 일일 필요 열량을 충족할 수 있지만, 침팬지는 서열이 높은 암컷들에게만 매일 충분한 먹이가 보장된다. 보노보 암컷은 암컷 친구를 챙길 여력이 있지만 침팬지 암컷들은 서로 경쟁하지 않을 수 없는 환경이다. 친화력 좋은 보노보 암컷들은 서로 돕고 살 수 있어 수컷의 공격성을 감수할 필요가 없다. 그들은 또한 공격성이 가장 낮은 수컷과 짝짓기하는 것을 선호한다. 수컷 보노보에게도 친화력은 승리의 전략이었다.[1, 16]

아직껏 수컷 보노보가 아기 보노보를 죽였다는 보고서는 나온 바 없다. 수컷 보노보는 인접영역의 경계를 순찰하기 위한 패거리를 형성하지 않으며 이웃 무리에게도 치명적인 공격을 가하지 않는다. 다른 보노보를 살상하는 행위는 사육소의 보노보에게서도, 야생 보노보에게서도 발견된 적이 없다.[17] 보노보는 이웃 무리에게 공격성을 보이기는커녕 함께 여행하고 먹이를 나눠 먹으며 우호적 관계를 형성한다.[11, 18]

암컷의 승리가 어느 정도로 완전하냐면, 수컷이 암컷을 만날 수 있는 최상의 방법이 어머니를 통하는 것일 정도다. 보노보 수컷은 침팬지 수컷처럼 암컷을 꺾어 누르기 위해서 뭉치는 대신 엄마에게 의지해서 암컷 친구를 소개받는다.[19] 침팬지 수컷은 자기네 엄마마저 복종시키는 반면 보노보 수컷은 마마보이의 결정판이다.[20] 암컷과 친하게 지내는 이 방식은 성공적 번식 전략이어서, 번식에 가장 성공한 수컷 보노보는 번식에 가장 성공한 침팬지의 수컷 우두머리보다도 더 많은 후손을 얻는다.[21, 22] 이는 암컷의 다정한 수컷 선호가 다정한 사회의 진화를 야기하는 선택압이라는 가설을 뒷받침하는 사례다.[11]

사람에게 다가왔던 늑대들이 그러지 않았던 늑대들보다 친화력이 강력한 선택압으로 작용할 정도의 큰 이익을 누렸다는 사실을 기억하자. 이 압력은 행동과 외모만이 아니라 심지어 인지능력까지 진화시키는 원인이 되었다. 어떤 종 안에서 관용과 친화력을 지닌 개체군이 살아남는 자연선택이 일어났는데, 그 형질 변화가 사람과 친해지기 위해서가 아니라 그 집단 내부에서 살아남기 위한 것이었다면, 이 또한 자기가축화를 이끌어내는 동력이 되지 않을까?

보노보 수컷　　　　　　　　　　침팬지 수컷

　말루는 권위에 대한 두려움이 없었다. 엄마가 곁에 없어도 마치 자기는 아기 보노보니까 원하는 것은 뭐든 다할 수 있다는 것을 아는 듯이 굴었다. 사육소의 모든 아기 보노보가 그랬다. 점심을 먹고 있으면 나무 위에서 바스락거리는 소리가 들려오기도 했고 시커먼 뭉치가 식탁 위에 쿵 떨어져 음식을 뒤엎거나 한 움큼 집어 들고 튀어 나가기도 했다. 차를 끓여 마시려고 주방에 들어가면 아기 보노보들이 찬장 서랍을 샅샅이 뒤지고 있었고 한 아기 보노보는 분유 깡통에 들어갔다가 작은 히말라야 설인 같은 꼬락서니가 되어 나오기도 했다. 주방 세제 한 병을 통째로 들이켰다가 반나절 동안 거품을 뿜어낸 아기 보노보도 있었다. 아기 보노보들은 무모한 쾌락에 탐닉하는 구제불능 말썽꾼들이다.

보노보가 자기가축화 동물이라면 다른 가축화 동물들에게서 나타나는 자기가축화의 징후를 찾을 수 있어야 한다. 우리는 자기가축화 가설을 토대로 보노보와 침팬지를 테스트할 몇 가지 가설을 세웠다. 보노보에게는 자기가축화 징후에 속하는 일부 외형적 특징이 있다. 하지만 보노보가 정말로 자기가축화되었다면 실험을 통해서 아래와 같은 특성이 있음을 증명할 수 있어야 한다.

1. 보노보는 같은 무리의 구성원들에게 침팬지보다 더 큰 관용을 보여야 하며, 스트레스를 일으키는 상황에서도 그래야 한다.
2. 보노보에게는 공격성을 방지하는 생리적 기제가 있어야 한다.
3. 보노보는 침팬지보다 더 유연한 협력적 의사소통 기술이 있어야 하며, 이는 관용과 친화력을 강화하는 생리적 기제의 부산물이어야 한다.

우리는 개와 여우 테스트를 통해서 얻은 결과를 충실하게 반영해 가설을 세웠다. 문제는 침팬지와 보노보를 비교하는 실험이 그 어디에서도 이루어진 적 없다는 점이었다. 어떠한 테스트도 없었다. 일부 과학자는 보노보와 침팬지에게 차이가 있으리라는 생각조차 받아들이지 않았다.[23] 많은 보노보 개체군이 살고 있는 롤라 야 보노보 보호구역은 우리의 가설을 검증할 완벽한 기회였다.

1단계는 침팬지보다 보노보가 무리 내 구성원들 서로에 대한 관용이 더 크다는 사실을 검증하기 위한 테스트였다. 구성원에 대한 관용은 손쉽게 테스트할 수 있다. 그저 앉아서 음식을 나눠 먹으라고 해보면 된다. 우리는 보노보가 아침을 먹기 전 방 안에 과일을 한 더미 갖다 놓았다. 그러고는 보노보 한 마리를 방 안으로 들여보냈다. 이 배고픈 보노보는 그 더미를 혼자 다 먹어치울 수도 있고 아니면 방 사이에 놓인 여닫이문을 열어 다른 보노보와 나눠 먹을 수도 있었다. 침팬지라면 그 문을 열지 않고 혼자 다 먹었을 것이다. 보노보는 놀랍게도 문을 열고 음식을 나누어 먹었다. 보노보는 자기가 먹을 음식이 줄더라도 나눠 먹는 것을 선호했다.[24]

우리는 상황을 좀 더 복잡하게 만들어보았다. 앞 테스트와 마찬가지로 보노보 한 마리를 탐스러운 과일 더미가 있는 방으로 들여보내지만, 이번에는 **누구와** 음식을 나눠 먹을지 선택하는 상황이다. 보노보는 자기와 같은 무리의 보노보와 나눠 먹을 수도 있고 아니면 만나본 적 없는 다른 무리의 보노보와 나눠 먹을 수도 있다. 테스트 결과 모르는 보노보가 있는 쪽의 문을 여는 경우가 압도적으로 많았다. 보노보는 이미 잘 아는 누군가보다 처음 보는 보노보와 음식을 나눠 먹고 어울리는 것을 선호했다.[25] 추가 테스트에서 보노보는 아무 대가가 없는 상황에서도 처음 보는 보노보를 기꺼이 돕고자 했다.[26] 낯선 이를 두려워할 이유가 거의 없는 상황이라면 보노보는 기꺼이 새 친구를 사귀고 싶어 하는 듯했다. 천하의 선한 사마리아인이라도 이들이 이방인들에게 보이는 열과 성에는 감동하지 않을 수 없으리라.

침팬지들은 낯선 이들 사이에서 이루어지는 친화적 상호작용이 불가능했다. 성체 수컷 침팬지는 그 어떤 적보다 모르는 수컷에 의해 죽는 일이 더 많다.[5] 그러나 우리의 실험에서 보노보는 낯선 이에게 공격적이지 않은 것은 물론이고 심지어는 그들에게 더 **끌린다는** 것이 확인되었다. 보노보는 침팬지보다 훨씬 더 큰 포용력을 지닌 종인 셈이다.[11]

우리의 실험은 또한 음식을 나눠 먹을 때 일어나는 스트레스에 관련한 생리적 반응에서도 차이가 나는 근거를 밝혀냈다. 음식 나눠 먹기 테스트에 들어가기 전 보노보 수컷에게서는 스트레스 관련 호르몬인 코르티솔 농도가 증가했는데, 이는 먹이를 두고 갈등이 생길 가능성을 예상했기 때문인 듯했다. 하지만 같은 상황에 처한 수컷 침팬지의 호르몬 반응은 달랐다. 침팬지에게서 증가한 것은 코르티솔이 아니라 테스토스테론이었다. 침팬지는 경쟁을 위한 호르몬을 분출하고 있었다.[27]

침팬지는 자궁 안에 있을 때부터 보노보보다 테스토스테론의 농도가 더 높았다. 포유류의 경우 어미의 (테스토스테론을 포함하여) 안드로겐* 분비 수치가 높으면 태아는 십중팔구 검지 (2D)가 약지(4D)보다 짧을 것이다. 이것을 검지 대 약지2D:4D 비율이라고 부른다. 침팬지와 보노보의 검지 대 약지 비율을 측정하자 침팬지의 경우 검지가 약지보다 짧았지만 보노보의 손가락은 그렇지 않았다. 이는 곧 침팬지를 남성적으로 만드는 호르몬에 보노보는 태어나기 전부터 적게 노출되고 있음을 시사한다.[28]

신경과학자 쳇 셔우드 Chet Sherwood는 뇌에서 위협을 접할 때 반응하는 부위인 편도체를 조사하여 보노보의 편도체 기저핵과 중심핵 축색돌기에서 분비되는 세로토닌의 농도가 침팬지의 2배임을 발견했다.[29, 30] 이는 보노보에게서 세로토닌, 즉 여우를 비롯하여 친화력으로 선택된 다른 동물들에게서 변화를 보였던 그 신경호르몬의 변화가 일어났음을 의미한다. 동물 가축화 실험에서도 친화력이 상승할 때 가장 초기에 변화를 보이는 것이 이 세로토닌의 농도다.[31, 32] 이것은 보노보에게 공격성을 방지하고 친화력을 증진시키는 생리적 기제가 있음을 의미하는데, 가축화된 모든 동물에게서 매우 흡사한 양상이 나타난다.

가축화는 의사소통 능력에도 영향을 미친다. 보노보가 침팬지보다 더 유연하게 협력적 의사소통 기술을 사용하는지 보기 위해서 우리는 침팬지, 보노보, 오랑우탄, 사람 어린이까지

---

*　　남성 생식계의 성장과 발달에 영향을 미치는 호르몬이다.

총 300마리 이상의 개체에게 25종 게임이 일습으로 구성된 인지력 테스트를 고안하여 실시했다. 침팬지와 보노보는 거의 모든 인지력 테스트에서 비슷한 결과를 보였지만, 한 가지 예외가 있었다. 마음이론 관련 능력을 평가하는 놀이였는데, 이 테스트에서는 보노보가 침팬지보다 좋은 성적을 얻었다. 보노보는 특히나 사람이 시선 옮기는 방향에 민감하게 반응했다.[33, 34]

가축화된 십자매의 울음 구조가 야생종보다 더 복합적이었던 것과 마찬가지로 보노보도 침팬지보다 더 유연한 발성 구조를 보여주었다. 보노보는 음높이에 따라 다른 의미를 띠는 '끼이끼이' 발성을 자주 사용했다.[35] 다른 보노보들은 전후 맥락을 파악해서 끼이끼이 소리의 의미를 유추해야 하는데, 이는 우리가 언어를 배우는 방식과 비슷하다. 침팬지에게서는 이런 모습을 찾아볼 수 없었다.[11, 35]

이어서 우리는 보노보와 침팬지의 전반적인 협력능력을 분석하기 위해서 다른 테스트를 실시했다. 우리는 널빤지 양끝에 하나씩 고리를 만들고 그 안에 널빤지를 끌어당길 수 있도록 줄을 끼워 넣었다. 그리고 널빤지 위에 먹이를 올리고 손이 닿지 않을 거리에 두었다. 이 널빤지를 앞으로 끌어당기려면 양쪽 끝에서 둘이 동시에 줄을 당겨야 한다(줄이 끝나는 지점은 둘의 손이 닿는 범위이기는 하지만 어느 한쪽도 혼자서는 당길 수 없도록 거리를 두었다). 한쪽에서 너무 세게 당기거나 혼자서 자기 쪽으로 당기려고 하면 줄이 고리에서 빠져나오게 되어 아무도 먹이를 잡을 수 없었다. 성공하기 위해서는 협력이 필수였다.

침팬지를 테스트했을 때는 몇몇 그룹이 훌륭하게 문제를 해결해냈다. 그들은 1차 시도에서 바로 성공했다. 침팬지들은 언제 도움이 필요한지, 같은 그룹원이 협력을 잘하는지 파악하고, 성공적으로 협상했다. 규칙과 언어 없이도 능숙하게 해냈다.[36, 37] 하지만 성공한 그룹을 해체시키고 다른 침팬지들과 그룹을 이루게 했을 때는 성공하지 못했다. 그들은 너무나 서로를 견딜 수 없어 했다.[38]

침팬지들은 먹을 것을 두 더미로 나눠놓지 않는 한 나눠 먹을 수도 없었다. 침팬지의 협업을 무너뜨리려면 널빤지 한가운데 먹이를 한 더미로만 쌓아놓으면 충분했다. 그러면 한 침팬지가 음식을 독차지하고 남은 침팬지는 체념하거나 고리에서 줄을 당겨 놀이를 방해하는 식이 되는 것이다. 전에는 한 조를 이루어 성공적으로 협조했던 침팬지들조차 먹을 것을 한 더미로 모아놨을 때는 나눠 먹기 협상에 성공하지 못했다.

이 테스트를 위해서 몇 달에 걸쳐 훈련하고 준비한 침팬지들과는 달리, 보노보들은 바로 협력했다. 두 더미로 나눠놓았던 음식을 한 더미로 합쳤을 때도 보노보들은 협력했다. 짝을 바꾸었을 때도 협력했다. 어떤 상황에서도 과일을 나눠 먹으며 행복해했다.[39] 그들은 음식을 나눠 먹었을 뿐만 아니라 짝이 된 보노보에게 음식의 절반이 돌아갈 수 있도록 자기 몫을 남기기도 했다.

협력능력 문제에서는 잘 교육받은 침팬지들에 비해 완전한

초짜였던 보노보가 완승했다. 협력이 필수인 곳에서는 관용이 지식을 앞선 것이다.[40]

전쟁 없는 삶

자기가축화는 많은 변화를 일으킨다. 개중에는 사랑스럽거나 흥미로운 변화도 있지만, 어떤 변화는 괴상하기도 하다. 하지만 하나의 변화는 나머지 모든 변화와 연결되어 있다. 따라서 최초로 나타난 변화, 즉 친화력의 상승은 모든 가축화된 동물에게서 나타날 뿐 아니라 가장 중요한 특질이기도 하다.

보노보는 다정한 동물로 찬양되기도 하고, '전쟁 말고 사랑'이라는 모토에 걸맞은 히피 유인원이라고 조롱당하기도 한다. 특히 많은 과학자가 우리에게 좀 더 익숙한 침팬지를 우리의 거울상으로 더 적합하다고 믿으면서 보노보는 오랜 기간 무시되어왔다. 실제로 우리가 가진 거의 모든 특성이 침팬지에게 있다. 밝은 면도 어두운 면도. 우리가 그러하듯이 침팬지에게도 빛나는 지능과 악마 같은 장난기, 다정하다가도 순식간에 살해를 저지를 수 있는 잔학성이 공존한다.

그렇다고 보노보를 무시하는 것은 위험하다. 유인원의 친척 가운데, 오직 보노보만이 우리를 괴롭혀온 치명적인 폭력성에서 벗어난 종이기 때문이다. 그들은 서로를 죽이지 않는다. 탁월한 지능과 지성을 뽐내는 인간이 하지 못한 것을 보노보가 성취한 것이다.[4]

4 가축화된

마음

사람도 자기가축화한 종일까? 가축화가 우리 종 특유의 인지능력을 설명해줄 수 있을까? 지나친 생각일까? 개와 보노보의 능력이 놀랍다고는 해도, 우리 종의 진화과정에서 나타났을 변화와 비교하자면, 이들이 조상인 늑대와 침팬지로부터 진화하는 과정에서 보여준 공통의 변화는 매우 초라한 수준이다.

하지만 자기가축화가 동물의 인지능력에 영향을 미치는 방식에 대해서 연구할수록 사람이 인지능력을 갖게 된 이유가 자기가축화 때문이라는 가설이 더 그럴듯하게 느껴졌다. 어쨌거나 우리가 밝혀야 하는 유형의 인지기능은 개와 보노보에게서 발견한 협력적 의사소통 기술의 진화다. 다행히 현재 우리의 가설을 입증하기 위한 사람의 진화과정에 대한 지식과 신경과학 연구가 충분히 진보한 상태다.

벨랴예프가 진행한 실험에서 여우들의 의사소통 능력은 그들이 사람을 친근하게 대하거나 겁내거나 하는 감정반응을 기준으로 선택해 번식시킨 결과물이었다. 그렇다면 사람도 의사소통 능력과 감정반응 간에 연관성이 있을까? 사람의 감정반응 연구를 개척한 미국의 심리학자 제롬 케이건 Jerome Kagan은 피험자 수백 명을 대상으로 이들이 아기 때부터 대학 이후까지 새로운 상황과 사물, 그리고 사람에게 어떻게 반응하는지를 체계적으로 측정했다. 케이건은 먼저 생후 4개월 아기의 감정반응을 테스트하면서 아기들 각각의 반응이 놀라울 정도로 다양하다는 사실을 발견했다. 새로운 무언가를 앞에 내놓았을 때 일부 아기는 몸을 웅크리고 울음을 터뜨리는 격한 반응을 보였다. 그런가 하면 차분하게 옹알이하며 낯선 물체를 만져보는 온화한 반응을 보이는 아기도 있었다. 케이건은 이 아기들을 수십 년 동안 추적 관찰하면서 몇 해 간격으로 테스트를 수행했다. 그는 아기들이 생후 4개월 때 보여준 감정반응의 특성과 강도가 성인이 되었을 때의 반응을 말해준다고 결론 내렸다.[1]

사람의 뇌 양쪽 반구 깊숙한 곳에는 위협에 맞닥뜨렸을 때 활성화되는 뇌 부위인 편도체가 자리 잡고 있다. 케이건은 동물의 경우와 마찬가지로 사람의 감정반응도 편도체의 영향을 받으리라고 예측했다. 실험 결과, 그의 예측이 옳았을 뿐만 아니라 사람의 감정반응이 아기 때의 반응에 상응하여 나타나는 것으로 드러났다.[2]

심리학자 헨리 웰먼Henry Wellman은 자기가축화에 관한 우리의 연구 결과를 접하고서, 케이건의 연구 결과가 보여주는 것처럼 감정반응의 변이가 어린이의 마음이론 발달과도 관련이 있는지 궁금해했다. 상대방의 의도를 어떻게 읽는지에 따라 개와 여우의 감정반응이 달라진다면, 사람 어린이에게서도 같은 관계가 성립될 수 있다는 것이 웰먼의 논거였다.

마음이론에서 발생하는 아주 섬세한 능력 하나가 있는데, 누군가의 생각이 잘못된 것임을 이해할 수 있다는 틀린 믿음 False Belief 능력이다. 이 능력은 대개 4세가 될 때까지는 완전히 활성화되지 않는다. 웰먼은 감정반응이 격한 어린이보다 감정반응의 강도가 더 낮은 수줍음 많은 어린이일수록 틀린 믿음 능력이 빨리 발달한다는 것을 발견했다.[3] 틀린 믿음 능력을 빠르게 갖출수록 언어 발달도 빨랐는데, 따라서 감정반응이 낮은 어린이들이 협력과 의사소통 측면 모두에서 이점이 있었다. 즉, 낮은 감정반응은 협력과 의사소통 능력이 발달하는 속도에 영향을 미친다.[4~8]

마음이론을 사용할 때 활성화되는 부위를 그려낸 가설적 뇌 지도가 이 연관성을 뒷받침한다. 활성화되는 부위들은 내측전전두엽Medial Prefrontal Cortex·mPFC, 측두두정연접부Temporal Parietal Junction·TPJ, 상측두이랑Superior Temporal Sulcus·STS, 설전부 Precuneus·PC다.[9~12] 감정반응이 일어날 때 이 뇌 부위들이 축축해지거나 또는 활발한 양상을 보인다는 근거가 있다. 편도체도 뇌의 마음이론 신경망에 연결돼 있어 타인에 대한 우리의 감정반

응을 조절하는 역할을 수행한다.[13]

이와 관련해 한 그룹의 여성들을 대상으로 끔찍한 사진을 보는 동안 시끄러운 백색소음이 들리거나 갑자기 센 바람이 얼굴을 때리는 놀람 반응 테스트를 실시했다. 그다음 fMRI* 스캐너 안에서 게임을 했는데, 승자가 패자에게 갑작스러운 센 바람에 얻어맞는 벌칙을 주느냐 마느냐를 선택할 수 있게 했다. 놀람 반응 테스트에서 격한 반응을 보인 여성들의 경우 측두두정연접부와 내측전전두엽의 활동이 가장 저조했고, 패자에게 어떻게 벌칙을 줄지 말지 결정할 때 설전부의 활동이 가장 저조했다. 다시 말해서 감정반응이 격했던 여성들의 뇌에서 공감을 관장하는 부위가 위협을 느꼈을 경우에 가장 덜 활성화되었다는 이야기다. 이와 대조적으로, 감정반응이 낮았던 여성들은 위협을 느꼈을 때도 높은 참을성을 보여, 그들의 마음이론이 더 풍부하게 발달했음을 알 수 있었다.[14]

사람의 기질과 마음이론 사이에 연관성이 있다는 것은, 우리가 진화하는 과정에서 선택된 감정반응이 협력적 의사소통 능력과 더불어 포용력도 향상시켰을 수 있다는 뜻이다. 즉, 자연선택이 사람들이 서로에게 반응하는 다양한 방식에 영향을 미침으로써 문화적 인지능력 형성에 중추적 역할을 수행했다

---

* 기능적 자기공명영상으로, 혈류 관련 변화를 감지하여 뇌의 부위별 활동을 측정하는 기술을 뜻한다.

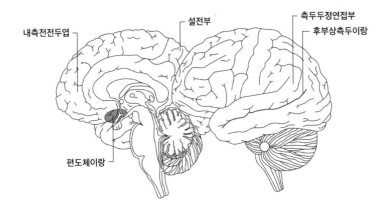

내측전전두엽　　　설전부　　　측두두정연접부
　　　　　　　　　　　　　　　　후부상측두이랑

편도체이랑

고 할 수 있는데, 이는 곧 사람에게도 자기가축화가 일어났을 가능성을 시사한다.[15, 16, 17]

자제력

랭엄은 이 주장을 '사람 자기가축화 가설'이라고 명명했는데, 이 가설에는 한 가지 문제점이 있다.[17] 이 가설은 가축화된 다른 동물들의 실험에서 발견한 감정반응과 마음이론의 연관성이 우리 종의 인지능력이 어떻게 진화한 것인지 설명해줄 수 있음을 시사한다. 문제는, 우리 종의 인지능력, 특히나 우리의 마음이론 능력이 다른 동물들의 마음이론 능력보다 압도적으로 탁월하다는 점이다. 자기가축화가 우리 종의 성공에 결정적 요인이었다면, 어째서 자기가축화된 다른 종들에게는 같은 일이 일어나지 않은 것인가? 특히 우리와 유전적으로 그렇게 가까운 보노보는 어째서 우리와 다른 걸까? 토마셀로가 말했듯이, "보노보는 왜 운전하지 않는 걸까?"

나는 10년이 다 되어서야 그 답을 맞닥뜨렸다. 우연히.

자제력은 잃기 전까지는 진가를 인정받지 못하는 인지능력 중 하나다. 이 능력을 담당하는 뇌 부위는 전전두엽피질Prefrontal Cortex·PFC이다.[18] 전전두엽피질은 뇌의 경영관리부라고 부르기도 하는데, 좋은 CEO처럼 비생산적인 활동이나 위험한 실수를 막는 기능을 수행하기 때문이다.

자제력은 우리에게 도박을 해보라고 꼬드기는 측좌핵Nucleus Accumbens*, 사막에서 신기루를 보게 하는 시각피질Visual Cortex, 소리만 듣고도 어둠 속으로 뛰어들게 하는 편도체의 활성화를 제어한다. 자제력은 사고와 행동 사이의 공간이요, 높은 곳에서 뛰어내리기 전 한눈에 들어오는 전경이다. 자제력이 없다면 우리는 죄다 이혼했거나 감옥에 있거나 비명횡사했을 것이다.

자제력이 보통 사람들보다 유달리 강한 사람들이 있는데, 학자들은 이 개인들의 편차를 연구하여 이 능력이 어떻게 우리 삶에서 핵심적 역할을 수행하는지 보여주었다. 그 유명한 마시멜로 실험이 자제력에 관한 테스트인데, 4세에서 6세까지의 어린이들에게 마시멜로를 하나 주고 지금 바로 먹거나, 아니면 마

---

* 일에 대한 보상과 동기에 관여하는 부위를 뜻한다.

시멜로를 더 가져올 때까지 기다렸다가 더 먹어도 된다고 말해 준다. 몇 명은 바로 마시멜로를 먹었고, 몇 명은 당장 먹고 싶은 유혹에 넘어가지 않고 10분에서 길게는 15분까지 기다렸다.[19]

마시멜로를 바로 먹은 어린이들은 학업 성적이 더 부진하고 집중하는 데 어려움을 겪거나 교우 관계를 유지하기 힘들어하는 것으로 나타났다. 또, 다양한 연구를 통해서 바로 마시멜로를 먹은 그룹에 속했던 어린이들이 성장했을 때 과체중을 겪고 소득이 적으며 전과가 있을 확률이 더 높은 것으로 나타났다.[20~22]

자제력은 사람 이외의 동물들에게도 의사결정을 내릴 때 중요한 능력으로, 자제력이 더 강한 종이 있고 그렇지 않은 종이 있는 것으로 보인다. 나는 인류학자 에번 매클레인Evan MacLean 과 함께 작업하며 서로 관계가 먼 여러 종의 자제력 수준을 쉽게 비교할 수 있는 테스트, 일종의 동물을 위한 마시멜로 테스트를 고안했다.[23]

우리는 양쪽 끝이 뚫린 플라스틱 원통에 간식을 넣고 얇은 천으로 원통을 감아 불투명하게 만들었다. 동물은 우리가 원통 안에 간식을 넣는 것을 눈으로 보고 기억해 간식을 찾을 수 있었다. 이 간단한 숨기기 게임을 실시한 뒤, 자제력 테스트를 실시했다. 이번 테스트에서는 원통을 바꾸었는데, 얼핏 봐서는 문제가 더 쉽게 느껴졌을 것이다. 천을 떼어내 원통에서 동물의 눈에 간식이 바로 보이게 만들었으니깐.

우리는 조류, 유인원, 원숭이, 개, 여우원숭이, 코끼리 등 각기 다른 36종의 동물 550마리를 대상으로 하는 원통 테스트를 수행하기 위해서 전 세계 각지에서 50여 명의 연구자를 모집했다.

모든 종의 동물이 몇 분 전 원통 안에 숨겼던 먹이를 쉽게 찾아냈다. 반면에 더 많은 정보를 준 투명한 원통 문제는 더 어려워했다. 이제 문제를 해결하기 위해서는 투명 원통 속에 놓인 먹이를 바로 붙잡고 싶은 충동을 억누르는 단계가 요구되었기 때문이다.

어려울 것 없어 보이는 테스트였고, 일부 종은 첫 시도에서 바로 문제를 풀었다. 하지만 대다수 종은 간식을 바로 먹으려는 충동을 제어하지 못했다. 그들은 눈에 보이는 간식으로 바로 향하다가 단단한 원통에 부딪히고 말았다. 먹이는 양옆의 뚫린 구멍으로밖에 꺼낼 수 없다는 것을 연습문제를 통해서 익히고도 잊어버린 것이다. 유인원을 포함한 몇 종은 한두 번 실수 끝에 바로 먹이로 향하는 반응을 억제할 줄 알게 되었지만, 다람쥐원숭이 등 다른 종들은 10회를 시도하고도 끝까지 억제하는 법을 배우지 못했다. 우리는 이 결과를 이용하여 인지능력이 다른 종들보다 특히 더 우월한 종이 있다는 통념도 테스트해보았다.

나를 포함해 대다수 사람들은 큰 무리를 이루어 사는 동물일수록 더 복잡한 사회관계를 형성하기에 자제력이 강해서 성공할 길을 더 잘 찾을 거라고 믿어왔다. 하지만 마시멜로 테스트를 통과한 동물들은 그저 연산능력이 더 좋은 큰 용량의 뇌를 지녔을 뿐이었다. 우리가 테스트한 바에 따르면 뇌가 작은 동물들은 자제하는 것을 힘들어했고 뇌가 큰 동물들은 거의 즉각적으로 자제력을 발휘했다.[23]

신경과학자 수자나 허큘라노-하우젤Suzana Herculano-Houzel은 어떻게 이런 결과가 나왔는지 시사하는 가설을 제시했다. 허큘라노-하우젤은 최초로 동물 뇌의 신경세포 수를 정확하게 측정한 과학자다. 그는 뇌를 용해시켜 수프처럼 만든 뒤 균일 용액의 표본을 뽑아 그 안의 신경세포 수를 셌다. 허큘라노-하우젤은 포유류의 뇌가 클수록 대뇌피질 안의 신경세포 수가 많다는 것을 발견했다. 이처럼 뇌가 클수록 신경세포의 수가 증가해 자제력이 강해지기도 했지만, 대신에 대부분의 포유류 동물들은 일종의 거래를 해야 했다. 포유류의 뇌가 점점 커지자, 수프가 희석되는 것과 같은 이치로, 신경세포의 밀도는 떨어졌다. 또 대부분의 포유류의 뇌 크기가 커지는 데 제한이 있듯이 연산능력의 향상에도 제한이 있을 수 있다.

하지만 영장류가 이 규칙을 깨뜨렸다. 영장류도 다른 동물과 마찬가지로 뇌가 커지면 신경세포 수가 증가한다. 그러나 영장류는 뇌가 커져도 신경세포의 용적이 그대로 유지된다. 신경세포의 연결망을 지키기 위해서는 뇌가 커질 때 신경세포의 밀도도 더 높아져야 한다. 예를 들어 돼지만 한 설치류 카피바라와 고양이만 한 히말라야원숭이의 뇌를 비교하자면, 둘의 뇌 크기는 비슷하지만 히말라야원숭이의 뇌의 대뇌피질 신경세포가 6배 정도 더 많다. 뇌 크기는 같지만 히말라야원숭이의 연산능력이 더 높고 자제력이 더 강한 것이다.[24] 뇌 크기, 신경세포 밀도, 자제력의 상관관계가 시사하는 바는 지능이 향상되는 방식이 아주 놀랍도록 간단하다는 것이다. 그리고 지능의 향상도 하나의 부산물이었다는 사실을.[24, 25]

영장류의 이 규칙이 극단적으로 적용된 예가 사람이다.[26] 사람은 지난 200만 년 동안 뇌 용적이 사실상 2배 증가했는데, 침팬지나 보노보 뇌 용적의 거의 3배에 달한다. 이로써 사람은 다른 어떤 동물보다 대뇌피질의 신경세포 밀도가 높은 종이 되었다. 우리 종의 자제력이 유례없이 강력한 이유도 이것으로 설명이 된다. 사람은 자제력이 강화되면서 마음이론, 계획 수립, 추론, 언어 등의 초강력 인지능력이 발달하게 되고 그에 이어서 우리 종 특유의 행동 현대성과 복합적인 문화 전통이 형성된 것으로 보인다.

하지만 이 시나리오를 고수할 때 몇 가지 문제에 부닥치게 된다. 첫 번째 문제는 우리의 뇌 크기가 최소 20만 년 전에는 현생인류 수준이 되었지만, 화석 기록을 통해 가늠해보면 현생인류 특유의 행동이 나타난 것은 약 5만 년 전이라는 사실이다.[15] 두 번째 문세는 뇌가 큰 사람은 우리만이 아니었다는 사실이다. 서문에서 언급했던 것처럼, 우리 호모 사피엔스와 적어도 4종의 다른 인류가 공존했으며, 그 가운데 일부는 현생인류에게서 보이는 정도의 뇌 크기를 지녔다.[27] 이렇게 큰 뇌를 지닌 모든 인류는 이미 50만 년이 넘는 시간에 걸쳐 진화했고, 그들 모두 오늘날의 우리와 비슷하거나 그보다 더 강한 자제력을 지녔던 것으로 보인다. 그런데도 모두가 멸종했다. 전성기에도 그들의 인구수는 빈약했고 여기저기 흩어져 살았으며, 기술 수준은 인상적이기는 해도 독창적이지 않았다. 우리와 공존했던 다른 4종의 인류는 현생인류와 비슷한 수준의 뇌 크기와 자제력을 갖춘

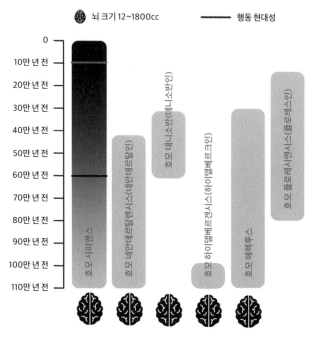

자기가축화는 최소한 8만 년 전, 행동 현대성이 나타나기 전에 일어났다.

뒤로도 10만 년 이상 폭발력 있는 문화적 복합성을 발전시키지 못했다.

뇌 크기, 신경세포 밀도, 자제력의 상관관계를 이해하면서 나는 멸종된 인류를 새로운 관점으로 생각하게 되었다. 우리나 호모 속 다른 사람 종의 식단은 다르지 않았다. 지난 50만 년 동안 살았던 모든 사람 종이 불을 다루고 조리한 음식을 먹고 장거리를 달리고 도구를 사용해 동물을 죽이고 도살했을 것이다. 뇌 크기나 신경세포 밀도도 그들과 다르지 않았다. 네안데르탈인 같은 다른 사람 종들에게도 우리의 범주에 속하는 문화가 있었으며, 어쩌면 우리와 비견되는 언어능력도 지녔을 것이다. 수천 년 동안 우리의 기술 수준이 다른 사람 종보다 더 나은 것도 아니었다. 그러면 우리와 나머지 사람 종 사이에 중요한 한 가지 다른 점이 남는다. 지금으로부터 5만 년보다 조금 더 전 쯤에 우리 종이 사회연결망의 급속한 확장을 경험했다는 점 말이다.

사회연결망은 많은 이유로 중요하지만, 무엇보다 기술 발전에 필수 요소다. 더 큰 사회연결망과의 관계가 끊어진 인구 집단은 그저 기술의 진보가 멈추는 수준에서 끝나지 않는다. 집단이 아예 사라질 수도 있다. 영장류 학자 토마셀로는 무인도에 혼자 남겨진 어린이는 침팬지와 아주 흡사한 문화를 갖게 될 것이라고 말한 바 있다.[28] 태즈메이니아 원주민들은 약 1만 2000년 전 본토 오스트레일리아로부터 고립되었다. 화석 기록을 보면 이 시기 전까지 그들이 사용한 도구는 더 큰 규모의 오스트레일리아 원주민 집단과 대동소이했다. 하지만 그로부터 1만 년 뒤, 본토 원주민들의 도구 세트는 눈에 띄게 늘어났지만 태즈메이니아 원주민들의 도구 세트는 겨우 몇십 종으로 줄어들었다.[29]

이와 비슷한 사례가 또 있다. 몇백 년 전 이누이트족 한 무리가 북극권에 정착했다. 한 차례 유행병이 돌아 인구가 몇백 명으로 감소하면서 이 공동체에서 카약, 노, 작살 등을 만드는 기술이 사라졌다. 그들은 고립된 채 순록이나 물고기도 제대로 사냥할 줄 모르고 살아가다가 다른 이누이트족 무리에게 발견되면서 과거에 잃었던 기술을 빠르게 되찾았다.[29]

사회연결망이 확장되면 강력한 피드백 순환 고리가 시작된다.[30] 사회적으로 연결될수록 우리는 더 나은 기술을 갖게 된다. 개선된 기술로 더 많은 양식을 구할 수 있어 우리는 더 많은 사람에게 식량을 공급하고 더 밀도 높은 집단을 이루어 살게 된다. 인구밀도가 높은 집단은 기술을 한층 더 발전시킬 것이며 이런 식으로 순환 고리가 이어지는 것이다.[31, 32, 33]

하지만 이 순환 고리의 도화선에 불을 당긴 건 무엇이었을까? 인구밀도가 높으면 혁신이 일어나기도 하지만, 그만큼 희소해진 자원을 놓고 싸워야 하므로 폭력으로 치달을 수도 있다. 온갖 기술이 최첨단으로 발전한 21세기에도, 급속하게 인구가 증가하자 환경이 파괴되고 대중의 건강이 나빠지고 범죄율은 높아지지 않았는가? 기술이 인간 사회의 욕구를 따라잡는 동안

이 모순에 제동을 건 것은 무엇이었을까? 이런 현상이 어째서 우리 종과 비슷한 뇌 크기를 가지고 나름의 문화를 만들었던 다른 사람 종에게서는 나타나지 않았을까? 사람 자기가축화 가설은 이 질문에 대한 답으로 플라이스토세 시기에 나타났던 친화력이 호모 사피엔스의 기술혁명에 불을 붙인 불꽃이라고 주장한다.[34]

사람 자기가축화 가설은 자연선택이 다정하게 행동하는 개체들에게 우호적으로 작용하여 우리가 유연하게 협력하고 의사소통할 수 있는 능력을 향상시켰을 것이라고 가정한다. 친화력이 높아질수록 협력적 의사소통 능력이 강화되는 발달 패턴을 보이고 관련 호르몬 수치가 높은 개인들이 세대를 거듭하면서 더욱 성공하게 되었다고 보는 것이다.

이 가설은 첫째, 감정반응이 격하지 않고 관용이 높을수록 자연선택에 유리해졌고 이것이 협력적 의사소통이라는 새로운 유형의 능력과 연관되며 둘째, 우리의 외형과 생리 작용, 인지능력의 변화가 다른 동물들에게서 나타나는 가축화징후와 유사하다는 근거를 찾을 수 있다고 본다.

호모 사피엔스의 경우, 이미 큰 뇌를 지니고 문화를 발전시킨 **사람 종** 조상이 이 자연선택에 성공했다. 자기가축화는 다른 동물 종들에게서도 일어났을 수 있지만, 자기가축화 과정이 시작될 때부터 극도의 자제력을 지녔던 것은 우리 종뿐이었다. 자기가축화 과정을 겪으며 감정반응을 더욱 억제함으로써 신중하게 판단하고 행동하는 우리의 능력이 한층 더 강화된 것이다.

사람 자기가축화 가설은 보노보와 개의 경우처럼 관용적일수록 사회적 상호작용에서 얻는 보상이 커졌을 것으로 예측한다. 동시에 이 가설은 감정반응을 억제하고 관용을 베푼 뒤 돌아오는 보상을 계산할 줄 알았다는 점에서 우리가 그 어떤 종과도 확실하게 다르다는 것을 입증할 수 있으리라고 본다. 바로 이 자제력과 감정조절 능력이 결합되어 사람 고유의 사회적 인지능력을 만들어내는 것이라고.

가축화된 늑대나 유인원의 뇌는 인상적이다. 하지만 가축화된 사람의 뇌라면, 마법에 가깝다. 극도로 문화적인 종이 탄생하는 것이다. 우리 종 안에서 독특한 유형의 친화력이 진화함으로써 더 큰 규모의 무리, 더 밀도 높은 인구, 이웃한 무리 사이에서 더 우호적인 관계가 가능해졌을 것이며, 그럼으로써 더 큰 규모의 사회연결망이 만들어졌을 것이다. 이것이 더 많은 혁신가 사이에서 더 많은 혁신의 전파를 촉진했을 것이다. 문화의 톱니바퀴는 느릿느릿 불규칙하게 돌기 시작해서 빠르고 맹렬해졌을 것이다. 그 결과가 기술의 지수증식과 행동 현대화의 출현이다.

사람의 자기가축화 가설이 옳다면, 우리 종이 번성한 것은 우리가 똑똑해졌기 때문이 아니라 친화적으로 진화했기 때문이다. 벨랴예프의 여우 실험을 사람에게 똑같이 적용할 수는 없지만, 남아 있는 화석 기록을 통해 이를 확인할 수 있다는 점에서 우리는 운이 좋다. 5만 년 전 무렵의 문화혁명에서 자기가축화가 중추적 역할을 수행했다면 이 시점 이전 시기의 화석에서 그 근거가 나와야 한다. 따라서 우리는 이 시점 이전 시기인 8만 년 전을 목표로 잡고 자기가축화의 근거를 찾기 시작했다.[35]

우리의 얼굴에 남은 가축화의 흔적들

친화력 선택은 가축화된 동물들의 외형에 변화를 일으켰다. 사람이 자기가축화되었다면, 우리 조상들에게도 그로 인해 외형이 변화했다는 근거가 있어야 한다. 친화력 좋은 여우들의 경우, 친화적 행동을 기준으로 한 선택이 성장기 호르몬 분비에 변화를 유발하고, 이 호르몬 변화가 다시 여우의 외형에 변화를 가져온다.

실제로 사람에게는 외형의 변화와 행동 발달을 조절하는 호르몬이 있다. 성장기에는 테스토스테론이 얼굴 길이와 눈썹활(미궁) 돌출 정도를 조절한다. 사춘기에 테스토스테론이 많이 분비될수록 눈썹활이 두드러지며 얼굴이 길어진다. 따라서 남자가 여자보다 눈썹활이 더 두드러지고 얼굴이 약간 더 긴 경향이 있어서[36, 37] 이런 얼굴을 '남성적'이라고 말한다.

테스토스테론은 사춘기를 시작하게 하고 적혈구 세포를 생성하는 등 우리 몸에서 많은 역할을 담당한다. 하지만 가장 널리 알려진 특성은 공격성과의 관계다. 테스토스테론이 사람의 공격성을 직접적으로 유발하지는 않는다. 일부 동물에게서는 그런 효과가 확인되기도 하지만, 인위적으로 테스토스테론을 주입한다고 해서 그 사람이 더 높은 공격성을 보이는 것은 아니다. 다만 테스토스테론 수치와 다른 호르몬의 상호작용이 공격적 반응을 유발하며, 경쟁 상황에서는 특히 더 큰 효과가 나타나는 듯 보인다.[38] 한편 장기적 관계를 유지하는 남성, 아기가 태어난 남성에게는 이와 정반대의 효과가 나타난다. 헌신적인 남성이나 아버지들은 테스토스테론이 감소하는데, 이 변화가 경쟁적 혹은 공격적 행동보다는 보살피고 돌보는 행동을 활성화시키는 것이다.[39]

여성은 잠재의식 속에서 '남성적' 얼굴을 가진 남자에 대해 불성실하거나 비협조적이고 배우자에게 충실하지 않으며[40] 좋은 아버지가 되지 못할 사람으로 판단한다는 연구가 있다.[41] 남성들도 잠재의식 속에서 상대방의 얼굴이 얼마나 남성적인지로 힘이 얼마나 셀지 가늠한다는 실험 결과가 있다.[42] 이 모든 것이 과거 인류의 얼굴을 읽는 데 도움을 준다. 행동 발달과 신체 외형의 발달은 서로 연관되어 있으므로 화석 기록을 통해서 신체적 변화의 근거를 찾는다면 과거의 행동 변화도 추적할 수 있다.

우리가 적어도 8만 년 전부터 친화력 선택이 효과를 발휘했을 것이라고 예측했던 점을 기억하자. 이때는 인구수가 폭발적으로 증가하거나 기술혁신이 이루어지기 전이었다. 이 가설을 테스트하기 위해서 우리는 이 시기 전후 사람의 두개골을 비교했다.

일반적으로 사람은 어릴 때 좀 더 친화적이다. 우리의 예측이 옳다면 시기상 우리 조상 중에서도 최근 인류의 얼굴이 더 동안일 것이다. 화석 기록에 이러한 친화적 얼굴이 존재한다면, 이것이 정교한 협력적 의사소통 기술을 획득함으로써 인구 규모와 기술의 급속한 성장을 가능하게 했던 사람들의 표식이 될 것이다.[43]

이 예측을 확인하기 위해서 스티브 처칠Steve Churchill과 그의 학생 밥 케이리Bob Ceiri[34]가 20만 년 전에서 9만 년 전 사이인 플라이스토세 중기의 두개골 13점, 3만 8000년 전에서 1만 년 전 사이인 플라이스토세 후기의 두개골 41점을 포함하여 총 1421점 두개골의 눈썹활 돌출 정도와 얼굴 길이를 분석했다.[34] 양 볼 사이의 거리, 코 상단에서 치아 상단까지의 길이를 측정해 얼굴의 너비와 길이를 분석했고 눈에서 눈썹활까지의 높이로 눈 위 뼈가 얼마나 돌출되어 있는지도 측정했다. 두개골의 변화는 시기에 따라 극적인 차이를 보였다.

가장 눈에 띄는 변화는 눈썹활 부위였다. 평균적으로 플라이스토세 후기의 두개골에서 눈썹활 높이가 이전 두개골에 비해 40퍼센트 낮아졌다. 또 플라이스토세 후기의 얼굴이 플라이스토세 중기보다 10퍼센트 더 짧아지고 5퍼센트 더 좁아졌다. 다양한 패턴을 띠면서도 변화는 계속되어 현대 수렵채집인과 농경인에 이르자 플라이스토세 후기인들의 얼굴보다도 한층 더 동안인 얼굴을 발견할 수 있었다(이 패턴에서 유일한 예외사항은 최초 농경인의 얼굴 길이가 약간 길어졌다는 점이다).

　화석 기록의 얼굴에서만 친화력의 특징이 나타난 것은 아니었다.[44] 우리가 분석한 고대 두개골 가운데 이스라엘 스쿨동굴에서 발견된 인체 유골이 몇 점 있었다. 우리는 눈썹활 돌출 정도와 얼굴 길이를 측정했고, 고생물학자 에마 넬슨Emma Nelson[45]은 손가락 길이를 측정했다. 모든 영장류가 그러하듯이, 사람 어머니가 임신 중에 남성호르몬 수치가 높을 경우, 태어난 아기는 검지보다 약지가 길다. 침팬지와 보노보의 손가락 비교에서 보았던 것과 같은 검지 대 약지 비율이다. 일반적으로 남성이 여성에 비해서 검지 대 약지 비율이 낮기 때문에 이를 '남성적'이라고 말한다. 사람과 동물 모두 검지 대 약지 비율이 '남성화'될수록 위험을 감수하는 경향과 잠재적 공격성이 높은 것으로 나타났다.[45]

　넬슨은 플라이스토세 중기 사람들의 검지 대 약지 비율이 현대인보다 낮은, 즉 '남성화' 상태로 나타났으므로 태어나기 전 남성호르몬 수치가 더 높았을 가능성을 언급했다. 넬슨은 또한 네안데르탈인 4명의 검지 대 약지 비율이 가장 '남성적'이었음을 보여주었다. 이는 가장 '여성적'인 검지 대 약지 비율을 가진 우리 호모 사피엔스 종의 특성이 다른 사람 종들과 같지 않았음을 시사한다. '여성적'인 검지 대 약지 비율은 다소 늦게, '여성화'된 얼굴이 나타나던 시기와 거의 같은 시기에 나타났다.

　가축화된 동물의 또 다른 특징은 작은 뇌다. 평균적으로 가축화된 동물의 뇌가 야생 친척 종의 뇌보다 약 15퍼센트 정도 작았다.[46] 뇌가 작아지면 두개골도 클 필요가 없으므로, 우리가 자기가축화되었다면 화석 기록의 발생 연대가 현재와 가까워질수록 사람의 두개골 크기도 더 작아야 할 것이다.

처칠과 케이리는 두개골 화석의 크기를 비교하여 우리의 두개골(즉, 절대적인 뇌 용적)이 사람이 가장 위대한 지적 성취를 이룬 지난 2만 년에 걸쳐서 작아져왔다는 근거를 찾아냈다. 처칠과 케이리는 이 연구를 통해서, 농경이 시작되기 1만 년 전에 신체 크기가 비슷하다는 가정하에, 사람의 두개용량이 5퍼센트 감소했고 그 이후에 농경이 시작되었음을 밝혀냈다.[34, 47]

가축화된 동물의 경우, 세로토닌이 확실히 뇌 크기 수축의 주범일 가능성이 높다. 가축화된 동물의 공격성이 하락할 때 우리가 가장 먼저 발견한 변화는 세로토닌 유용도의 상승이었다.[48] 포유류 동물들의 두개골 발달과 세로토닌이 관련되어 있다는 근거도 있다.

세로토닌의 효과는 엑스터시를 복용해본 사람이라면 매우 잘 알 것이다. 세로토닌 분비를 촉진시키는 물질은 MDMA (3, 4-메틸렌디옥시메탐페타민)로, 이것이 체내에서 세로토닌 유용도를 증가시킨다. MDMA는 체내에 저장된 세로토닌의 80퍼센트까지 분비시켜 뇌에 세로토닌 범람을 일으키며 세로토닌이 뇌에 재흡수되는 것을 막는다. 엑스터시 복용자들은 감당하기 어려울 정도로 친화력이 증가하여 눈에 띄는 사람마다 다 포옹

하고 싶은 충동을 느낀다고 말한다.

불행히도 엑스터시 복용자들은 세로토닌 결핍에도 시달려야 하는데, MDMA가 새로운 세로토닌 생성을 막기 때문이다. 토요일 밤 뇌에 있던 세로토닌을 왕창 쏟아붓고 나면 대개는 흔히들 '죽고 싶은 화요일'이라고 부르는 상태를 경험한다. 엑스터시 복용자들은 복용 후 며칠 뒤에 더 공격적으로 변한다. 그리고 돈이 걸린 게임에서 더 공격적으로 행동한다.[49] 세로토닌 분비 이상은 폭력범, 충동적 방화범, 인격 장애를 겪는 사람들과도 연관이 있다.[50]

선택적 세로토닌 재흡수 억제제Selective Serotonin Reuptake Inhibitor· SSRI는 뇌에 세로토닌이 재흡수되는 것을 막음으로써 세로토닌 수용을 증가시키는 항우울제다. 이 계열의 항우울제 시탈로프람을 복용하는 사람들에게 협력적 행동이 증가하고 타인을 해치지 않으려는 경향이 있음을 보여준 실험 결과도 있다.[51, 52]

흥미로워지는 것은 이 대목부터다. 시탈로프람을 복용한 여성들이 두개골이 더 작은 아이를 낳을 확률이 높았다.[53] 임신한 쥐에게 시탈로프람을 투약하자 두개골이 공처럼 동그랗고 주둥이가 평균보다 짧고 뾰족한 새끼를 낳았다.[54] 세로토닌은 행동만 변화시키는 것이 아니다. 발달 초기에 세로토닌 유용도가 상승하면 두개골과 얼굴 형태에도 변화가 일어나는 것으로 보인다.[55]

다른 사람 종과 비교했을 때 우리의 두개골과 뇌는 크기가

작을 뿐만 아니라 모양도 달랐다. 다른 모든 사람 종은 이마가 낮고 편평했으며 두개골은 두꺼웠다. 네안데르탈인의 두개골은 미식 축구공 모양이었고, 호모 에렉투스는 샌드위치 빵 모양이었다. 우리 호모 사피엔스만이 인류학자들이 구형球形이라고 칭하는 풍선 같은 두개골을 지녔다.[56, 57] 이는 우리 종이 발달단계에서 세로토닌 유용도가 증가했을 가능성을 시사한다. 가축화된 동물과 시탈로프람 복용자 아기의 예시에서 보았듯이 우리 종의 두개골은 수축되었으며, 시탈로프람을 투약한 쥐에게서 나타난 변화처럼 우리 종의 두개골도 공처럼 동그랗게 변화했다. 화석 기록은 이러한 변화가 우리가 네안데르탈인과 공통의 조상으로부터 갈라져 나온 뒤에 시작된 것임을 말해준다.[58, 59]

우리의 얼굴, 손가락 길이, 두개골이 가축화의 징후를 보여준다면, 가축화의 가장 대표적인 특성인 피부색의 변화는 어떨까? 벨랴예프의 친화력 좋은 여우들은 세대를 거듭하면서 붉은 기가 도는 황갈색 털로 바뀌었고 이마에는 하얀 별 모양의 얼룩이 생겼으며 몸에는 흑백의 얼룩점이 나타났다. 많은 보노보도 입술과 꼬리털에 색소가 없는 경향을 보였다.

더러 백색증이나 백반 같은 색소 이상이 나타나기는 하지만 사람은 대체로 고른 피부색을 띤다. 하지만 우리의 신체 가운데 단 한 부분의 변화가 엄청난 차이를 만들어냈다. 사람과 가축화된 동물의 동공만 연령, 성별과 무관하게 일생에 걸쳐 다양

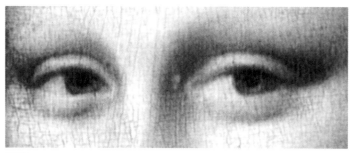

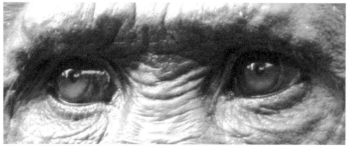

한 색 변화가 나타난다.[60] 우리의 다채로운 홍채가 뚜렷하게 보이는 것은 독특하게도 흰색 화포인 공막 위에 홍채가 있기 때문이다. 그런데 우리의 공막은 색소가 없어 하얗다.

침팬지와 보노보를 비롯한 모든 다른 영장류는 색소가 공막을 짙게 만들어 홍채와 뒤섞여 보인다. 이 경우 홍채와 공막의 색 대비가 낮아져 그들이 무엇을 보는지, 또 어디를 보고 있는지 알아채기 어려워진다.

우리는 공막이 하얀 유일한 영장류다. 게다가 눈의 형태도 아몬드 모양이어서 공막이 더 눈에 띄는 까닭에 시선을 조금만 움직여도 무엇을 보는지 알아차릴 수 있게 되어 있다. 우리의 눈도 다른 종들처럼 위장형이었으나 어느 시점부터 광고형으로 바뀌었다.[61]

우리는 태어나는 순간부터 눈맞춤에 의존하여 살아간다.[62] 사람은 잠깐만 혼자 두어도 위험에 처할 정도로 무력한 상태로 태어난다. 아기의 눈빛은 부모에게 옥시토신을 분비시켜 사랑이 샘솟는 느낌을 준다. 부모가 아기의 눈을 들여다볼 때는 아기도 옥시토신이 분비되는데 아기는 이 때문에 부모의 눈을 더 자주 보고 싶어 한다.[63] 눈맞춤이 없었다면 우리의 부모는 우리가 소리 내어 웃거나 미소 지을 줄 알기 전까지 첫 석 달의 기간을 버텨내지 못했을 수도 있다.

우리의 눈은 협력적 의사소통에 이바지하도록 설계되었다. 사람 아기는 부모의 의도와 기분과 생각을 처음 인식할 때 부모가 어디를 보고 있는지 눈빛은 무엇을 향해 있는지 주의를 기울이기 시작한다.[64, 65] 생애 초기에 우리에게 의미를 지닌 경험들은 이때의 사회적 상호작용에 의지하여 만들어진 것이다.

사람은 눈빛의 방향만으로도 아기에게 어떤 장난감을 갖고 놀라고 하거나, 어디로 움직이라는 등 의도를 전달할 수 있다. 그러면 아기는 그 사람이 자기와 함께 놀아주거나 안아주리라는 기대에 맞춰 행동을 조절한다. 말을 배우기 시작한 영아는 성인이 내는 소리와 시선이 가리키는 물건을 연결할 수 있다.[66] 하지만 모든 눈이 다 통하는 것은 아니다. 생후 몇 주밖에 되지 않은 아기도 공막이 하얀 눈을 선호한다. 아기들은 만화 속 눈처럼 공막이 하얗고 동공이 진한 눈을 그 반대의 눈보다 오래 쳐다본다. 어린이는 하얀 공막과 짙은 눈동자의 동물 인형을 갖고 노는 것을 선호한다. 성인들조차 하얀 공막과 짙은 동공의 장난감을 선호한다. 자신이 이를 선호한다는 것을 스스로 인지하지는 못하지만.[67]

우리는 하얀 공막을 선호하거나 눈맞춤에 의존하는 유일한 종이다. 사람 아기는 누군가의 시선이 움직이는 방향을 따라갈 수 있는데, 눈동자만 움직여도 가능하다. 반면 침팬지와 보노보는 누군가 머리 전체를 움직일 때만 그의 시선을 따라가며, 그 사람이 눈을 막 감은 순간에도 계속 그 방향을 따라 옮긴다. 침팬지와 보노보는 상대방이 볼 수 있는 것과 볼 수 없는 것이 무엇인지는 이해할 수 있어도 보는 행위가 눈으로 하는 것이라는 사실은 이해하지 못하는 듯하다.[68]

우리 뇌에는 누군가의 눈을 볼 때 반응만을 담당하는 신경세포가 있다. 상측두이랑에 위치한 이 세포들은 편도체를 포함하여 피질하 영역의 감정중추와 연결된 마음이론 신경망의 일부다. 이 신경망은 생후 초기에 발달한다.[69] 생후 4개월만 되어도 사람 아기는 이미 눈의 공막 모양에 초점을 맞추어 상대방의 감정을 이해할 수 있다. 이 신경망의 신경세포들은 우리가 의식하지 못하는 상태에서도 자동으로 반응한다. 운전할 때 옆 차선 누군가가 나를 보고 있다는 느낌이 들어 고개를 돌려보니 실제로 그랬던 경험이 있는가? 그 소름 끼치는 느낌은 이런 시선이 주변시에 포착될 때 상측두이랑이 무의식 속에서 편도체로 보내는 경고다.[70, 71]

대부분 동물은 공막을 숨긴다. 자기가 다음에 어떤 행동을 할지 경쟁자가 추측하지 못하게 하기 위해서다. 하지만 사람 아기에게는 하얀 공막이 유리하다. 경제학자 테리 버넘Terry Burhnam 과 나는 우리 종 특유의 눈이 성인이 되었을 때 타인과의 협력을 향상시키는 역할을 수행한다고 추론했다. 우리는 이 가설을 테스트하기 위해서 일종의 공공재게임을 설계했다. 우리는 사람들에게 어느 정도의 현금을 지급하고 그 가운데 얼마를 공기금에 기부하고 싶은지 물었다. 협력 성향이 강한 사람들은 더 큰 액수를 기부하기로 결정했고, 사기꾼 성향이 강한 사람들은 대부분의 액수를 자기가 갖겠다고 했다.

결정이 끝난 뒤 참여자 절반은 하얀 공막의 거대한 눈이 달린 로봇 키스멧에게 설명을 들었고, 나머지 절반은 그냥 컴퓨터 화면에 뜬 방법을 읽었다. 키스멧의 효과는 놀라웠다. 키스멧이 보고 있을 때 사람들은 30퍼센트 이상의 액수를 기부했다. 이 '키스멧 효과'는 실험실 밖에서도 동일하게 재현되었다. 눈이 그려진 인쇄물을 받은 사람들이 공공장소에 쓰레기를 덜 버렸다. 사무직 노동자들은 탕비실에 눈이 그려진 비품비 모금 상자를 놓아두었을 때 돈을 넣는 경우가 더 많았다. 자전거 거치대 위에 성난 눈 사진을 붙여두었을 때는 자전거 도난 건이 기존보다

60퍼센트 감소했다.

하얀 공막은 우리가 살아가는 동안 협력을 증진하는 데 두루 이바지하는 것으로 보인다.[70, 72, 73] 사람 자기가축화 가설은 하얀 공막을 친화력 선택의 결과로 보며, 이 진화가 이루어진 시기는 8만 년 전이었을 것으로 본다. 눈맞춤 빈도가 증가하면서 유대와 협력적 의사소통이 촉진되어 옥시토신이 훨씬 활발히 발현되었을 것이다. 또 하얀 공막은 속임수나 사기를 막는 효과도 있었을 것이다.[15]

우리의 눈은 분명하고 유일할 뿐만 아니라 보편적이기도 하다. 사람은 피부, 머리, 심지어는 손톱까지 다양한 색을 띤다. 홍채도 초록색, 회색, 파란색, 갈색에 검은색까지 다채로운 색이 있다. 하지만 공막은 모두 똑같이 하얀색이다. 하나의 형질이 이렇게 절대적인 단일성을 보이는 건 아주 이례적이다.

우리는 누군가의 눈에서 하얀 공막이 보이면 사람이라고 혹은 사람 같다고 판단한다. 미키마우스가 인기를 끌기 시작한 것은 〈증기선 윌리Steamboat Willie〉* 시절에는 그냥 새까만 큰 점으로 그렸던 눈을, 〈마법사의 제자The Sorcerer's Apprentice〉** 에서 검은

---

* 1928년에 발표된 월트 디즈니의 흑백 단편 애니메이션 영화다.

** 괴테의 동명 시 〈마법사의 제자Der Zauberlehring〉를 뮤지컬 애니메이션으로 각색한 디즈니 장편 3부작 〈판타지아〉의 마지막 편으로 1940년에 개봉, 2000년에 재개봉했다. 한국어판은 〈환타지아 2000〉이라는 제목으로 개봉했다.

눈동자에 흰자위의 커다란 눈으로 바꾸고 나서였다.[74] 화석 기록에서는 근거를 전혀 발견할 수 없지만, 멸종한 인류 모형을 제작하는 사람들은 눈을 항상 하얀 공막으로 그린다. 우리와 같은 눈을 가진 모형을 더 사람처럼 **느낄** 것이라고 직감으로 아는 듯하다. 흥미롭게도, 누군가의 인간성을 없애는 가장 **빠른** 방법은 눈을 까맣게 칠해버리는 것이다. 공포영화에서는 흰자위만 남은 눈이 거의 필수 요소다. 누군가의 눈동자 색이 살짝만 달라도 우리는 이미 불편해진다. 하얀 눈자위의 귀여운 모과이가 눈이 새빨간 그렘린으로 변했을 때처럼.

우리의 가설이 맞다면, 오직 호모 사피엔스만이 하얀 공막의 눈을 가졌을 것이다. 네안데르탈인을 포함한 다른 사람 종들은 다른 영장류 동물들처럼 색소로 눈을 덮어 시선을 숨겼을 것이다. 다른 사람 종을 처음 만났을 때 우리는 그들의 어두운 공막을 보고 강하게 느꼈을 것이다. 저들은 우리와 같지 않다고.

5 영원히   어리게

우리는 사람의 친화력 상승과 그것이 야기했다고 보는 우발적 변화, 가령 '여성화'된 얼굴, 하얀 공막, 협력적 의사소통 같은 인지적 기능 등의 상관관계를 살펴보았다. 이제 우리는 친화력 상승이 자기가축화징후를 촉발한다는 것은 안다. 그렇다면 실제로 변화는 어떻게 일어나는가?

핵심은 발달이다. 한 동물의 발달 유형에서 생기는 미세한 변화가 진화의 강력한 동력이 되기도 한다.[1, 2] 발달 속도나 시기가 약간만 달라져도 완전히 다른 몸체 유형이 만들어질 수 있다. 예를 들면, 새끼 도롱뇽에게는 올챙이처럼 아가미, 지느러미, 꼬리가 있다. 도롱뇽은 성체가 되면서 아가미는 없어지고 지느러미가 꼬리로 바뀌고 다리가 자라나 육지에서 걸어 다닐 수 있게 된다. 하지만 아홀로틀이라고 하는 도롱뇽은 아가미가 그대로 남아 있고 다리가 자라나지 않는다. 이들은 성체 도롱뇽

이 되어도 몸만 조금 더 커질 뿐, 영원히 어른이 되지 않는 것으로 보인다.[1]

발달은 사회적 행동에도 영향을 미친다. 어린 바퀴벌레는 사회성이 매우 높다. 무리 지어 어울려 다니고, 서로 몸을 매만져 주며, 진정한 애정의 표시로, 서로의 똥을 먹는다. 그러다가 성체가 되면 성질 부루퉁한 외톨이로 변한다.

바퀴벌레가 막 태어났을 때는 날개가 없고 눈도 미발육 상태다. 장내세균도 막강해서 무엇이든 소화할 수 있다. 심지어 목재도 먹어치우는 것이 흡사 흰개미 같은데, 아닌 게 아니라 흰개미는 바퀴벌레와 가장 가까운 친척으로, 미숙한 상태에서 멈춘 친화력 최상급의 새끼 바퀴벌레라고 보면 된다. 흰개미는 번식이 가능한 여왕 흰개미 한 마리와 그에게 봉사하는 불임 일개미들이 군집을 이루어 생활하며, 흰개미의 성공은 집단적으로 협력하는 능력에 힘입은 바 크다.[3]

어려 보이는 외모는 개체의 생존에 유리하게 작용할 수 있다. 한 까마귀 종은 어릴 때 부리에 하얀 점이 하나 있다가 성체가 되면 사라진다. 성체 까마귀들은 서로를 상당히 공격적으로 대하는 경향이 있는데 연구자들이 실험으로 성체 까마귀 부리에 하얀 점을 그렸더니 다른 까마귀들이 공격을 멈추었다. 그 하얀 점을 지웠더니 바로 공격 대상이 되었다.[4]

어려 보이는 외모뿐만이 아니라 어리숙한 행동도 공격으로부터 자신을 지키는 수단이 될 수 있다. 어린 생쥐는 겁을 먹으면 그 자리에 멈춰서 벌벌 떤다. 어린 생쥐가 떨고 있으면 보통은 다른 생쥐들이 가서 토닥이거나 핥아서 안심시켜준다. 심리학자 장루이 가리에피Jean-Louis Gariépy는, 드미트리 벨랴예프처럼 친화력을 기준으로 생쥐 사육을 실험했다. 다만 벨랴예프의 여우 실험은 사람에 대한 친화력을 기준으로 삼았지만, 가리에피는 집단 내 다른 생쥐에 대한 친화력을 기준으로 택한 점이 달랐다.

가리에피의 친화적인 생쥐들은 여섯 세대를 거치자 일반 생쥐보다 훨씬 더 포용력을 지닌 생쥐가 되었다. 성체 생쥐는 일반적으로 낯선 생쥐에게 적대적으로 군다. 하지만 이 친화력 좋은 생쥐는 낯선 생쥐를 보자 공격적으로 굴지 않고 새끼 생쥐처럼 벌벌 떨었다. 다른 성체 생쥐들은 친화적인 생쥐를 덜 공격하는 경향을 보였다. 벨랴예프의 여우 실험과 마찬가지로, 친화력을 기준으로 선택되어 번식한 생쥐들은 성체가 되어도 어릴 때의 친화적 행동을 보존했으며 집단 내 공격 행동이 감소했다.[5]

어류에게서도 친화력 선택과 발달 변화, 형태 및 인지기능 변화 사이에 관계가 있다는 근거가 확인된다. 청소놀래기는 더 큰 물고기의 기생충을 청소하는 소형 어류다. 청소받는 고객 물고기는 자기를 청소하는 청소놀래기를 얼마든지 먹어치울 수 있지만 절대 그러지 않는다. 청소 기지(물고기들이 청소를 위해서 모이는 영역)를 관찰해보면, 청소부들이 청소하는 동안 포식자 고객 물고기는 수동적으로 변해 (청소놀래기는 물론 청소 기지에 있는 다른 모든 물고기를 향한) 공격적 행동을 하지 않는다.[6] 한 물고기는 끼니를 챙기고 다른 물고기는 기생충을 제거하는, 아름다운 협력관계가 형성된 것이다.

모든 청소놀래기 속 어류의 치어들은 입 모양이 독특한데, 성어가 되면 입 모양이 변화해 다른 방법으로 먹고살게 된다. 그 가운데 청줄청소놀래기는 성어가 되어도 치어 때 입 모양을 유지해 계속해서 다른 물고기를 청소하여 생계를 해결한다.[7] 개가 그랬듯이 청줄청소놀래기도 다른 종과의 상호작용 전문가로 진화했다. 이 청소부 생활은 이들의 인지기능에도 영향을 미쳤다. 연구자들은 청줄청소놀래기가 성어가 되면 청소를 하지 않는 가까운 친척 놀래기 속 물고기들보다 훨씬 뛰어난 협력능력을 보여준다는 것을 실험으로 확인했다. 청줄청소놀래기는 영양이 훨씬 풍부할 고객의 살을 뜯어먹지 않고 대신 기생충을 잡아먹는 데 집중한다.[8, 9] 치어기가 연장된 이 청소놀래기 종은 세로토닌과 옥시토신 수치가 변하는데, 이것이 이들의 친화적 행동을 조절한다. 이는 실험을 통해서 가축화된 종에게 나타나는 효과로도 입증된 바 있다.[10, 11]

개와 보노보는 어릴 적 행동이 생애주기 끝까지 유지될 뿐만 아니라, 청소놀래기와 마찬가지로, 협력적 의사소통과 연관된 행동이 여타 친척 종들보다 이른 시기에 발달한다.

강아지는 눈뜬 직후에도 이미 다른 개 또는 사람과 유대를 맺을 준비가 되어 있다.[12] 같은 시기에 강아지들은 의욕에 넘쳐서 새로운 장소와 사물을 탐색한다.[13] 발달할 시간이 더 길다는 것은 다양한 경험을 습득할 시간이 더 주어진다는 뜻이다. 어쩌다 도시에 들어온 늑대라면 감당하기 어려울 세계일 테지만, 일찌감치 경험을 쌓은 개는 쉴 새 없이 이어지는 새로운 사람, 장소, 사물의 물결에 응할 자신감을 얻는다.

다른 종에게는 짧게 제한된 사회화 기간도 개에게는 더 오래 열려 있다. 늑대는 몇 주면 끝나는 이 집중탐구 기간이 우리의 개들에게는 몇 달에서 몇 년까지 간다. 다 자란 뒤에도 그들은 새로운 사물에 새끼 강아지 못지않은 강한 호기심으로 반응한다.[14]

개가 소리를 내는 방식에도 이 연장된 사회화 기간의 영향이 있다. 개와 늑대 모두 아기 때는 엄마의 주의를 끌기 위해 짖는다. 하지만 성체가 되어서도 다양한 맥락을 담아 계속해서 고음으로 짖는 것은 개뿐이다.[15]

우리는 개의 발달기가 연장됨으로써 협력적 행동이 강화되는 데 친화력 선택이 작용했음을 알 수 있었다. 벨랴예프의 여우들이 동일한 발달 패턴을 보여주었기 때문이다.[16] 일반 여우는 늑대와 마찬가지로 사람과 친해질 수 있는 사회화 기간이 생후 16일에서 6주 사이로 아주 짧다. 친화력 좋은 여우들은, 개와 마찬가지로 이 사회화 기간이 생후 14일부터 10주까지로, 더 빨리 시작되어 더 늦게 끝난다.[17] 또 친화력 좋은 여우는 개와 마찬가지로 생애주기 내내 강아지 같은 목소리를 유지한다. 이들은 완전히 다 자란 뒤에도 사람이 보이면 새끼 여우처럼 짖거나 낑낑거리지만, 보통 여우들은 그러지 않는다.

보노보의 경우에는 한 유형의 사회적 행동이 아주 이른 시기에 나타난다. 콩고의 보노보 보호구역, 점심시간이다. 누군가가 어마어마하게 큰 과일 샐러드를 사육소로 가져간다. 바구니에는 망고, 바나나, 파파야, 사탕수수가 산더미로 쌓여 있다.

아기 보노보들은 이 음식을 보자마자 끼이끼이 소리를 내기 시작한다. 더 흥분하면 자기 곁에 있는 보노보를 붙잡고 성기를 문지른다. 실제로 삽입까지 가는 경우는 없는데, 야생의 이상 성욕에 가깝다. 고아인 사육소의 아기 보노보들은 너무 어려서 엄마나 다른 어른 보노보들과 헤어졌기 때문에 이 행동을 배울 기회가 없었다. 침팬지 보호구역에서는 이 행동을 본 적이 없다. 보노보는 아기 때부터 성적 행동을 보이는 반면에 침팬지는 사춘기 전까지 성적 행동이 나타나지 않는다.[18]

이 성적 행동의 작용이 호르몬의 영향이라는 일련의 근거가 있다. 보노보는 젖먹이 때 이미 소년기 침팬지의 테스토스테론 수치를 보인다. 아기 때 나타난 이 소년기 수준의 테스토스테론 수치는 성년기까지 유지된다.[19, 20]

이 수치는 보노보의 조기 번식 경향과 연관이 있을지도 모른다. 보노보의 짝짓기는 대부분 번식을 위한 것이 아니지만 암컷 보노보는 가축화된 동물들과 마찬가지로 공격적인 야생의 친척 종들보다 이른 나이에 번식을 시작할 수 있다.[21] 하지만 보노보는 전 생애주기에 걸쳐 성적 행동을 활용해서 싸운 상대와 화해하고, 화난 아이를 달래고, 다른 암컷과의 우정을 돈독히 다진다.

친화력 선택이란 사실상 사회화 기간을 연장한다는 뜻이다. 이처럼 개와 보노보는 사회적 능력의 주요 특성을 다른 종보다 일찍 획득해서 더 늦게까지 성장을 이어간다.

발달 들여다보기

그렇다면 발달 관련 유전자들은 어떤 방식으로 자기가축화 징후를 야기하도록 진화했는가? 하나의 기관이 발달하는 데 특히 더 큰 역할을 수행하는 유전자들이 있다. 이 유전자들이 다른 수백 개 유전자가 어떤 일을 해야 하는지 관리하고 통제한다.

내가 고등학교 생물 시간에 배운 유전학은 이런 것이 아니었다. 내가 배운 것은 그레고어 멘델Gregore Mendel의 콩과 식물에 관한 것으로, 거기에는 우성유전자와 열성유전자가 있고, 주도적으로 발현되는 형질이 우성이라는 것이었다. 멘델은 각각의 형질이 서로 의존하지 않고 별개로 유전된다고 보았다. 각 유전자에는 콩과 식물의 꽃 색이나 모양을 조절하는 등 나름의 역할이 있다. 이 독립성으로 인해서 형태와 기능이 다양해질 기회가 생기고 콩과 식물은 다른 색이나 형태의 조합을 만들어낼 수 있다. 그러면 자연선택 과정에서 이 변이가 살아남거나 사라지거나 한다.

하지만 수십 년 동안 이루어진 연구는 발달이 이 과정을 더 복잡하게 만든다는 것을 보여주었다. 멘델의 유전자 이론은 유전자 변이가 만들어지는 많은 방식 중 하나다. 각기 다른 유전자가 각기 다른 역할을 맡기도 하지만, 유전자 하나 혹은 한 유전자군이 여러 역할을 맡는 경우도 있다. 예를 들면 한 유전자가 뼈의 성장과 색소 형성 같은 두 가지 역할에 관여할 수도 있다. 이런 다중작업 유전자는 두 가지 임무를 동시에, 또는 다른 시간대에 수행할 수도 있다.

또, 도서관 사서형이라 할 만한 종류의 유전자도 있다. 유전자는 다양한 단백질을 어떻게 만드는지 알려주는 설명이 가득한 책과 같다. 이 단백질들이 뇌를 포함하여 우리 몸의 모든 체액과 조직을 구성하는 벽돌이 된다. 우리 몸속 각각의 세포에는 사서 유전자가 있어서 어떤 책을, 또 얼마나 자주 읽어야 하는지 추천해주며, 일부 사서 유전자는 우리의 유전자 도서관의 큰 부분을 통제한다.

이 다중작업 유전자나 사서 유전자 중 어느 하나에 미세한 변화만 생겨도 동시에 많은 형질이 크나큰 영향을 받을 수 있다. 발달 제어에 관여하는 다중작업 유전자와 사서 유전자의 경우에는 특히 더욱 그렇다. 발달과정이 일찍 시작될수록 활동 기간은 길어지며 유전자 변화는 더욱 증폭된다. 이것이 우리가 흰개미와 아홀로틀, 청소놀래기의 사례에서 본 것처럼, 발달을 제어하는 유전자의 자그마한 변화가 큰 변형을 일으켜 하나의 새로운 종이 탄생하는 과정이다.[2, 22] 여기서 우리는 개와 보노보, 나아가 우리 종에게서 관찰한 변화에 대해 설명해줄 수 있는 가설을 떠올릴 수 있다.

신경능선

친화력 선택의 부산물로 일련의 형질이 나타났다는 사실을 발견한 것은 지난 세기에 이루어낸 가장 놀라운 성취 중 하나다. 벨랴예프가 이끈 연구팀은 다른 인지기능이나 생리적 혹은 형태적 특성은 배제하고 사람과의 친화력 여부만으로 여우를 선택했다. 그 결과, 짧고 동그랗게 말린 꼬리, 여러 색의 얼룩이 섞인 털, 짧은 주둥이와 작은 이, 펄럭이는 귀를 가진 여우의 발생 빈도가 높아졌고 해가 갈수록 이들의 생식주기가 길어졌으며 세로토닌 분비 수치가 상승하고 협력적 의사소통 능력이 향상되었다. 벨랴예프의 여우들에게서 나타났던 특성이 다른 가축화된 포유류 동물에게서(그 가축화가 자기가축화는 아니라고 생각되는 종들도 포함해서) 보편적으로 나타난 변화를 충실하게 반영한다는 점을 고려했을 때 이 변화는 한층 더 인상적이다.

랭엄과 유전학자 애덤 윌킨슨Adam Wilkinson은 친화력과 포유류의 가축화징후를 구성하는 형질 모음의 연관성을 연구하면서 발달에서 아주 큰 역할을 담당하는 신경능선세포에 특별히 흥미를 갖게 됐다.[23] 신경능선세포는 모든 척추동물의 배아에 잠깐 나타난다. 이 세포들은 신경관 표피에서 떨어져나와 독립된 세포 집단을 형성하며, 여기에서 뇌와 척수가 형성된다. 신경능선세포는 줄기세포로, 이는 배아가 발생할 때 신경능선세포가 다양한 유형의 세포로 분화할 수 있다는 뜻이다. 또 신경능선세포는 이동 능력이 있어, 목적에 따라서 전신에 걸쳐 옮겨다닐 수 있다. 줄기세포가 어떤 유형의 세포가 될지, 언제 어디로 이동할지 결정하는 데 강력한 영향력을 행사하는 일군의 사서 유전자가 있는 것으로 보인다.

이동 능력이 있는 신경능선세포는 가축화징후와 관련된 많은 형질을 발달시킨다. 가축화의 중심 특성은 두려움과 공격성 감소인데, 신경능선세포는 아드레날린을 분비하는 부신수질 발달에 관여한다.[23] 가축화된 동물의 부신은 야생의 친척 종들의 부신보다 작다. 부신이 더 작다는 것은 스트레스를 유발하는 호르몬이 적게 분비된다는 뜻이다. 신경능선세포는 또한 친화력 선택과 연관된 모든 세포 조직 발달에도 아주 큰 역할을 담당한다. 여기에는 이개연골, 피부 색소, 주둥이(또는 얼굴) 뼈와 치아가 포함된다.

신경능선세포는 뇌 발달에도 영향을 미친다.[24] 이것이 뇌 크기의 변화뿐만 아니라 여러 뇌 부위의 세로토닌이나 옥시토신 같은 신경호르몬 수용 방식에 일어나는 변화의 근거가 될 수도 있다.[25] 뇌에 발생하는 이러한 변화는 생식주기의 변화와도 연관될 가능성이 높다. 뇌 크기가 작아지면 생식주기를 조절하는 시상하부뇌하수체부신축Hypothalamic Pituitary Gonadal·HPG에도 영향

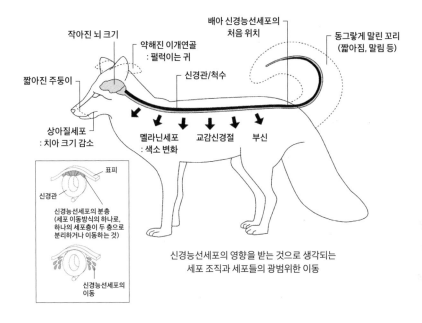

작아진 뇌 크기

약해진 이개연골
: 펄럭이는 귀

배아 신경능선세포의
처음 위치

동그랗게 말린 꼬리
(짧아짐, 말림 등)

짧아진 주둥이

신경관/척수

상아질세포
: 치아 크기 감소

멜라닌세포
: 색소 변화

교감신경절

부신

표피

신경관

신경능선세포의 분층
(세포 이동방식의 하나로,
하나의 세포층이 두 층으로
분리하거나 이동하는 것)

신경능선세포의
이동

신경능선세포의 영향을 받는 것으로 생각되는
세포 조직과 세포들의 광범위한 이동

을 미칠 수 있다. 시상하부뇌하수체부신축의 기능이 제한되면
2차 성징을 앞당길 수 있으며 생식주기의 빈도를 높일 수 있다.

랭엄과 윌킨스는 가축화된 포유류에게서 (어쩌면 조류도 포함
해서) 일어난 친화력 선택이, 신경능선세포 발달방식을 제어하
는 사서 유전자들에게 유리하게 작용한 것이라고 예측했다. 이
것이 말 그대로, 개에서 보노보까지 모든 동물에게서 가축화징
후의 일부로 나타난 변화를 야기했을 것이다. 가축화와 관련된
여타 특성들과 친화력 사이에 있을 법하지 않아 보였던 연관성
을 가장 설득력 있게 설명해주는 것이, 바로 신경능선세포의 발
달과 이동을 제어하는 사서 유전자에 변화가 있었기 때문이라

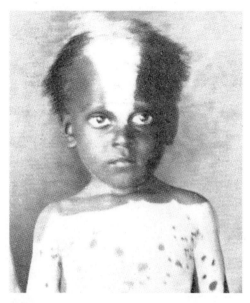

리즈비Lisbey, 1913년 당시 5세. 신경능선세포의 분화 과정 이상으로 유발되는 신경능선병을 앓고 있다. 신경능선병의 한 증후군인 백피증에서 나타나는 색소 결핍은 가축화된 동물에게서 나타나는 탈색과 놀랍도록 유사하다.

고 보는 가설이다.[26] 그리스 출신 신경과학자 콘스탄티나 테오파노풀루Constantina Theofanopoulou와 카탈로니아 출신 언어학자 세드릭 보엑스Cedric Boeckx는 고대 DNA를 활용하여 이 연관성이 사람에게도 존재하는지 연구했다. 그들은 많은 가축화 동물에게서 진화된 유전자와 같은 유전자의 진화를 사람에게서도 발견했다.[27] 여기에는 우리가 다른 멸종한 사람 종에게서 갈라져 나온 이래로 변화된 신경능선세포도 포함된다.[28] 이것이 사람 자기가축화 가설을 뒷받침하는 최초의 유전자 근거다.

일찍 시작하고 늦게 완성되는 성장

세로토닌은 우리 두개골의 형태를 변화시킨다. 테스토스테론 같은 남성호르몬은 우리의 얼굴과 손 형태에 변화를 가져온다. 우리 눈의 하얀 공막은 협력적 의사소통 능력을 크게 향상시켰다. 이 모든 변화는 현생인류 이전 단계의 후기 인류 시기부터 친화력 선택이 이뤄졌을 가능성을 시사한다.

발달 과정에서 나타났던 이 진보가 우리 종과 멸종한 나머지 사람 종들과의 차이를 만드는 데 큰 영향을 미쳤다.[29] 멸종한 사람 종 그리고 다른 영장류 동물들과 비교해볼 때 우리 종의 생애 궤적은 유별나다. 우리는 너무 일찍 태어나고 영원을 기다려야 번식할 능력이 생긴다. 하지만 또 아기를 낳고 다음 아이를 낳기까지의 간격은 밭다. 여성은 완경기를 마치고도 몇십 년은 더 살아간다.[30] 인지능력에서도 우리 종은 큰 차이를 보인다. 협력적 의사소통 및 관용과 관련된 인지능력의 특성이 이르게 발현된다는 점, 장기간에 걸쳐 발달한다는 점이 그러하다.

우리 종이 태어날 때 뇌 크기는 성인 뇌의 4분의 1인데 다른 영장류 동물들은 태어날 때 뇌 크기가 성체의 절반 크기에 달한다. 이는 사람 아기가 말도 못하게 무력한 존재라는 뜻이다.[31] 사람 아기는 생후 9개월에서 12개월 무렵에 겨우 걸음마를 뗀다. 이렇게 달리지도 못하는 시기에, 타인의 마음에 대해서 생각하기 시작하는데, 시작은 단순하지만 갈수록 복합적인 사고가 가능해진다.

우리는 이런 발달 패턴이 사람에게서만 나타난다고 생각했다. 그러나 사람 아기와 유인원 아기의 발달 패턴을 직접 비교하지 않고서는 다른 유인원 성체한테 이러한 협력적 의사소통 기술이 있는지 여부를 확신할 수 없었다. 그래서 보노보, 침팬지, 사람의 아기를 비교하는 작업에 착수했고, 대상 연령은 2세를 기점으로 했다. 우리는 이 3종의 아기 약 100개체를 대상으로 20여 종으로 구성된 인지척도를 매년 1회씩 3년에 걸쳐 테스트했다. 우리는 연령별로 숫자 세기, 인과관계 파악하기, 도구 사용, 자제력, 감정반응, 모방, 제스처, 시선 따라가기 외 10여 개 항목을 만들어 모든 인지유형을 측정했다. 보노보, 침팬지, 사람, 이 3종의 영아를 대상으로 하여 이렇게 대규모로 직접 비교한 것은 이 연구가 처음이었다. 숫자 세기와 물리적 세계에 대한 이해 같은 비사회적 과제에서 2세 사람 아기가 보여준 능력은 대단치 않아 그저 같은 연령의 보노보나 침팬지와 다를 바 없어 보였다.

차이는 사람 아기가 사회적 문제를 해결할 때 나타났다. 2세의 사람 아기는 완전히 발달되지 않은 상태의 뇌를 가지고도, 훨씬 성숙한 뇌를 가진 유인원들보다 우월한 사회적 기술을 보였다. 4세가 되면 사람 아기가 모든 과제에서 다른 유인원 아기들을 능가했다. 물이 든 컵을 쏟지 않게 멀쩡히 내려놓을 줄도

모르고 때맞춰 화장실에도 갈 줄 모르는 그 아기가 타인이 어떻게 생각하는지 읽을 줄 아는 것이다.[32]

이렇게 이른 시기에 아직 덜 발달된 뇌로도 복잡한 문제를 해결하는 사회적 기술이 우리 종에게 막대한 우위를 주었다. 어린 나이부터 타인을 이해하는 능력을 갖춰, 수많은 세대를 거치면서 쌓여온 지식을 물려받을 수 있다는 점도 우리 종의 생존에 비할 데 없는 우위를 준다.

풍선 모양의 아기 머리

우리가 자기가축화된 순간을 찾아내기 위해서는 우리 종이 이 견줄 데 없는 사회적 지능을 언제 획득했는지를 알아내야 한다. 이것을 가능하게 해주는 것이 뇌가 언제 어떻게 발달했는지 단서를 보여주는 호모 사피엔스의 두개골 화석이다.

두개골 화석에는 우리 뇌의 발달과 관련된 두 가지 물리적 표식이 있다. 첫째, 태어날 때 머리뼈에 있는 커다란 구멍이다. 두개골이 완전히 다 발달해 태어나는 대부분의 포유류와는 달리, 호모 사피엔스와 네안데르탈인 아기는 머리뼈가 완전히 결합되지 않고 구멍이 있는 상태로 태어나는데, 좁은 산도를 좀 더 쉽게 밀고 나오기 위한 형태이다. 형태가 변하는 두개골과 미발달 상태의 뇌는 상대적으로 늦게 진화했지만, 호모 사피엔스 고유의 특성은 아니다.[31]

뇌의 발달과 관련한 두 번째 물리적 표식은 두개골의 형태다.

다른 사람 종들은 이마가 낮고 납작하고 두개골이 두꺼운데, 우리 종의 아기는 이상한 뇌 모양에 맞춰 풍선 모양 머리로 발달했다.[33]

다른 동물들은 태어난 직후 뇌의 성장이 멈추지만 우리는 태아기의 뇌 성장 속도가 출생 후 2년까지 유지된다.[34] 출생 후 뇌가 빠르게 성장하면서 특히 정수리 뒷부분에 영향을 주어 머리가 풍선 형태가 되는 것이다.[31] 뇌 상단 뒤쪽인 두정부에는 마음이론 신경망이 모이는 두 중심점, 측두두정연접부와 설전부가 있다.[35] 이곳이 아기가 타인의 시선과 제스처에 주의를 기울이기 시작할 때 활성화되는 뇌 부위다.[36] 우리는 두개골 화석을 분석하여 이렇게 초기에 사회적 기술이 발현되는 것이 호모 사피엔스 고유의 특성이라고 추정할 수 있었다.

하지만 조기에 발달하는 사회적 인지능력은 범위가 아주 구체적이어서 협력적 의사소통 이외의 능력은 오히려 늦되는 것으로 느껴진다. 사람의 자제력이 다른 유인원들을 능가하기 시작하는 것은 4세에서 6세 이후로, 마시멜로 테스트도 이 시기부터 가능하다.[37, 38] 자제력은 아주 더디게 발달해서 20대 초반이 되어야 완전한 성인 수준의 자제력을 갖추게 된다(이것이 10대에 우리가 위험한 일을 많이 저지르는 이유이며, 16세의 자동차 보험료가 21세의 보험료보다 비싼 이유다). 다행스러운 것은, 10대 청소년기에는 실패의 감정도 더 강렬하기 때문에 뭐든지 빨리 배울 수 있다는 점이다.[39]

이 발달과정에서 시냅스 가지치기가 일어난다. 우리의 뇌는 성장할 때 필요한 것보다 더 많은 신경세포를 만든다. 인생을 살아가면서 문제를 해결하거나 다른 환경에 적응해야 할 때 뇌는 일정 신경망을 다른 신경망에 비해 더 많이 사용하게 된다. 더 많이 사용되는 신경망일수록 다른 신경망보다 신경세포의 개수가 더 많아지고 정보처리도 더 능숙해지면서 신경세포 간의 신호를 전달하는 시냅스의 연결이 간소화된다. 성인기에 이르면 시냅스 가운데 필요 없는 부분은 제거되고 특정 문제 해결에 특화된 시냅스는 더욱 강화된다. 가소성은 잃게 되지만 우리가 가장 많이 겪게 될 문제를 더 잘 해결하도록 인지능력이 향상되는 것이다.[39]

다른 동물들은 두개골이 닫힌 상태로 태어나 뇌의 발달도 빠르게 끝난다. 새끼 영양은 태어난 지 몇 분 안에 걷기 시작하여 며칠이 지나면 무리와 함께 이동할 수 있게 된다. 새끼 침팬지도 우리보다 훨씬 빠르게 활동을 시작한다.

우리는, 시인 윌리엄 블레이크William Blake가 썼듯이 "나약하게 알몸으로 빽빽 울면서" 태어나 몇 해 동안 이 상태로 지낸다. 하지만 사회적 인지능력이 일찍 발현되는 덕분에 타인의 마음과 연결될 수 있다. 우리는 타인의 의도와 생각, 감정을 읽을 수 있어 뇌가 형성되고 성장하는 동안 우리를 안전하게 지켜주는 보호자들의 노력과 사랑을 활용할 수 있다.

아기 때부터 타인의 의도와 생각과 감정을 읽을 수 있는 능력을 지닌 우리는 이를 이용하여 신체적 나약함, 즉 약한 근육과 아직 발달이 덜 된 두개골 문제를 벌충한다. 그러면서 우리의 뇌는 서서히 성장하고 시냅스 가지치기를 거쳐 20대 초반이면 발달이 끝난다. 이때면 우리의 뇌는 문화적 환경을 학습하고 혁신하도록 설계된 슈퍼컴퓨터가 되어 있다.

아직 만나지 못한 친구들

우리는 사람과 친구가 될 수 있도록 선택된 개와 여우, 그리고 암컷과 친하게 지내기를 자가선택한 수컷 보노보에 대해서 살펴보았다. 그렇다면 어떤 유형의 친화력이 사람의 자기가축화를 이끌어냈을까?

탄자니아의 하드자족 같은 수렵채집인들은 날마다 양식을 찾으러 나갔다가 천막으로 돌아와 음식을 요리하고 먹으며 친목을 다지고 잠을 잔다. 여자들은 땅속에서 캐낸 덩이줄기며 과실을 수집하여 부족 사람들과 나눈다. 남자들은 귀한 고기와 꿀을 들고 돌아온다.[30] 다른 유인원들도 약탈하는 동안 먹이를 나눠 먹는 경우가 더러 있지만, 집으로 음식을 가져오는 것은 사람뿐이다.

수렵채집 사회에서는 식량을 상대적으로 공평하게 분배한다.[40] 가장 많은 식량을 구해왔다고 해서 그 사람의 가족이 최고로 알짜 식량을 가져가는 식은 아니었다. 그들은 무엇이든 나누었고 그 보상으로 다른 사람들과 친구가 되어 굶주리거나 다치거나 아플 때 보살핌을 받을 수 있었다. 농작물도, 냉장고도, 은행도, 정부도 없는 그들에게는 이 사회적 유대가 유일한 보험이었다.[30]

가장 생산적인 하드자족 수렵채집인은 현장에서 일용할 열량을 채운 뒤 남은 양식을 들고 천막으로 돌아올 수 있었다.[41] 남은 식량을 나누는 것은 모두에게 좋은 일이었다. 남은 사람들을 먹일 수 있는 음식은 식량이 부족할 때의 완충장치가 되어 유대를 강화할 수 있기 때문이다.[42] 나눔은 모두에게 더 많은 식량이 돌아간다는 뜻이었으므로 협력의 동기가 되었다. 유대감 돈독한 이들 부족은, 수백 세대에 걸쳐서 협동심이 약하거나 믿고 의지할 사회보험이 미미한 폭압적 집단을 앞설 경쟁 우위를 키워왔다.

이 보험이 사회적 관계의 셈법을 바꿔놓는다. 침팬지의 협력이 공포와 폭압에 의해 강제된 것이라면 수렵채집인들의 협력은 모두에게 보상으로 돌아갔다. 서로를 제압하기 위해서 힘을 합치는 침팬지와 달리 수렵채집인들은 개인이 집단을 지배하는 것을 막기 위해 공격성을 이용했다. 사람 사회에서 지배력을 선언하기 위해서가 아니라 권력 장악을 막기 위한 용도로 공격성을 사용하는 경우에는[30, 43] 나눔, 관용, 협력이 기하급수적으로 상승한다.

이 새로운 사회적 관계의 공식은 새로운 사회적 동반자가 주는 이익이 동반자로 인해 치러야 할 비용보다 훨씬 더 크다는 것을 의미한다. 여기에는 외부 집단에서 유입되는 새로운 사회적 동반자도 포함된다. 이 공식은 보노보가 낯선 보노보에게 끌리는 이유를 설명해준다. 암컷 보노보는 이웃 무리 수컷으로부터 생명에 위협을 받을 부담을 제거하기 위해 이웃 무리와 관계를 맺고 사회연결망을 확장한다.

우리 종에게 일어난 친화력 선택이 다른 동물들과 다른 것은, 우리 종이 보노보처럼 전반적인 포용력만 강화된 게 아니라는 점이다. 우리 종은 집단 구성원의 정의를 확장시킨다.

침팬지와 보노보는 익숙함을 토대로 우리와 남을 구분한다. 집단 구성원은 자신이 사는 영토 안에서 자신의 무리와 함께 사는 누군가다. 그 나머지는 전부 남이다. 침팬지는 이웃 무리의 침팬지를 보거나 그들에 관해 들은 적이 있더라도 그들과 마주쳤을 때 거의 항상 적대적 반응을 보이며 오래 관심을 두지 않는다. 한편 보노보는 낯선 보노보에게 훨씬 더 우호적이다.

사람도 친숙한 사람과 낯선 사람을 대하는 방식은 다르지만, 다른 동물들과 달리 우리에게는 그 사람이 우리 집단인지 아닌지 즉각적으로 알아볼 수 있는 능력이 있다. 사람은 보노보나 침팬지와 달리 집단 구성원을 지리적 가까움이 아닌 더 넓은 범위의 정체성으로 정의한다.

동물과 달리 사람에게는 새로운 사회적 범주도 나타났는데, 바로 집단 내 타인이다. 우리는 한 번도 만나본 적 없는 사람도 우리 집단 사람이라고 인식할 수 있다. 같은 스포츠팀 유니폼을 입은 사람, 같은 동호회 사람이면 우리 집단이 되며, 십자가 목걸이 하나로 우리 편으로 여기기도 한다. 우리가 자신을 꾸미는 방식은, 스스로 의식하지 못할지라도, 다른 구성원들에게 같은 편임을 알리기 위한 노력이다. 우리는 집단 내 타인을 위해서 기꺼이 돌봄을 제공하고 유대를 맺으며 심지어 자신을 희생하기도 한다.

현대인의 삶은 이 능력이 주도한다고 볼 수 있다. 우리는 모르는 사람들에게 둘러싸여 살아가지만, 그들을 그냥 참고 견뎌주는 정도가 아니라 적극적으로 서로를 돕는다. 장기를 기증하는 큰 친절도, 누군가 길 건너는 것을 도와주는 작은 친절도, 이 유형의 친화력에서 비롯된 행동이다.

사람은 같은 낯선 사람이라도 이왕이면 자신과 같은 집단 정체성을 가진 사람을 돕고 싶어 한다. 나와 같은 소속임을 그 낯선 사람도 알고 있다고 생각되면 특히나 더 도우려고 한다.[44] 볼리비아에는 수렵채집 생활을 하는 원주민 치마네 부족이 있다. 연구자들이 치마네 부족 사람들에게 같은 부족의 낯선 사람 사진과 다른 집단의 낯선 사람 사진을 보여주자, 그들은 치마네 부족의 낯선 사람과 음식을 기꺼이 나눠 먹고자 했다.[45] 마찬가지로, 산업화 사회에 사는 사람 15명 가운데 14명이 낯선 사람 중에서도 국적을 알 수 없는 사람보다 자국 사람을 더 돕는 경향을 보였다.[46]

우리는 아기 때 이미 집단 내 타인을 알아보기 시작하는데, 이는 마음이론 능력이 처음 활성화되는 시기와도 거의 일치한다.

생후 9개월이 된 아기는 자기와 같은 음식을 좋아하는 인형을 선호하며 그 인형에게 상냥한 사람을 선호한다.[47] 생후 7개월의 아기는 모국어를 사용하는 사람이 소개하는 음악을 선호한다.[48] 타인이 전달하려는 의도에 주의를 기울일 때쯤 아기는 언제 집중해야 할지도 선택하기 시작한다. 우리는 아주 어릴 때 이미 낯선 사람들 중에서도 특정 인물에게 특히 더 호감을 느끼고는 하는데, 다른 사람들보다 그 사람의 생각, 감정, 믿음에 더 강하게 호응한다. 심리학자 니엄 매클로플린Niam McLoughlin은 초등학교 1학년 어린이들에게 인형 얼굴이 사람 얼굴로 바뀌는 이미지를 보여주었다. 어린이들이 사진 속 얼굴에 '마음이 있다'고 느끼는 순간이 언제인지 알기 위한 실험이었다. 어린이들은 멀리 떨어진 지역의 사람이라고 말해주었을 때보다 같은 마을 사람이라고 말해주었을 때 더 빠르게 '마음이 있다'고 말했다.[49, 50] 어린이는 또한 자기와 같은 집단 사람이라고 생각되는 타인들에게 더 관대했다.[51] 성인은 같은 집단이라고 생각되는 사람들에게 자신과 생각이 같다고 인식하는 경향을 보였다.[52]

우리는 기본적으로 같은 집단 정체성을 지닌 사람들에게 끌리도록 태어났지만, 그 정체성에 대한 정의는 사회장social force*

*　사회심리학의 창시자 쿠르트 레빈Kurt Lewin이 제시한 개념으로, 개인·사회·문화의 복합적인 힘이 균형을 이룬 상태에서 사회적 행동 또는 사회의 변화를 가져오는 하나의 사회적 합의를 가리킨다.

의 영향을 받아 달라진다. 아기에게조차 집단 정체성은 친숙함 이상을 뜻한다. 어떤 것에서 자신의 정체성을 발견하는지는 살아가면서 무수히 바뀔 수 있다. 옷차림, 음식 취향, 종교, 신체 특성, 정치 성향, 출신지, 응원하는 스포츠팀 등등. 사람은 생물학적 특성에 따라 집단 정체성을 인정하는 듯 보이지만, 무엇이 이 정체성을 구성하는지는 사회적 인식에 따라서 탄력적으로 바뀔 수 있다.

인류학자 조지프 헨릭Joseph Henrich은 이 가소성이 사회규범의 출현에 결정적 인자라고 주장했다.[53] 사회규범은 아주 사소한 것까지 모든 사회적 상호작용을 지배하는 암묵적이거나 명시적인 규칙이다. 아무리 사소한 사회적 상호작용이라도 이 규범에서 벗어나지 못한다. 사회규범은 사회의 각종 제도가 효율적으로 작동하기 위한 중추가 되며, 사람이 자기가축화된 이후에 나타난 것으로 보인다. 이 규범을 공유함으로써 우리는 일가친척 이외의 사람들까지 포용하여 같은 집단으로 정의할 수 있는 것이다.

가족 같은 집단

이 새로운 사회적 범주의 진화에 주로 작용한 분자는 신경 호르몬 옥시토신일 것이다.[54] 옥시토신은 사람 자기가축화의 결과로 변화했다고 추정되는 두 호르몬, 즉 세로토닌과 테스토스테론의 유용성과 밀접한 관계가 있다. 세로토닌의 유용성 증가는 옥시토신 분비에 영향을 미치는데, 세로토닌 신경세포와 그 수용체의 활동이 옥시토신의 효과를 조절하기 때문이다. 요컨대 세로토닌이 옥시토신의 효과를 높이는 것이다. 테스토스테론의 유용성이 감소해도, 옥시토신이 신경세포와 결합하여 행동 변화를 유발한다.[29] 사람의 자기가축화가 진행되는 동안 세로토닌의 유용성은 증가하고 테스토스테론의 유용성은 감소하여 옥시토신의 효과가 증가했을 것이다. 이렇게 옥시토신이 우리 행동에 크게 영향을 미치면서 우리 종은 자신이 속한 집단을 가족으로 인식하도록 진화한 것으로 보인다.

옥시토신과 공감능력의 관계를 테스트하는 실험이 있었는데, 옥시토신을 흡입한 피험자들의 공감능력이 상승하고 타인의 감정을 더 정확하게 인식할 가능성이 높았다. 이 호르몬은 마음이론 신경망이 위치한 내측전전두엽피질로 전달되는 것으로 보인다.[55] 옥시토신은 내측전전두엽피질과 편도체의 연결을 차단함으로써 내측전전두엽피질을 더욱 활성화시키고 두려움과 역겨움을 느끼는 편도체의 반응을 둔화시킨다. 다시 말해서 옥시토신은 위협당하는 느낌을 감소시켜 상대방을 신뢰할 수 있게 해준다. 옥시토신을 흡입한 피험자들은 사람들과 더 잘 협력하고 더 후한 액수를 기부했으며 돈이 걸린 사회적 게임에서 상대방을 더 신뢰하는 경향을 보였다.[56]

옥시토신은 아기를 분만할 때 분비량이 증가하는데, 이는 모유 생산을 촉진할 뿐 아니라 모유를 통해 아기에게도 전달된다.

부모와 아기의 눈맞춤은 일종의 옥시토신 순환 회로를 만들어 부모와 아기 모두 사랑을 느끼고 사랑받는 느낌을 주고받게 한다. 우리 눈의 하얀 공막은 매우 독특하면서도 또 보편적인 특성으로, 이 옥시토신 순환 회로에 시동을 거는 역할을 맡는다. 이 순환 회로는 본래 부모와 아기 사이에 보살핌과 유대를 강화하는 기능을 수행했지만 점차 모든 사람 관계에 보편적으로 적용되었다. 개도 이 유대를 강화하는 경로에 끼어들어 주인과의 옥시토신 순환 회로를 만들어낼 수 있는데, 야생 늑대는 하지 못하는 일이다.[57]

사람 자기가축화 가설에 따르면, 우리가 집단 내 타인을 만날 경우에도 옥시토신이 그들에게 우호적인 감정을 느끼게 도와주는데, 보노보가 우리와 비슷한 반응을 보이는 것과 달리 침팬지는 집단 내 타인에게 더 공격적으로 군다.[58, 59] 눈맞춤은 옥시토신 분비를 더욱 촉진하여 감정적 유대를 강화한다. 처음 누군가를 만났을 때 눈맞춤 시간을 길게 끌어 옥시토신이 효과를 발하게 하는 것이, 굳게 악수하는 것보다 십중팔구 탁월한 선택이 될 것이다. 앞서 북극의 이누이트족과 오스트레일리아 태즈메이니아인들의 사례에서 보았듯이 고립되어 살아가는 사람들은 문화적 지식의 맥을 잃는다. 이렇듯 우리 종은 집단 내 타인과 친구가 되는 능력으로 진화 적합도를 상승시킨다. 낯선 사람과 쉽게 친해지고 그들과 협력할 줄 아는 우리 종 고유의 능력을 갖춘 혁신가 수백 명, 더 나아가 수백만 명으로 확산

되면서 문화적 혁신이 한층 더 강화된 것처럼 말이다.[60]

우리 종에게 집단 내 타인이라는 새로운 범주가 출현한 것은 8만 년 전 중기 구석기시대로, 이 시기 이후로 공동체의 규모가 커지고 인구밀도는 더 높아졌을 것이다. 인류학자 킴 힐 Kim Hill은 성별과 상관없이 모두가 이웃 집단에 받아들여지고, 집단을 초월해 가족으로 결속하게 하는 이런 수준의 포용력은 다른 영장류에게서 관찰된 바 없다고 말한다.[61]

인구밀도가 높아지면서 기술혁신은 더 폭발적으로 일어났다. 기술의 발전과 더불어 우리는 다른 사람 종들보다 더 광범위한 환경으로 영향력을 확장할 수 있었다. 종교 의례나 의사소통 체계를 공유하는 이웃 집단들 간의 교역망으로 혁신을 더 널리 그리고 더 멀리 전파할 수 있었을 것이다. 혁신가들이 만나지 못하는 곳에서도 참신한 생각들은 교류되었을 것이다. 사람들은 멀리 떨어진 지역과 자연에서 얻은 자원을 물물교환하고 영토 경계선 너머의 바다로 나아갈 기회도 얻었을 것이다.

우리는 새로 얻은 협력능력으로 여러 무리가 연합하여 덩치 큰 포유류나 어류를 사냥하는 집단행동의 가능성을 만들어냈을 것이다. 사회적 관계의 공식이 친화력에 유리하게 바뀐 뒤로 우리 뇌의 신경연결망이 점점 더 증가하여 그 어떤 사람 종보다도 압도적 우위를 갖게 해주었을 것이다.

가장 다정한 사람이 승리했다

친화력이 우리 종을 성공으로 이끌었다는 생각은 새롭지 않다. 하나의 종으로서의 우리가 더 똑똑해졌다는 생각도 마찬가지다. 우리가 발견한 것은 이 두 생각 사이에 놓여 있는데, 사회적 관용이 높아지면서 인지능력, 특히 의사소통 및 협력과 관련한 기능에 변화가 일어났다는 점이다.

러시아의 한 천재가 엄격한 기준으로 선택했던 여우나, 야생의 사촌들 틈에서 화음이 어우러진 돌림노래를 부르던 십자매처럼, 우리에게도 길들여진 마음이 있다. 콩고강 하류 열대우림에 정착했던 최초의 보노보나 우리가 먹고 남긴 쓰레기를 뒤지던 원시 개처럼, 우리도 스스로 변화를 꾀했다.

하지만 사람을 길들이는 것은 새나 늑대를 길들이는 것과 같지 않았으며 유인원의 경우와도 달랐다. 신경세포로 빽빽하게 채워져 다양한 인지능력과 더불어, 유례없이 강한 자제력을 발휘하게 해주는 거대한 뇌를 지닌 것은 사람뿐이다. 물론 이 자제력은 원시적인 도구를 만들 줄 알았던 다른 사람 종에게도 있었다. 네안데르탈인처럼 가까운 친척 종에게도 정교한 문화와 무기가 있었고, 그들도 어쩌면 언어를 사용했을 수 있다. 그렇지만 그들은 결코 최상위 포식자가 되지 못했다. 그들은 사냥도 하고 때로는 쓰레기를 뒤져 먹으며 살았는데, 자칼이나 하이에나급이나 이보다 덩치가 더 큰 육식동물에게는 꼼짝하지 못했다.

우리 종이 그들보다 대단히 특출난 것은 아니었다. 큰 가뭄이나 화산 폭발, 밀려오는 빙하는 우리 종의 생존에 중대한 위협이었으며 우리는 자칫 멸종될 수도 있었다. 그러다가 중기 구석기시대에 이르러 우리, 오로지 우리 종에게서만 집중적인 친화력 선택이 진행된 것이다.

이 친화력 선택을 거치면서 집단 내 타인이라는 새로운 사회적 범주가 만들어졌다. 이 범주는 산모가 아기를 분만할 때 범람하는 그 옥시토신에 의해 촉발되고 유지되었다. 옥시토신이 충만하면, 어느 정도 떨어진 거리에서도, 다가오는 낯선 사람에게서 친절을 느낄 수 있으며 그 사람이 우리와 같은 편임을 알 수 있다.[50] 설령 그들이 몸에 황토색 무늬가 있거나, 혹은 해변에서 나는 조가비로 만든 목걸이를 걸고 있다 하더라도. 손을 잡을 수 있을 만큼 거리가 가까워져 눈을 마주친다면 다시 한 번 옥시토신이 솟구칠 것이다. 그러면 두려움은 감소하고 신뢰감과 돕고 싶은 마음이 증가할 것이다.

다른 사람 종처럼 비범한 수준의 자제력까지 갖춘 우리는 협력이 가져올 혜택을 신중하게 고려할 줄 알았다. 행동이 가져올 결과까지 고려하여 판단하는 능력은 우리 종의 생존에 큰 이점이 되었다.

8만 년 전에 일어난 사람의 자기가축화로 폭발적 인구 증가와 기술 혁명이 동시에 일어났다는 사실은 화석 기록에서도 확인된다. 친화력이 여러 집단의 혁신가들을 하나로 연결함으로써 기술혁명을 추동한 것인데, 이는 다른 어떤 사람 종도 해낼 수 없는 일이었다. 자기가축화가 우리 종에게 준 막강한 능력으로, 진화적 시간으로는 눈 깜짝할 사이에, 우리는 세계를 제패했다.

그리고 다른 사람 종들은 하나하나 멸종되어 사라졌다.

낯선 이들에게 친절을 베푸는 능력은 계속해서 향상되었다. 심리학자 스티븐 핑커Steven Pinker는 사람의 폭력성이 시간이 흐르면서 점차 감소해왔다고 말한다.[62] 유발 하라리Yuval Harari는 이렇게 말한다. "정글의 법칙이 마침내 깨졌다. 아니, 폐기되었다고 해도 될 법하다. (…) 전쟁을 상상조차 할 수 없는 것으로 여기는 사람이 갈수록 늘고 있는 것이다."[63]

우리는 이 변화가 사람 자기가축화의 산물이라고 본다. 집단 내 타인이라는 개념이 생기면서 우리는 한 번도 만난 적 없는 이들까지도 사랑하게 됐다. 이 확장된 가족 개념은 과거 우리 종의 성공에 이바지했으며, 미래도 아주 희망적이다. 인구가 증가할수록 그리고 더 많은 자원을 써야 할수록, 우리 종이 지속적으로 번영하기 위해서는 신뢰의 범위를 지속적으로 넓혀가야 한다.

하지만 이런 낙관적인 전망은 서로를 끊임없이 비참과 고통으로 밀어넣고 있는 우리의 현실과 번번이 부닥친다.[64] 마음이론이 우리에게 만들어주는 그 특별한 공감과 연민은 다 어디로

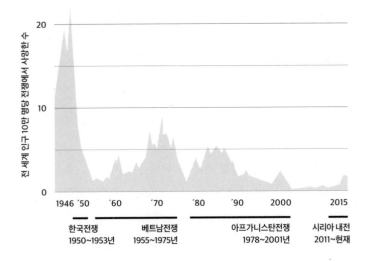

전 세계 인구 10만 명당 전쟁에서 사망한 수

| 1946 '50 | '60 | '70 | '80 | '90 | 2000 | 2015 |

| 한국전쟁 | 베트남전쟁 | 아프가니스탄전쟁 | 시리아 내전 |
| 1950~1953년 | 1955~1975년 | 1978~2001년 | 2011~현재 |

갔는가?

사람 자기가축화 가설은 우리 종이 지닌 최고의 미덕과 강점을 잘 설명해준다. 하지만 그것이 우리 안에 내재된 최악의 본성도 설명해주는가? 우리는 탁월한 친화력과 극악무도한 잔인성을 어떻게 조화시킬 수 있는가?

6 사람이라고

하기엔

우리 딸을 돌보는 레이철이 딸의 발에 살며시 신발을 끼워 신기면서 노래했다. 손뼉을 치며 통통 뛰던 딸이 레이철의 치마 한쪽을 치고 말았는데 그러자 레이철의 무릎에서 정강이 아래까지 이어지는 흉터가 보였다.

"레이철, 다리 어쩌다 그런 거예요?" 내가 물었다.

흉터는 제대로 꿰매지 못해 조직이 부풀었고 다리는 굽어 있었다. 레이철은 바닥을 보면서 어깨를 으쓱했다.

"마세티*요."

레이철이 치맛단을 올리자 다른 쪽 다리에도 똑같은 흉터가 보였다.

레이철은 콩고 탕가니카호수가 내려다보이는 고산지대의 작

---

*　　무기로 쓰이는 날이 넓고 무거운 칼이다.

은 마을 미넴브웨에서 태어났다. 학교를 다니고, 친구들과 어울려 시내에서 놀고, 동네를 뛰어다니며 다른 여자 아이들처럼 평범하게 자랐다. 부모님은 가게를 운영했는데, 큰 수도 암산할 줄 알던 레이철은 방과후나 휴일이면 계산대에서 일하며 친구들에게 몰래몰래 사탕을 집어주곤 했다.

레이철은 콩고 동부 바냐물렝게족 사람이다. 바냐물렝게족은 르완다 투치족과 한 혈통으로 그 기원은 에티오피아의 시바 여왕으로까지 거슬러 올라간다. 바냐물렝게족은 16세기에 소떼에게 풀을 먹일 초원을 찾아서 르완다의 화산지대를 넘었다가 해발고도 900미터의 루이지평원에 정착했다. 냉랭하면서 습한 공기에 체체파리가 없었고 산에는 풀이 무성하게 자라 있었다.

자라면서 레이철은 세상이 다른 친구들을 대하는 태도와 바냐물렝게 부족민인 자신을 대하는 태도가 다르다는 것, 세상이 자신에게는 따뜻하지 않다는 것을 깨달았다. 바냐물렝게족은 아프리카의 '검은 유대인'으로 불릴 정도로 콩고에 들어온 지 400년이 지났는데도 여전히 이 지역을 들락날락하는 이민자 취급을 받는다. 레이철은 대학에도 진학할 수 없었고, 가장 가까운 도시 우비라에 거주하는 것도 허용되지 않았으며, 정치인이나 지방 정부의 일원이 될 수도 없었다. 이따금 동네 밖으로 나가면 행인들이 "더러운 르완다 것"이라고 중얼거리는 소리를 들어야 했다.

19세기부터 20세기 초까지 콩고인 수백만 명을 고무공장 노예로 부렸던 벨기에인들은 바냐물렝게족이 키우는 윤기 나는 젖소를 보고는 루이지평원이 천금 값어치가 있는 자원임을 알았다. 그들은 젖소 마리당 과중한 세금을 부과하고 바냐물렝게족이 납세를 거부하자 이를 예상했던 벨기에인들은 대뜸 그들을 평원에서 쫓아냈다.

벨기에는 르완다 접경 지역에서 바냐물렝게족이 오래전 떠나온 뿌리, 투치족의 신분을 상승시켰다. 레이철의 날씬한 코와 긴 목, 커피색 피부는 투치족 혈통의 유산이다. 유럽인들이 들어오기 전에도 투치족은 사회적으로 후투족보다 신분이 높았다. 후투족은 피부색이 더 짙고 얼굴형이 더 둥글며 코가 더 납작한 걸로 알려져 있다. 벨기에의 식민 지배 이전에는 혼인 등 교류가 있어 투치족이 후투족이 되거나 후투족이 투치족이 되는 등 부족 간 이동이 존재하는 상태였다.

벨기에인들은 르완다에 측정도구를 가지고 들어가 사람들의 이목구비를 측정한 뒤 투치족 사람들이 유럽인들과 더 유사하므로 더 우월하다고 평가했고, 그들 모두에게 신분 식별 카드를 발급했다. 더 좋은 직책, 교육, 자원에 접근할 기회는 모두 투치족에게 주어졌고, 후투족은 저임금 노동계급으로 강등되었다. 두 부족의 분리통치는 여러 건의 인종학살을 유발할 정도로 심각했으며, 1994년에 발생한 참혹한 르완다 투치족 대학살 사태로 정점을 찍었다.

1960년 콩고인들이 봉기를 일으키자 벨기에는 곧장 자국민들을 본국으로 철수시켰다. 콩고는 독립했으나 내란이 일어났고 나라는 10여 개 반란 세력으로 분열되었다. 바냐물렝게족이 키우는 소는 굶주린 병사들에게 탐나는 표적이 되었고, 바냐물렝게 부족민들도 반복적으로 공격을 받았다. 결국 가정과 가족을 보호하기 위해서 청년들은 반란 세력에 합류해야 했다.

바냐물렝게족은 벨기에의 느닷없는 퇴각으로 복마전이 된 콩고에서 마땅한 터전을 잡지 못했고, 게다가 다른 부족들이 바냐물렝게 부족민을 향해 콩고인이 아니라고 속닥거리기 시작했다. 레이철은 스물세 살에 시민권을 박탈당했고 여행의 자유와 투표권을 빼앗겼다.

그럼에도 레이철은 구름 위 고산에 자리잡은 고향 마을 공동체가 보호해주는 생활이 행복했다. 사랑하는 남자와 결혼하여 두 딸을 얻었고, 딸들도 산길을 따라 마음껏 뛰놀며 자라났다. 레이철이 어린 시절 그랬던 것처럼.

레이철 가족은 1996년 시작된 콩고 내전에서도 살아남았다. 바냐물렝게족 병사들은 전직 독재자를 무너뜨리고 신임 대통령이 집권하는 데 힘을 보탰기 때문에 이제는 이 나라가 자신들을 받아들여주리라고 믿었다. 그러나 신임 대통령은 순식간에 그들로부터 등을 돌렸고, 2003년 다시 전쟁이 시작되었을 때는 상황이 훨씬 더 심각해졌다.

반군 무리는 떼 지어 콩고 동부를 휩쓸었고 눈에 띄는 사람은 모조리 사살했으며 닥치는 대로 강간을 저질렀다. 레이철은 가족을 이끌고 부룬디의 가툼바 난민캠프로 탈출했다.

다행히도 가툼바 난민캠프는 가까웠다. 레이철의 고향에서 겨우 25킬로미터 거리였다. 레이철의 부모님, 오빠와 그의 가족, 사촌들과 대부분 이웃들은 이고 질 수 있는 짐만 들고 고향을 떠났다. 캠프 막사 안에는 샤워실과 변기가 있었다. 음식과 솥과 옷가지는 나누어 썼다. 아이들은 축구장에서 어울려 놀았다. 어른들은 이제 곧 고생이 끝날 것이라고 이야기를 나누었고, 보급품을 가지러 마을로 돌아가면 될지 안 될지를 고민했다.

습지를 따라 탕가니카호수까지 몇 킬로미터만 가면 집이 보일 텐데.

유엔난민기구는 가툼바 난민들이 콩고 국경과 너무 가까이 있는 것이 바람직하지 않다며 이들을 다른 바냐물렝게 부족민들이 있는 내지의 캠프로 이동시키고 싶어 했다. 레이철과 다른 난민들은 가지 않겠다고 버텼다. 고향 가까이에 있고 싶었고, 반군의 공격을 받을 일도, 이미 수용 인원이 넘쳐 질병이 창궐한다는 내지의 난민캠프 환경도 두려웠다.[1]

유엔난민기구는 가툼바 난민캠프가 폐쇄될 것이라고 경고했다. 캠프를 경비할 경찰관 10명을 고용하기는 했지만 캠프 관리자를 면직하고 식량 공급을 중단했다. 그래도 레이철과 가족은 캠프를 옮기지 않겠다고 버텼다.

하지만 어차피 너무 늦은 일이 되어버렸다.

캠프가 후투족 반군 집단에게 공격당한 것이다. 이들은 'PALIPEHUTU'라고 불리는 극단 세력인데, 'Parti pour la libération du peuple hutu'의 약자로 후투족 민족해방군을 뜻한다. 후투족 민족해방군은 부룬디 정부의 평화협정에 서명하지 않은 유일한 반군인데, 다수가 투치족으로 구성된 부룬디 정부군에 의해 진압되었다. 후투족 민족해방군에는 1500명밖에 남지 않았는데, 개중에는 들고 있는 소총 개머리판이 땅에 끌릴 정도로 어린 아이도 있었다. 패전에 굴욕감을 느낀 이 반군 무리가 찾아낸 분풀이 대상이 레이철이 있던 캠프였다.

2004년 8월 13일, 레이철과 남편, 두 딸이 잠들어 있을 때 패잔병 무리가 캠프로 잠입했다. 레이철은 고함소리와 담배 냄새에 눈을 떴다. 어리둥절한 와중에 할렐루야 노랫소리와 북소리, 종과 호루라기 소리가 들려왔다. 그 모든 소리 위로 또 다른 사람의 노래가 또렷하게 들려왔다. "어떻게 당신을 만날지, 어디서 당신을 찾을지 신께서 알려주시리."

남자들이 마세티로 천막을 찢었다. 그들은 레이철의 눈앞에서 남편과 두 딸을 죽이고 그를 천막 밖으로 끌고 나왔다. 하늘이 붉었다. 거의 모든 천막이 불타고 있었다.

사상자 258명 전원이 바냐물렝게족이었다. 반군은 명단과 천막 번호를 갖고 있었다. 다른 부족 사람들에게는 천막 밖으로 나오지 말라고 경고했다. 부룬디 정부군 100명과 경찰 10여 명이 비명이 들릴 만한 가까운 거리에 주둔해 있었으나 그들은 아무것도 하지 않았다. 유엔평화유지군은 사태가 다 끝나고 나서야 소식을 들었다. 다음 날 아침, 유엔난민기구 직원들은 말을 잃은 채 그을린 땅과 새카맣게 탄 시체들 사이를 돌아다녔다. 그들은 이 사건을 '가톰바 학살'이라고 명명했다.

레이철은 밀림으로 끌려가 1년 동안 반군 무리에게 강간당하며 지냈다. 어느 날 무리 중 한 남자가 레이철의 다리를 마세티로 베었다. 도망가지 못하게 하려고 그랬는지 아니면 별 이유 없이 그랬는지는 알 수 없다. 무리 대부분이 밖으로 나간 어느

잠비아 난민캠프의 레이철(오른쪽). 캠프에서 레이철은 HIV에 걸린 다른 여성들에게 이 병이 어떤 병인지, 또 어떻게 치료받아야 하는지 알려주고 도움을 주었다. 레이철은 2009년에 미국으로 이주했다.

날 레이철은 불편한 다리로 도망쳤다. 고향 마을에서 이역만리, 잠비아에 있는 한 난민캠프로 겨우 들어갈 수 있었다. 도착했을 때는 송장이나 다름없는 상태였는데, 캠프에서 오염된 바늘로 주사를 맞아 죽을지 살지 기약 없이 넉 달을 보내다가 간신히 살아났다. 레이철이 반란 무리로부터 임신을 당하지 않은 것은 불행 중 다행이었지만 HIV에 감염되고 말았다.

집단에 속한 사람들이 서로에게 위협을 느낄 때 양쪽 집단 모두 어두운 면을 드러내게 된다. 후투족이 바냐물렝게족을 공격했듯이, 힘이 더 센 쪽에서 공격을 가할 수 있고 공격당한 집단은 보복에 나설 수 있다. 자기가축화는 우리가 보일 수 있는 최악의 공격성이 어디에서 온 것인지 그 방향을 가리키고 있다.

개와 보노보는 자기가축화를 통해서 친화력을 강화했지만, 두 종 모두 자신의 가족에게 위협이 되는 존재에 대해서는 새로운 형태의 공격성을 발달시켰다. 개는 자기가 사는 사람의 집에 낯선 자가 다가오면 공격적으로 짖어댄다. 보노보 암컷의 경우에는 방어적 모성이나, 암컷 간의 유대로 오히려 보노보 수컷에게 공격적인 모습을 띠곤 하는데 이는 침팬지 암컷과 비교해보아도 더 공격적이다. 우리는 이러한 공격성의 증가가 자기가축화 중에 일어난 옥시토신 시스템의 변화에서 기인했다고 추정한다.[2]

부모의 행동에 중대하게 작용하는 것으로 보이는 옥시토신은 '포옹 호르몬'으로도 불린다. 하지만 나는 이를 '엄마 곰 호르몬'이라고 부르고 싶다. 옥시토신은 엄마가 아기를 분만할 때 흘러넘치기도 하지만[3] 누군가 자기 아기를 위협한다고 느낄 때 분노를 솟구치게 만들기도 한다. 예를 들면, 옥시토신을 주입한 엄마 햄스터는 위협이 되는 수컷을 더 공격적으로 물어뜯는 경향을 보인다.[4] 수컷의 공격성과 관련 있는 행동 양태도 옥시토신과 연관되어 있다. 수컷 쥐는 암컷과 밀착할 때 옥시토신 분비가 증가한다. 이 수컷 쥐는 자기 짝에게 자상할 뿐만 아니라 자기 짝을 위협하는 낯선 쥐에게는 공격적인 경향을 보인다.[5] 이 사회적 유대, 옥시토신, 공격성 간의 연관성은 포유류 동물에게서 두루 나타난다. 이는 엄마 곰이 가장 사랑에 넘치는 순간 즉, 아기 곰과 함께 있는 순간이 한편으로는 엄마 곰이 가장 위험해지는 순간일 수 있다는 뜻이다. 누구라도 무의식적으로 아기 곰에게 위협이 되는 행동을 했다가는 엄마 곰이 악몽 속 존재로 돌변할 수 있기 때문이다. 아기를 지키기 위해서라면 목숨까지도 기꺼이 바치는 것이 엄마 곰의 사랑이다.

자기가축화를 통해서 친화력이 강화된 우리 종에게도 새로운 형태의 공격성이 생겨났다. 사람의 뇌가 성장할 때 세로토닌 유용도가 증가하면 옥시토신이 우리의 행동에 미치는 영향도 커진다.[6] 한 집단에 속한 사람들이 서로 마음을 합하여 협력하면서 유대가 강해지면 서로를 가족처럼 느낀다. 마음이론 신경망이 발달하는 초기 회로에 생긴 작은 변화만으로도 타인을 돌보는 행동이 일가친척 너머의 광범위한 사회적 협력관계로 확장될 수 있다.[7] 우리에게는 타인에 대해 관심을 가지는 새로운 능력과 더불어 일가친척이 아닌 집단 구성원을, 심지어는 집단 내 타인까지 강하게 지키고자 하는 의지가 생겨났다. 우리가 더 강렬하게 사랑하게 된 이들이 위협을 받을 때 사람은 더 큰 폭력성을 드러낼 수 있다.

보편적 비인간화

사회심리학의 기본 원리는 사람들이 자기가 속한 집단의 구성원을 더 좋아한다는 것이다.[8] 우리는 경쟁 집단에 속한 타인을 대할 때, 특히 갈등 상황에서는 극도의 제노포비아Xenophobia*를 보일 수 있으며 아주 작은 일로도 이런 집단심리는 작동할 수 있다.[9] 서로 모르는 사람들을 모아놓고 어떤 조건이든 기준으로 잡아서 그룹으로 나눠보면 그룹 간에는 금세 적개심이 생겨난다. 한 그룹에게는 노란 완장을 주고 다른 그룹에게는 아무것도 주지 않는다거나, 파란 눈동자 그룹과 갈색 눈동자 그룹으로 나눠보거나, 컴퓨터 화면에 깜빡이는 점의 개수를 세게 한 뒤 한 그룹에는 '과대평가자', 다른 그룹에는 '저평가자'라는 딱지를 붙여보거나.[10]

누가 가르치지 않아도 우리는 자신과 비슷한 사람을 더 좋아한다. 이런 선호도는 아기 때부터 나타난다.[11, 12] 생후 9개월 아기들은 어떤 식으로든 자신과 비슷한 사람을 좋아하는데, 가령 자신과 같은 음식을 좋아하는 인형을 도와주는 인형을 선호한다. 또 이 시기 아기들은 자기와는 다른 음식을 좋아하는 인형을 혼내주는 인형을 선호한다.[13] 어린이들은 집단 구성원이 아닌 외부자가 규범을 위반할 때 규범을 더 강화하려는 경향을 보인다.[14] 6세 무렵 어린이들은 외부자가 속임수를 쓰면 비용을 (사탕으로) 치러서라도 벌을 주고자 하지만 집단 구성원이 속임수를 쓸 때는 벌을 주지 않으려는 경우가 더 많다.[15]

1954년 미국의 사회심리학자인 무자퍼 셰리프Muzafer Sherif는

---

* 　　타인공포증 또는 이방인혐오증을 말한다.

그 유명한 로버스 동굴 공원 실험Robbers Cave Experiment을 수행한다. 그는 오클라호마주에서 열린 여름캠프에서 11세 백인 남자 아이들을 무작위로 두 그룹으로 나눈 뒤 각 그룹의 캠프 지도교사에게 아이들에게 다른 그룹을 위협이 되는 존재로 묘사하도록 지시했다. 일주일도 안 되어 아이들은 상대 그룹의 깃발을 불태우고 상대의 오두막을 습격했으며 무기를 만들었다. 이렇게 어린 나이에 외부 집단에 부정적인 특성을 부여하는 경향이 생기면, 차별에서 제노사이드Genocide*까지 사람 사회에서 일어나는 모든 갈등과 충돌의 동기로 작용하게 된다.

사회과학자들은 이 경향을 '편견'이라고 불러왔는데, 편견의 일반적 정의는 한 집단 사람들에 대한 부정적 감정이다.[16] 사람 자기가축화 가설은 타인에 대한 '부정적 감정'만으로는 외부 집단을 향한 온갖 극악무도한 행동을 다 설명할 수 없다고 주장한다. 사람 자기가축화 가설은 또한 우리가 진화과정에서 마음이론이라는 특별한 능력을 발휘하게 하는 신경망의 활동을 둔화시키는 능력도 얻었을 것이라고 주장한다. 우리가 위협받는다고 느낄 때 우리 집단 소속이 아닌 사람들의 기본 인권에는 눈감는 것도 이 능력 때문이다. 이 맹목성은 편견보다 훨씬 더 어두운 힘이다. 타인에게 공감하지 못할 때 그들이 겪는 고통은

---

* 인종, 이데올로기, 종교 등의 대립을 이유로 그 구성원을 대량 살해하는 행위를 뜻한다.

우리와 하등 상관없는 일이 된다. 그런 자들은 공격해도 무방해진다. 규칙도, 규범도, 그들을 인간으로 대우해야 한다는 도덕적 판단도 더 이상 적용되지 않는다.[17]

우리의 가설을 증명하기 위해서는 우리 집단이 위협받는다고 지각할 때 뇌에서 마음이론 신경망의 활동이 둔화된다는 근거를 찾아야 한다. 이 둔화는 소속 집단을 위협하는 외부자에게는 기꺼이 고통을 가하고자 하는 마음과 연관이 있을 것이다. 타인을 비인격적 존재로 여기는 비인간화 경향은 사람에 따라 편차가 있고, 비인간화의 수준도 사회화의 영향을 강하게 받겠지만, 우리의 가설은 **모든** 사람의 뇌에는 타인을 비인간화할 수 있는 능력이 있다고 본다.[18]

비인간화하는 뇌

우리 뇌에서 마음이론 신경망의 활동 둔화는 외부자에 대한 부정적인 행동과 연관되어 왔다. 5장에서 살펴본 위협을 느낀 편도체의 반응과 그 활동이 마음이론 신경망(내측전전두엽피질, 측두두정연접부, 상측두이랑, 설전부)에 미치는 영향을 다시 떠올려 보자.[20] 옥시토신은 이 관계를 조절하는 데 중요한 역할을 수행한다. 옥시토신은 내측전전두엽피질의 신경세포들을 결속시킴으로써 편도체가 받는 위협 신호를 증폭시키며, 사회적 상호작용을 하는 동안 내측전전두엽피질의 반응을 무디게 만든다.[21~23]

신경과학자 라사나 해리스Lasana Harris와 수전 피스크Susan

Fiske는 사람들이 인정과 능력을 토대로 사람을 분류하는지에 관해 테스트했다. 인정 많은 사람이 선한 의도를 가진 사람이라면, 능력 있는 사람은 그 의도를 이행하는 사람이다. 이 두 특질은 사람에 따라 다양하게 발현된다. 능력은 높지만 인정이 없는 사람이 있는가 하면 그 반대의 경우가 있을 수 있다. 예를 들어 일반적으로 사람들은 노인에 대해서 인정이 많지만 능력은 낮다고 생각하고, 부자에 대해서는 능력은 높지만 인정이 부족한 사람들이라고 생각한다.

해리스와 피스크는 fMRI 스캐너로 뇌를 촬영하며 사람들에게 낮은 능력과 낮은 인정 범주에 속하는 사람들, 가령 노숙자와 약물중독자 들의 사진을 보게 했다. 그러자 다른 범주에 속하는 사람들을 볼 때와 다른 반응이 나타났다. 다른 범주의 사람들을 볼 때보다 낮은 능력, 낮은 인정 범주의 사람들 사진을 볼 때 사람들의 뇌에서는 편도체가 더욱 활성화되었다. 이는 사람들이 낮은 능력, 낮은 인정 범주의 사람들에게 더 위협을 느끼며 이들의 정신이 온전히 사람답다고 인식하지 않을 가능성이 높다는 뜻이다.[24]

옥시토신이 외부자를 향한 반감을 조절하는 데 어떤 역할을 하는지 알기 위해 기체 형태의 옥시토신을 코로 흡입하는 실험도 있었다.[25] 이 실험에서 피험자들은 돈을 걸고 게임을 했는데, 옥시토신을 흡입한 사람들이 같은 팀 사람들에게 돈을 더 기부했으며 충분한 액수를 기부하지 않는 외부자를 더 공격적으로

처벌하려는 경향을 보였다.[26, 27]

네덜란드 학자들의 한 윤리적 딜레마 실험은 외부자에 대한 우리의 행동에 옥시토신이 어떤 극적인 효과를 일으키는지 잘 보여준다. 실험의 시나리오는 이렇다. 먼저 피험자들에게 6인조 바닷가 동굴 탐험대의 구성원이라는 지위를 부여했다. 그리고 대원 1명이 동굴 입구의 작은 구멍에 빠진 상황을 제시한다. 그 대원을 빼내지 않으면 밀물 때 동굴이 물에 잠겨 모두가 익사할 것이며, 구멍에 빠져 머리가 수면 위로 올라와 있는 대원만 살아남을 것이다. 동굴 안에 고립된 대원 중 한 사람에게는 다이너마이트가 있다. 다이너마이트를 사용하여 입구를 넓힌다면 구멍에 빠진 대원은 죽겠지만 나머지 그룹은 살릴 수 있다. 이때 피험자들은 다이너마이트를 사용하겠느냐는 질문을 받았다.

한 시나리오에서는 구멍에 빠진 남자에게 헬무트 같은 네덜란드인 이름을 붙였고, 다른 시나리오에서는 그 남자에게 아메드 같은 아랍인 이름을 붙였다. 그리고 네덜란드 남자들에게 옥시토신을 비강으로 흡입하게 하고 같은 질문을 했을 때, 아랍 이름일 때보다 네덜란드 이름일 때 구멍에 빠진 사람을 희생시키겠다는 답변이 25퍼센트 적게 나왔다.[28]

외부자에 대한 부정적 행동은 마음이론 신경망을 구성하는 모든 부위의 활동 감소와 관련된 것으로 보였다. 외부인을 공정하지 못하게 처벌할 때는 내측전전두엽피질과 측두두정연접부가 잠잠했다. 그 예로, 스위스 육군 장교들에게 fMRI 스캐너 안에서 뇌를 촬영하면서 협력이 필요한 게임을 하게 한다. 이들은 게임을 하는 동안 같은 소속과 다른 소속의 소대원을 보게 되는데 모두가 속임수를 쓴다. 다른 소대원이 속임수 쓰는 것을 보았을 때는 내측전전두엽피질과 측두두정연접부의 활동이 상대적으로 저조했으며, 속임수를 쓴 상대를 더 적극적으로 처벌하고자 했다. 같은 소대원이 속임수 쓰는 것을 보았을 때는 이 두 부위가 더 활성화되었고 처벌을 하지 않았다. 즉, 마음이론 신경망 활성화 여부를 가장 정확하게 예측할 수 있는 인자는 규칙 위반 여부가 아닌 집단 정체성으로, 이에 따라 용인 혹은 처벌이라는 행동이 나타난 것이다.[19]

다른 실험에서는 옥시토신을 흡입한 한 민족 집단이 다른 민족 집단 사람들의 표정에서 나타나는 공포나 고통을 덜 지각하는 결과를 보여주었다.[29, 30] 외부자의 공포와 고통에 대한 공감이 감소하는 양상은 실험에 참여한 모든 민족 집단에서 일관되게 나타났다. 고질적으로 민족 갈등이 있던 지역에서 성장한 청소년들도 높은 옥시토신 수치를 보이며 상대 민족 집단에 대해서는 크게 공감하지 않았다.[31]

시간과 문화를 초월한

보노보를 제외한 유인원 계보의 모든 종이 단순히 낯선 존재라는 이유로 타자에게 두려움을 느끼거나 공격적으로 행동한다. 보노보를 제외한 모든 종은 그 타자를 죽인 것으로 확인되

데모사이드와 제노사이드, 1818~2018년

■ 1000만 명 이상
■ 100만 명 이상
■ 10만 명 이상
■ 1만 명 이상

국가권력에 의한 데모사이드(정부가 무장하지 않은 국민을 대량학살하는 경우)와 제노사이드에 의한 사망자 수. 《평화학저널Journal of Peach Research》 31권 1호(1994년 2월 1일 발간)에 수록한 루돌프 러멜Rudolph Rummel의 논문 〈권력, 제노사이드, 대량학살Power, Genocide, and Mass Murder〉에서.

었다. 다른 유인원 종들과 우리의 마지막 공통 조상은 낯선 존재에 대해 극도로 두려움을 느끼거나 공격적으로 대했던 것으로 보인다. 그로부터 진화한 모든 사람 종이 십중팔구 이 특성을 보였다.

타자에게 친절한 우리 종의 특성은 보노보와 일치하지만, 사람의 경우 이 친절함은 특정 타인에게만 해당된다. 우리는 집단 정체성을 토대로 타인을 판단한다. 자신이 속한 집단을 향한 사랑이 정체성이 다른 타인에 대해서는 두려움과 공격성을 높이는 방향으로 작동한다.

이는 수렵채집인에 관한 연구 결과와 일맥상통한다. 학자들이 연구했던 수렵채집 부족들은 예외 없이 자신의 집단을 보호하기 위해서 외집단을 선제적으로 습격했다. 이들 집단에서는 무력 습격에 의한 사망이 성인들의 사인 중 가장 비중이 높았다.[32, 33]

제노사이드라는 용어는 제2차 세계대전 이후까지 존재하지 않았으나, 고대 문헌에 카르타고와 멜로스의 대량학살에 관한 서술이 있으며 고대 페르시아, 아시리아, 이스라엘, 이집트, 아시아에서 제노사이드 수준으로 행해졌던 수많은 폭력이 기록으로 남아 있다.[34] 현대의 산업화된 세계에서조차 이런 유형의 폭력성은 쉽게 허용되며, 지난 200년 동안 남극 대륙을 제외한 모든 대륙에서 대규모의 제노사이드가 자행되었다.

우리가 연구하는 모든 문화권에서 비인간화의 증거가 나타났다.[35] 이와 관련해 최근 사회심리학자 누어 크테일리Nour Kteily는 동료들과 함께 2500만 년 동안 진행된 사람의 진화 과정을 보여주는 유명한 이미지, 〈인류 진화도 The March of Progress〉를 이용해 획기적인 연구를 제안했다.

1965년 타임-라이프 북스의 의뢰를 받아 제작된 〈인류 진화도〉는 우리 종의 진화에 대해서, '적자생존의 법칙'과 마찬가지로, 대중의 뇌리에 잘못된 인식을 심어놓았다. 이 이미지는 진화가 선형적으로 발전한다는 인상, 그리고 그 정점에 우뚝 선 존재가 사람이라는 인상을 준다. 물론 어느 쪽도 사실이 아니다. 이 삽화와 이어지는 본문 내용이 그렇지 않음을 명시하고 있는데도 말이다. 이 시리즈의 편집진이었던 인류학자 클라크

하월Clark Howell은 "삽화가 본문을 압도했다. 감정에 호소하는 자극적인 이미지였다"[36]면서 유감을 표했다.

　이 이미지는 대중이 진화를 올바로 이해하는 데 악영향을 줬지만 크테일리는 이 그림이야말로 강력한 비인간화의 척도가 될 수 있음을 간파했다. 크테일리는 이 이미지에 〈(비)인간의 상승 척도Ascent of (Hu)Man Scale〉*라고 새 이름을 붙인 뒤 미국인 500여 명을 대상으로 설문조사를 실시했는데, 많은 사람이 경악스러워할 수도 있는 문항으로 시작됐다. 미국인 (대다수가 백인인) 172명에게 완전히 진화된 사람을 100점으로 하여 다음 진술에 점수를 매기게 했다. "사람마다 얼마나 사람답게 보이는지는 다르다. 고도로 진화되어 보이는 사람도 있고 하등동물이나 다를 바 없는 사람도 있다. 아래 이미지를 보고 각 그룹의 평균 구성

---

*　제2차 세계대전으로 핵무기의 파괴력을 접한 뒤 과학기술과 인문학의 교류와 접맥을 강조한 역작 《인간 등정의 발자취Ascent of Man》의 저자 자연철학자 제이콥 브로노우스키Jacob Bronowski가 집필하고 진행했던 BBC의 역사적인 과학 다큐멘터리(방영) 제목 'Ascent of Man'을 가져와 붙인 이름이다.

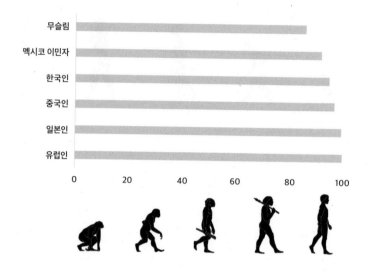

원이 얼마나 진화되었다고 생각하는지 점수를 표시하라."

설문 결과, 크테일리가 테스트한 표본 그룹 가운데 절반이 다른 민족 집단이 미국인보다 사람으로 덜 느껴진다고 답했다. 특히 이 답변에서는 무슬림이 미국인보다 10점 낮은 점수를 받아 가장 비인간화되었다. 여기에서 보고된 **모든** 차이는 수십 년 동안 이루어졌던 생물학 연구는 물론 현대 사회가 규정하는 평등의 기준과도 어긋난다. 물론 이들 모든 인구 집단이 그 누구보다 나을 것도 못할 것도 없는 완전한 사람이지만, 상당 부분의 피험자들이 존재하지도 않는 차이를 본 것이다.[37] 비인간화는 추상적인 형태가 아니었다. 실제로 무슬림을 비인간화한 사람들이 가장 높은 비율로 중동에서 고문과 드론 공격 둘 다 허용

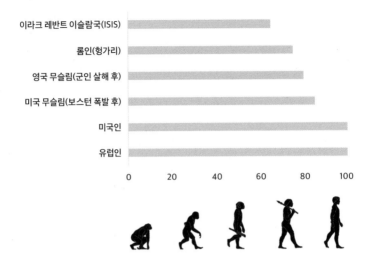

할 것을 주장했다.

크테일리는 사람들이 특정 그룹에게 더 위협을 느낄 때 그들에 대한 비인간화의 경향이 높아진다는 것을 발견했다. 그는 무슬림 극단주의자 두 명이 보스턴 마라톤 대회 결승점에서 폭발물을 터뜨린 사건 이전과 이후 무슬림에 대한 비인간화 정도도 조사했는데, 이 공격 이후 무슬림에 대한 비인간화 정도가 50퍼센트 가까이 급증했다.[38] 영국에서는 한 무슬림이 영국 군인을 살해한 사건 이후로 미국의 경우와 비슷한 경향을 보였으며 무슬림을 비인간화한 사람들이 드론 공격 등의 반테러 활동에 가장 적극적으로 지지하는 것으로 나타났다. 이 두 사건 모두 한 사람의 공격 행위를 이슬람 전체로 일반화하는 경향으로

나아갈 수 있음을 보여주었다.[37]

미국인만 이렇게 응답한 것은 아니었다. 크테일리는 (보통 집시라고 부르는) 롬인에 대한 헝가리인들의 비인간화 정도도 조사했다. 롬인은 인도 북부 일대에서 유랑 생활을 하다가 중세 시대에 노예로 유럽에 끌려와 강제 정착하면서 문화적 정체성을 박탈당한 채 수백 년 동안 박해받아온 민족이다. 나치에 의해 인구의 5분의 1이 살해되기도 했다. 사람들의 조롱과 차별의 표적이 되곤 하는 롬인의 생활수준은 매우 낮아서 대다수가 빈곤선*에 한참 못 미친다. 크테일리 연구팀은 헝가리인을 대상으로 비인간화 점수 매기기 테스트를 실시했는데, 헝가리인이 롬인을 비인간화하는 정도는 미국인이 테러 공격 **이후** 무슬림을 비인간화한 정도보다 더 심한 것으로 나타났다. 사실상 롬인을 호모 에렉투스와 오스트랄로피테쿠스 중간쯤 되는 존재로 평가한 것이다.

2014년의 가자전쟁** 이후 팔레스타인과 이스라엘의 비인간화 테스트에서도 비슷한 결과가 나왔다. 두 집단 모두 상대 집단에 대해 극도로 노골적인 비인간화 경향을 보였다.[31, 39]

크테일리는 이 연구에, 비인간화보다 편견이 사람들의 폭력

---

* 적절한 생활 수준을 유지하는 데 필요한 최소 소득수준으로, 2020년 세계은행이 제시하는 국제빈곤선은 1.5달러다.

** 이스라엘이 자국 10대 소년들의 납치 살해 사건에 대한 보복으로 하마스가 통치하는 가자지구에 폭격을 가하면서 51일간 지속된 전쟁이다.

적인 태도를 더 잘 설명해주는지 테스트하기 위해서 설문 항목에 호감과 비호감을 은연중에 드러낼 만한 척도도 포함시켰다. 여기에는 노골적이지 않고도 비인간화 효과를 발휘할 수 있는 암시적 척도도 포함되었다. 그는 비인간화 척도야말로 다른 집단 사람들에게 피해를 입히고 고통을 주려는 사람들의 태도를 가장 잘 설명해준다는 사실을 반복적으로 발견했다.[37, 40]

크테일리는 이 연구에서 우리가 타인을 사람이라고 생각할 때, 우리 뇌에서 마음이론 신경망을 담당하는 부위가 선택적으로 활성화된다는 결과도 얻었다. 미국인 참여자들이 다른 집단(미국인, 유럽인, 무슬림, 노숙자 등)에 속한 개인들을 완전히 동등한 사람으로 여길지 말지 고민할 때는 설전부가 다소 활성화되었다.[41] 설전부의 폭발적 발달로 우리가 우리 종 고유의 구형 두개골을 갖게 되었음을 기억하자. 그리고 이 변화는 우리가 네안데르탈인으로부터 분리된 **뒤에** 비로소 발생했음을 기억하자.

자신들이 누리던 자원이나 특권 혹은 어떤 경제적 이익에 위협이 되는 집단이 나왔다면, 그들을 인간 이하의 존재로 취급하고 싶은 욕구가 드는 것이 상식이 아니냐고 할 수도 있다. 어쩌면 정치적 이념 대결이나 혹은 한 사회 내 다른 집단의 상대적 지위가 타인에 대한 비인간화를 야기했을지도 모르겠다. 하지만 크테일리가 이 연구에서 얻은 결론은, 외집단에 대한 비인간화에 가장 크게 기여하는 요소는 **그들**이 먼저 우리를 인간으로 보지 않았다는 인식이었다. 이것을 보복성 비인간화 Reciprocal

Dehumanization라고 한다.[42, 43]

예를 들어 미국인 참가자들에게 허구로 작성한 "이슬람 국가 대부분이 미국인을 짐승으로 여긴다"는 제목의 〈보스턴글로브〉 '기사'를 제시하자 무슬림에 대한 비인간화 정도가 2배 더 상승했다. 이 기사는 이 내용이 무슬림 주류의 관점임을 시사하고 있기도 했다. 보복성 비인간화는 갈등 상황에 처한 집단들이 평화에 대해서 어떤 태도를 취하는지도 알려준다. 이스라엘 사람과 팔레스타인 사람들은 모두 서로 상대 집단이 자기네를 얼마나 비인간적으로 여기는지 느끼는 정도에 따라 모두 상대 집단에 대한 반사회적 징벌적 정책을 더 지지하는 경향을 보였다.[42] 이 프로젝트에 참여한 모든 집단과 문화권에서는 자신들에게 위협이 되는 집단을 비인간화하는, 동일한 패턴을 보였다.

우리는 모두 포용적이다

나는 열네 살 때 이라크 군인들이 쿠웨이트의 한 병원에 들이닥쳐 인큐베이터에 있던 조산아들을 꺼내서 던졌다고 진술한 나이라Nayirah의 증언을 보았다. 나보다 겨우 한 살 많은 나이라가 울먹거리는 목소리로 아기들이 차디찬 바닥에서 죽어가는 것을 무력하게 지켜봐야 했다고 말하는데, 쿠웨이트에 대해서는 아는 것이 없는 나에게도 끔찍한 이야기였다. 그때 나는 이렇게 생각했다. "저 짐승 같은 이라크 군인들. 가만두면 안 돼."

나만 그런 것은 아니었다. 조지 부시George Bush 대통령은 정부 개입의 필요성을 설파하면서 인큐베이터 이야기를 몇 주에 걸쳐 10여 회 인용했다. 상원의원 7명이 전쟁을 시작해야 한다는 데 표를 던지면서 그 이야기를 인용했고, 이 발의안은 단 5표로 통과되었다. 사담 후세인Saddam Hussein을 히틀러에 비교하는 이야기들이 넘쳐났다. 나이라의 증언이 사담 후세인과 그의 침략군에 대한 미국인들의 반감을 자극했다는 것이 중론이었다.

결국 그 증언은 날조였음이 밝혀졌다. 나이라는 쿠웨이트 대사의 딸이었고, 그 증언은 미국에서 쿠웨이트 방어를 지지하는 여론을 끌어내기 위해서 쿠웨이트 정부의 의뢰를 받은 광고회사 힐앤놀튼Hill and Knowlton이 진행한 캠페인의 일환이었다. 베트남전쟁 이래 최대 규모가 될 군사 작전에 우호적 여론을 만들어내려면 정확히 어떤 단추를 눌러야 하는지 힐앤놀튼은 알았던 것이다.[44, 45]

우리는 대부분 고통받는 아이를 보게 되면 마음이 아프다. 배우자와 사별한 동료에게는 위로를 전하려 하며, 투병하는 친척에게는 돌봄의 손길을 주고 싶어 한다. 우리는 모두 한때 낯선 사람이었던 사람들과 친구가 된 적이 있다. 우리에게는 연민과 공감능력이 있으며, 집단 내 타인에게 친절을 베푸는 능력은 진화를 통해서 획득한 우리 종 고유의 특성이다.

하지만 이 친절함은 우리가 서로에게 행하는 잔인성과도 연결되어 있다. 우리의 본성을 길들이고 협력적 의사소통을 가능하게 하는 것도, 우리 내면에 최악의 속성의 씨앗을 뿌린 것도 동일한 뇌 부위에서 모두 일어나는 일이다.

7 불쾌한 골짜기

2007년, 현존하는 최후의 수렵채집 부족 가운데 하나인 콩고분지의 바카 피그미족 한 무리가 브라자빌의 동물원에 수용되었다.

콩고의 지배 종족인 반투족은 바카 피그미족을 결코 인간적으로 대하지 않았을뿐더러 그들을 노예로 부리는 사람들도 있었다. 반투족이 바카 피그미족을 부르는 반투어 '에바야아ebaya'a'라는 이름부터 '이상하고 열등한 존재'[1]라는 뜻이었다. 제2차 콩고전쟁 중에는 반투족 군인들이 바카 피그미족을 동물마냥 사냥해 잡아먹기도 했다.

사건의 발단은 브라자빌에서 열리는 음악축제였다. 콩고 정부가 음악적으로 뛰어난 바카 피그미족을 이 음악축제에 초청했는데, 다른 음악가들을 호텔에 투숙시킨 것과 달리, 바카 피그미족 음악가는 아기를 데리고 있는 여성까지 20명 전원을 동물원 내 천막 한 곳에 밀어넣었다. 바카 피그미족에게는 동물원이 '원래 환경'에 가까우니 거기가 더 편할 것이라고 생각했다는 것이 콩고 정부의 주장이었다.[2]

바카 피그미족이 동물원에 전시된 것은 처음이 아니었다. 1906년 오타 벵가Ota Benga라는 피그미족 1명이 뉴욕 브롱크스 동물원의 원숭이 집에 전시되었다. 19세기와 20세기 초 미국과 유럽에서는 세계 각지의 원주민 부족을 전시하는 것이 유행이었다. 옷을 잘 갖춰 입은 관람객들이 인간 동물원의 '후진 인종'[3]을 신기하게 구경했는데, 원주민들은 단독으로 전시되거나 수백 명의 떼로 전시되었으며, 고향 환경을 본뜬 모형 배경 안에서 전시되기도 하고 철장 안에서 다른 동물들과 섞여서 전시되는 경우도 있었다.

오타 벵가는 나이 스물셋, 149.9센티미터, 체중 46.7킬로그램이었고, 치아는 뾰족하게 갈아 날카로웠다. 전시시간에는 천조각으로 허리 아래만 가리고 지냈고, 천 조각을 세탁하는 월요일에는 나체로 지내야 했다.

동물원 우리에 갇힌 벵가는 구경거리가 있다고 동물원에 몰려든 수천 명의 관람객으로부터 숨을 수 없었다. 벵가의 언어를 모르던 문지기가 요청을 들어줄지 말지 알 수 없었지만, 그는 우리를 드나들 수 있게 해달라고 부탁했다. 어쩌다 허락을 받아 동물원 안을 돌아다니려 해도 구경꾼들에게 조롱을 당하다가 우리로 쫓겨 들어와야 했다. 사람들은 벵가가 어린 침팬지와

노는 모습을 구경하고 싶어 했다. 그들은 벵가와 침팬지가 같은 언어를 사용하는 것 같다면서, 둘이 너무 닮아 누가 누군지 구분이 되지 않는다고 생각하기도 했다.

벵가가 동물원에서 풀려나 처음 보내진 곳은 고아원이었다. 그는 그곳에서 지내다가 담배 공장에 취직했다. 그는 날카로운 치아에 캡을 씌웠고 미국식 옷을 사 입고 영어를 배웠다. 자신의 경험에 대해서 글로 남긴 기록은 없다. 오타 벵가는 서른세 살에 불꽃 의식을 치르고 치아에 씌웠던 캡을 떼어내고 총으로 자살했다.

중세 시대 이래로 부자들은 아메리카와 아시아, 아프리카 대륙의 원숭이를 지위 과시용 구매 품목으로 삼아왔으며, 이들의 장난기와 묘기에 탄복하곤 했다.[4] 멀리 거슬러 올라가면 아리스토텔레스를 위시하여 많은 철학자가 원숭이를 사람과 야수 사이의 사라진 고리라고 보았다. 하지만 아무도 사람과 원숭이 간의 이 가까운 관계를 위협적으로 느끼지는 않았다.

대형 유인원은 달랐다. 자연 속 이들의 서식지에서 멀리 떨어진 곳에서 사는 사람들에게 이들 거대한 유인원은 몇백 년 전까지만 해도 전설 속 존재 그 이상은 아니었다. 거대한 유인원, 직립보행하고 무기를 사용했던 이들의 이야기를 들은 17세기 탐험가들이 이들의 실체를 찾아나섰다. 당시에는 대형 유인원이면 전부 뭉뚱그려 '오랑우탄orang hutans'이라고 불렸다. 말레이시아어로 '숲의 사람'이라는 뜻인데, 많은 탐험가가 대형 유인원을 피그미족 사람들이나 '검은' 대륙 아프리카의 사람의 발이 닿지 않은 밀림에 산다는 상상 속 괴물로 착각하곤 했다.[5]

살아서든 죽어서든 간에 유인원이 유럽으로 들어오기 시작한 것은 18세기 이후의 일이다. 그들은 해부 대상으로 절단되거나 왕족의 구경거리가 되었다.[6] 대형 유인원은 사람 옷을 입혀 조롱하고 목줄이나 가죽끈에 매어 사육할 수 있는 조막만 한 원숭이들이 아니었다. 그들은 육중한 몸집에, 인상은 험상궂고, 성장하면 두 발로 서서 사람 눈을 정면으로 노려볼 수도 있고, 여차하면 사람을 냅다 방 저쪽으로 내어 꽂을 수도 있는 존재였다.

로봇 연구가 모리 마사히로森政弘는 인체형 로봇이 점점 더 사

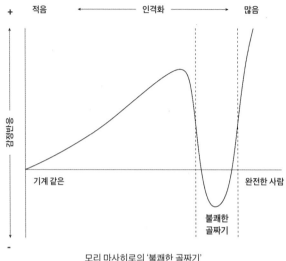

적음 ←———— 인격화 ————→ 많음

+

감정이입

기계 같은   완전한 사람

불쾌한
골짜기

-

모리 마사히로의 '불쾌한 골짜기'

람의 모습과 흡사해질수록 우리는 로봇에게 더 호감을 느낄 것
이라고 했다. 하지만 동시에 사람과 구별이 어려울 정도로 흡사
하거나 사람이라고 할 수 없는 어떤 지점에 이르면, 으스스한
느낌을 주면서 오히려 반감을 불러일으킬 것이라고도 말했다.
모리는 이 현상을 '불쾌한 골짜기The uncanny valley'라고 불렀다.[7]

유럽인들이 처음으로 대형 유인원을 보았을 때의 느낌을 설
명해주는 것이 바로 이 '불쾌한 골짜기'일 것이다. 그들은 대형
유인원에게 매료되는 동시에 유인원들이 공포를 자아내는 존재,
즉 타락한 인간을 그대로 비추는 거울인 양 난폭한 성욕을 지
니고 파괴를 즐기는 기괴한 존재로 기술했다. 개중에는 사람과

원숭이의 비정상적 결합의 산물이라고 추측한 사람도 있었다.

18세기에 스웨덴의 분류학자 칼 폰 린네Carl von Linné는 대형 유인원을 사람과 같은 강綱으로 분류하려고 했지만 다른 과학자들의 저항에 부딪혀 "인류의 권리를 옹호하고 사람을 진짜 유인원과 연관시키는 말도 안 되는 작태에 이의를 제기"[8]해야 했다. 이 논쟁은 다시 불붙어 19세기까지 지속되었는데, 특히나 다윈의《인간의 유래와 성선택》출간이 큰 몫을 했다.

사람을 유인원이나 원숭이에 비유하는 것은 흔한 비인간화 방식이다. 사람을 비하하는 데 대형 유인원이 완벽한 수단이 되는 것은, 쥐나 돼지나 개 같은 다른 동물과 달리 이들이 불편함과 심지어는 혐오스러운 감정까지 불러일으키는, '불쾌한 골짜기'의 범주에 딱 들어맞는 존재이기 때문이다.

일찍이 14세기에 이미 유럽인들은 에티오피아인들이 원숭이처럼 생겼다고 기술한 바 있다.[9] 하지만 15세기에서 19세기까지 노예무역이 성업하던 시기에는 흑인과 대형 유인원을 한데 묶는 비유가 유행했다. 대형 유인원이 유럽으로 처음 보내지던 무렵, 아프리카 흑인 수백만 명도 유럽행 선박에 실려 대서양을 건넜다. 17세기 내내 유럽의 지식인들은 피그미족 사람이나 보노보나 고릴라가 무슨 차이가 있는지 모르겠다고 기록했다.[10]

유럽의 과학자들은 애초부터 잘못 구성한 진화의 사다리에서 대형 유인원을 어디에 놓아야 할지 알 수 없었다. 백인을 최상단에 놓은 그들에게 사람과 대형 유인원이 현저하게 닮았다는 사실은 린네와 다윈의 주장대로 사람과 유인원을 같은 '호모' 속으로 묶어야 논리적으로 타당한 귀결이라는 뜻이었다.[8]

계급 구분이 엄격했던 당시의 사회 분위기에서는 용인되기 어려운 결론이었다. 사람과 대형 유인원의 관계를 좀 더 받아들이기 쉽도록 19세기 인류학자들은 이 사다리에 또 하나의 가로장을 끼워 넣었다. 인류학자 제임스 헌트James Hunt는 1864년 "대형 유인원과 흑인 비유가 유인원과 백인 비유보다 수적으로 훨씬 많다"[11]고 썼다. 유인원이 사람과 동물의 중간 단계였다면, 흑인은 백인과 유인원의 중간 단계가 될 수 있다는 주장이다.

이 주장으로 노예무역에 대한 반감과 상류층 지식인들의 도덕적 딜레마까지 한 번에 해소할 수 있었다. 삶과 자유, 행복을 누릴 권리가 만인에게 적용되는 천부인권이라고 주장하면서도 흑인으로부터는 이 권리를 박탈하려는, 도덕적으로 모순을 정당화하는 데 유인원 비유만 한 처방이 없었던 것이다.[12]

유인원 비유는 노예무역을 정당화하는 것으로 끝이 아니었으며, 그 대상이 아프리카인으로 국한된 것도 아니었다. 19세기에는 영국과 미국에서 아일랜드인이 유인원이라는 소리를 들었고, 제2차 세계대전 시기에는 일본인들을 원숭이라고 불렀다. 20세기 전 세계가 대규모 전쟁을 향해가는 시기에는 독일인, 중국인, 프로이센인, 유대인 모두가 유인원 취급을 당했다.[13]

하지만 이런 유인원 유행이 꺼져가는 동안에도 미국의 흑인들은 여전히 유인원으로 그려졌다. 이들은 흔히 여자나 피에 주린 형상이었다. 발정 나 돌아버린 유인원으로 가장 유명한 아이콘을 꼽는다면, 1933년에 나온 영화 〈킹콩〉일 것이다. 돌이켜보면 〈킹콩〉은 인종차별의 색채가 농후한 영화였다. 백인 여자가 어떤 밀림이 우거진 섬에서 흑인 야만인들의 인도로 검은 고릴라를 만난다. 검은 고릴라는 이 백인 여자에게 기이할 만큼 성적 관심을 보이고, 여자는 검은 고릴라에게 백인 문명 세계를 되찾아주고자 한다. 그러나 고릴라로서는 결코 반길 수 없는 일이다. 백인 남자들은 검은 고릴라가 백인 문명을 파괴하기 전에 잡아서 죽이고, 백인 여자는 주인공 백인 남자의 품에 안겨 힘없이 쓰러지며, 자연의 질서는 회복된다.[14]

1933년 흑인 청소년 9명이 앨라배마주의 한 열차에서 백인 여자 두 명을 강간했다는 혐의로 기소되었다. 허위 고소였고 증거가 나오지 않았으나 피고 9명 중 8명에게 전기의자 사형이 선고되었다. 가장 어렸던 12세 소년은 사형과 종신형으로 불일치 배심을 받았다. 이 시기에 나온 한 리놀륨판화 소설*에 한 흑인 소년이 힘없이 늘어진 백인 여자의 나체를 움켜쥔 모습이 묘사되었는데, 〈킹콩〉에 빗댄 것이 분명하다.

제2차 세계대전이 끝난 뒤 흑인 인권운동이 격렬하게 전개

---

* 글 없이 목판화 이미지로만 이야기를 전달하는 초기 그래픽 노블 장르이다.

되던 시기에도 만화에는 유인원처럼 생긴 흑인이 백인 여성에게 접근하는 장면이 흔히 등장했다. 1959년 사우스캐롤라이나주 칼훈의 한 상점 앞 간판에는 이런 안내문이 적혀 있었다. "니그로와 원숭이 입장 불가."[15]

다른 사람을 유인원으로 비유하는 이 경향을 흔히 문화 탓으로 돌리곤 한다.[16] 문화는 무한히 새로 빚어지며, 그런 까닭에 그릇된 신념, 상스러운 관행, 불안정한 도덕관 따위에 취약하다. 무지함 혹은 경제적 측면이 흔한 핑계가 되는 문화의 타락은 분명 정정 가능하다.

제2차 세계대전이 끝난 뒤, 학자들은 제노사이드로 이어질 가능성이 특히 더 높은 문화가 있다고 결론 내렸다. 독일에 대해서는 시민들이 권위에 더 수용적인 문화라고들 이야기한다.[17] "독일은 중요하게 여기는 범주가 근본적으로 다른 사회"[18]라고 말하는 사람이 있는가 하면, "독일의 국가적 특성에서 거짓말은 없어서는 안 될 부분"[19]이라고 하는 사람들도 있었다. 제2차 세계대전 시기 일본이 저지른 전쟁 범죄에 대해서는 "도덕적으로 파탄 난 정치, 군사적 전략, 군사편의주의적 관행, 국가적 문화"[20] 탓으로 돌렸다. 또는 "일본 정신의 위대함이 물질적 약점을 상쇄하리라"[21]는 일본인들의 믿음 때문이거나. 전후 소련군에 의해 베를린에서 일어난 수백만 건의 강간 사건은 "러시아의 전통 문화 속 깊숙이 자리잡은 권위주의적 체질"[22]과 뿌리 깊은 가부장제 그리고 습관적 폭음 탓이고.[23]

대다수 사회과학자가 종전 이후 사회적 편견, 특히나 노골적인 인종차별이 감소한 까닭이 진보적인 서구 문화가 승리한 덕분이라고 주장했다. 이 서사에 따르자면, 미국이 초강대국이 되었을 때 세계의 도덕적 나침반은 비로소 참된 목표점을 가리킨 것이다. 이제 미국에서 "의도적 차별은 사라졌고"[24] "공공연히 일삼던 인종차별도, 은연중에 스며나오던 인종차별도 기울어가고 있다"는 것이다.[24~27]

한편 인종차별주의가 "중세 말에서 근대 초 이전까지 유럽에 침투하지 않았다"[26]는 주장이 있다. 미국에서는 흑인 인권 운동이 "인종을 분리하고 정치적으로 배제하는 법적 장치를 박살냈다"고 주장한다. 그런가 하면 지식이 향상될 때 관용이 커진다면서 "현재 인종차별이 팽배한 것은 과거에 사회를 지탱해주던 지적, 문화적 힘이 없어졌기 때문"이라고 주장한 사람도 있다. "백인이 인종적으로 우월하다는 주장은 유전학과 생물학 연구자들에 의해 사실이 아님이 낱낱이 밝혀졌을뿐더러, 나치 파시즘과 홀로코스트의 역사를 연상시키는 강한 이미지 때문에 백인이 우월하다는 주장은 정치적·사회적 공염불로 전락했다"[28]는 것이다.

2000년 사회과학자들은 미국에서 인종차별은 죽었다고, 적어도 린치와 인종분리 정책, 격리 수용소를 부르는 인종차별주의는 죽었다고 선언했다. "구시대의 인종차별주의", 즉 흑인을 향한 부정적 감정, 흑인은 백인보다 열등하다는 믿음은 "시간이 흐르면서 현격하게 감소해왔다"고 주장한다. 정치학자들은 오바마 이후로 인종주의는 더 이상 정치적 결정에 영향을 미치지 못한다고 주장한다.[29] "흑인 후보에게 투표하지 않으려던 백인들의 의식은 인종분리 식수대와 같은 처지가 되었다"[30]고.

신종 편견으로 만들어진 문화

하지만 심리학자 필립 고프Philip Goff*가 "태도와 불평등의 부조화Attitude, Inequality Mismatch"**라고 부르는 상황에서, 이른바

---

*　인종과 치안 문제의 관계를 연구하는 저명한 미국 사회심리학자다.

인종차별주의 이후 시대에서 살아가는 인종적 소수 집단은 여전히 고용, 교육, 주택, 소득, 건강 등 모든 면에서 엄청난 불평등을 겪고 있다. "흑인과 아시아계 영국인들이 (…) 백인 영국인보다 고용은 덜 되고 더 안 좋은 직장에 다니며 더 안 좋은 집에서 더 안 좋은 건강 상태로 사는 경우가 더 많다."[28] "독일의 다수 민족 집단 중 터키인들은 늘 있던 자리에서 벗어나지 못한 채 적대감의 최전선에서 살아가고 있다."[31] "오스트레일리아의 다른 사회적 집단과 비교할 때 원주민들은 실업률, 빈곤율, 수감률, 질병률, 모든 방면에서 높은 불균형을 겪고 있다."[32]

이러한 격차는 미국의 교도소에서 특히 두드러진다. 1990년대에 미국에서 '마약과의 전쟁'이 전개되는 동안 수감자 수와 형량 모두 증가했다. 현재 미국의 수감률은 중국이나 러시아, 이란을 포함하여 다른 어떤 국가보다도 높다. 미국에서 흑인의 인구 비율은 13퍼센트밖에 되지 않지만[33] 수감된 인원의 40퍼센트를 흑인이 차지하고 있다.[34] 워싱턴DC 같은 도시에서는 1998년 1년 내내 그 도시에 거주하는 전체 흑인 남성의 42퍼센트가 교화 감독을 받았다. 볼티모어에서는 그 수치가 56퍼센트였다.[35]

이런 부조화를 학자들은 전통적 편견(제노사이드로 발전할 수 있는 유형의 편견)이 신종 편견으로 대체되었기 때문이라고 설명

**   인종차별은 개선되고 있는데 인종 간 불평등은 심화되는 현실을 가리킨다.

한다. "'전통적 형태의 인종 편견'을 더 현대적 형태의 편견이 대신하게 되었다는 것이 학자들 간에 일치되는 의견"이다.[36] 현재의 인종차별은 '교묘하고'[37] '산발적으로 퍼져 있으며'[38] '경로의존적'[*24]인 성격을 띤다. 현재의 인종차별은 인종 스테레오타입에서 벗어나지 못하는 편견이 신념화된, '상징적' 혹은 '일차원적' 인종차별, 다른 인종 집단과 접촉을 피함으로써 혐오를 실행하는 형태의 '기피적' 인종차별, '암묵적'[39] 인종차별 등 다양한 이름으로 불린다.[40]

현재 흑인들이 직면한 주요한 문제가 흑인들 스스로의 도덕적 실패에서 기인한 것이라는 주장도 있다. 앤드루 매카시Andrew McCarthy는 〈내셔널 리뷰〉 기고문에서 "흑인들, 특히나 젊은 흑인 남성들이 폭력 상황에 연루될 확률이 매우 높은 범법 행위에 관여하는 경우가 (인구 비중을 따져볼 때) 다른 인종 또는 민족 집단보다 상당히 높은 것이 엄연한 사실"이라고 말했다.[41, 42]

제2차 세계대전이 끝난 뒤 나치의 '최종 해결책'[**]이 밝혀졌을 때 사람들을 가장 놀라게 했던 것은 관료적 효율성이었다. 그러나 대규모의 잔학 행위는 나치 독일만의 전유물이 아니었다. 일본의 난징 대학살, 헝가리 유대인의 죽음의 행진, 독일 내

---

*   한번 경로가 형성되면 관성이 생겨 기존 경로를 답습하려는 경향을 말한다.

**   나치가 제2차 세계대전 중 유대인을 전멸시키고자 했던 계획.

소련군 점령지에서 자행된 대규모 강간, 루마니아의 유대인 대박해* 등이 있었다. 심리학자들은 이 사건들에 대해 설명하지 못했다. 사이코패스였던 몇몇 지도자 탓으로 돌리는 방법도 있었겠지만, 만행의 규모를 보았을 때 과연 이 사건들이 예외적인 소수의 사람들에게서 나온 결과물일 수는 없었다. 이처럼 무엇이 평범한 사람들에게 끔찍한 행동을 하게 만드는지 이해하기 위해서 출범한 학문이 사회심리학이었다.

사회심리학자들의 연구를 통해서 세 가지 중심 요인이 도출되었는데, 바로 편견, 순응 욕구, 권위에 대한 복종이다. 고든 올포트 Gordon Allport** 는 편견을 "오류가 있으나 완고한 일반화가 기반이 되는 혐오"라고 기술한다.[43] 그는 편견은 어려서부터 시작되어 완고하게 지속된다고 주장한다. 어린이는 부모와 집안 사람들의 편견에 노출되어 성장하는데, 가족 집단에 대한 동질성이 강화되면서 다른 집단에 대한 반감이 발달한다. 올포트와 그의 다음 세대 연구자들에 따르면, 편견은 사회적·정치적·경제적 불평등의 근본 원인이 된다. 편견을 줄이기 위해서는 편견을 조성하는 문화적 영향에 초점을 두어야 한다. 편견을 만들어내는 문화가 어쩌면 편견을 없애는 데도 큰 역할을 할 수 있

---

*   1941년에 나치 독일의 동맹군이었던 루마니아 정부군이 벌인 유대인 학살을 뜻한다.

**   성격 연구 방법론을 개발한 미국의 사회심리학자다.

기 때문이다.

올포트가 제시한 편견 이론에 순응 욕구를 추가한 사람은 솔로몬 아시Solomon Asch[*]다. 아시는 제1차 세계대전 기간에 러시아와 독일군의 야만적 침공에서 살아남은 폴란드계 유대인으로, 1920년 열세 살에 가족과 함께 미국으로 이민했다.

아시는 수백만이나 되는 사람들이 어떻게 죽음으로 이끄는 나치 정권을 평온하게 받아들일 수 있었는지, 친구와 이웃 들이 눈앞에서 살해당하는데 어떻게 가만히 서 있을 수 있었는지 알고 싶었다. 아시는 "개인들의 심리장[**]에서 집단행동이 힘으로 작용하는 방식"[44]을 찾고자 했다. 그의 연구 가운데 가장 유명한 동조 실험의 시나리오는 간단하다. 아시는 한 방에 사람 10명을 모아놓고 카드 2장을 보여주었다.

그다음 오른쪽 카드의 선이 왼쪽 카드의 선보다 긴지 짧은지 물었다. 10명 가운데 9명이 아시의 실험 보조로 고용된 사람들인데, 이들 전원이 똑같이 오답을 선택하기로 되어 있었다. 이러한 상황에 대해서 전혀 모르는 열 번째 피험자가 이들의 오답을 듣고 나서 무엇을 선택하는지 보는 것이 이 실험의 목적이었다. 정답을 선택한다면 그 방에 있는 다수와 반대 입장에 서

---

[*]   집단 압력이 개인에 미치는 영향을 연구한 폴란드계 미국인 사회심리학자다.

[**]   사람과 사람의 관계에서 형성되는 심리적 공간을 말한다.

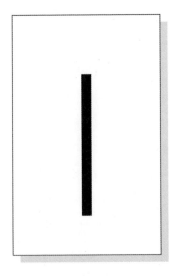
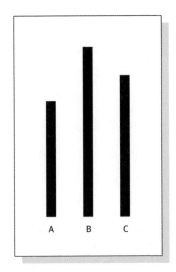

야 한다는 뜻이었다. 그 결과, 오답을 선택한 확률은 실험 횟수
의 75퍼센트였다. 75퍼센트가 오답인 줄 알면서도 다수의 의견
에 동조한 것이다.[44]

　　10여 년이 흐른 뒤, 올포트와 아시 두 사람 모두의 제자였던
스탠리 밀그램Stanley Milgram이 아돌프 아이히만Adolf Eichman의 재
판을 흥미롭게 지켜보았다. 아이히만은 유대인 수백만 명을 죽
음이 기다리는 포로수용소로 이송하는 임무의 최고 책임자였
다. 밀그램은 아이히만의 재판에 참석했던 한 기자가 그에 대해
"그저 책상에 앉아 맡은 일을 하는 평범한 관료"[45]라고 묘사한
대목에 주목했다. 이는 곧 권위에 복종하려는 욕구의 한계를
시험하는 밀그램 실험으로 이어졌다.

이로써 그림은 완성된 듯했다. 인종차별, 도덕 규범, 교육과 경제, 이 모든 것이 집단행동을 형성하는 데 중요한 역할을 했으며, 제2차 세계대전의 참상을 설명해주는 주된 심리 요소는 편견과 순응 욕구, 권위에 대한 복종이었다. 하지만 여기에는 인간의 가장 큰 약점 하나가 빠져 있었다.

밀그램 실험이 발표된 지 1년, 캐나다 출신의 발달심리학자 앨버트 밴듀라Albert Bandura가 비인간화 실험을 다룬 선구적인 논문을 발표했다. 밴듀라는 평범한 사람이 잔인한 행동을 했을 때, 그 행동이 누군가의 명령에 복종한 것이 아니라 그 잔인한 결정의 책임을 여러 사람과 나누었기 때문은 아닌지 알고자 했다. 밴듀라는 어떤 결정에 여러 사람이 공동으로 기여한다면 그 잔인함이 한 개인의 책임이 아니기 때문에 사람들이 더 잔인해질 수 있다고 생각했다.[46]

밴듀라의 실험에서 피험자들은 감독관 역할을 맡아 전기충격을 이용해서 학생에게 학습을 시키라는 지시를 받는다. 감독관의 주된 임무는 학생이 오답을 말할 때마다 가할 충격의 강도(10점 범위에서 약함에서 격함까지)를 결정하는 것이다.

감독관 일부에게는 충격의 강도를 결정하는 책임이 오로지 그들의 것이라고 말하고, 다른 일부에게는 그 결정의 책임을 다른 감독관들과 균등하게 나눈다고 말한다. 이 훈련의 목적은 항상 동일하다. 학생들의 실력을 향상시켜 정답 수를 늘리는 것이다. 밴듀라가 예측했듯이, 자신의 행동에 대한 책임이 자기 한 사람의 몫이 아니라고 생각한 감독관들이 더 강한 충격을 선택하는 경향을 보였다.

하지만 한 가지 중요한 것은 이 실험에 피험자들이 모르는 조작이 들어갔다는 점이다. 학습 시작 전에 실험자들이 방을 나갔다가 학습실과 감독관실 사이의 내선 전화기 끄는 것을 잊어버리는 바람에 감독관들이 실험자들이 주고받는 말을 엿들을 수 있게 한 것이다. 일부 감독관은 실험자들이 학생들에 대해서 "예리하다"거나 "이해력이 좋다"고 말하는 것을 들었고, 나머지 감독관은 실험자들이 학생들에 대해서 "썩어빠졌다"거나 "짐승 같다"고 말하는 것을 들었다.

밴듀라의 예상과 달리 학생들을 살짝 비인간화하자 책임을 분산할 때보다 훨씬 큰 효과가 나타났다. 학생들에 대해 인간적인 평가를 들은 감독관들은 가장 약한 강도의 충격을 주었고, 비인간적인 평가를 들은 감독관들이 가한 충격의 강도는 2배에서 심지어 3배까지 높았다.

더 놀라운 것은 학생들에게 전기충격을 가하는데도 성적이 향상되지 않았을 때, 학생들에 대해 인간적인 평가를 들은 감독관들은 충격의 강도를 낮추었는데, 비인간적 평가를 들은 감독관들은 충격의 강도를 **높였다**는 점이었다. 밴듀라가 감독관들에게 그 징벌이 정당한지 묻자 80퍼센트가 비인간화된 학생들의 징벌에 동의한 반면 인간화된 학생들의 징벌에는 20퍼센트만이 동의했다.

비인간적인 취급을 받은 사람에게 해를 가했을 때는 징벌을 가한 사람 스스로 자신을 면책할 수 있었을 뿐만 아니라, 징벌을 받은 사람이 고통에 덜 민감하기 때문에 전기충격을 더 강화해야 조금이라도 영향을 받을 것이라고 믿었다. 밴듀라는 비인간화가 인간의 잔인성을 설명해주는 중심 요소라고 결론 내렸다.

심리학을 공부하는 학생이라면 누구나 밀그램의 권위에 대한 복종 실험을 안다. 하지만 밴듀라의 비인간화 실험에 대해 들어본 사람은 별로 없을 것이다. 학계에서도 밴듀라의 논문보다 밀그램의 논문이 거의 20배 이상 많이 인용되어왔다. 우리는 다른 집단에 대한 노골적인 비인간화라고 하면, 머나먼 과거, 즉 현대 문명사회의 경계에서 멀리 떨어진 과거의 유물이라고 생각하는 경향이 있다.[47] 최근에는 학자들의 연구도 보다 암묵적 형태로 이루어지는 '신종 편견'에 대한 접근법으로 무게중심이 이동해오고 있다.

하지만 인간의 잔인성을 이해하기 위해서는 우리가 왜 타자를 비인간화하는지 이해하는 것이 중요하다.[48] 미국 사법부가 흑인에게 적용하는 양형 기준에 관한 필립 고프의 연구보다 이 문제를 확실하게 보여주는 것은 없다.[49, 50] 미국에서는 성인의 형량을 받는 흑인 어린이의 경우가 백인 어린이보다 18배 많다.* 성인의 형량을 받는 어린이의 58퍼센트가 흑인이라는 이야기다.[51]

고프는 또한 피고인이 흑인일 경우 대중매체가 "털이 많은" "밀림" "야만적" 같은 유인원을 연상시키는 어휘를 사용하는 경향이 있으며, 흑인 피고인들이 사형을 선고받는 경우가 더 많다는 점을 지적했다. 고프는 흑인 어린이들에게 유독 가혹한 형벌이 가해지는 비율이 높은 이유를 편견만으로는 설명할 수 없다고 주장한다. 편견만으로는 비인간화와 양형의 연관성이 설명되지 않는다. 편견은 제노사이드처럼 극단적 형태의 폭력이 흑인에게만 저질러지는 현상도 예측하지 못한다.[50]

고프가 지적하는 것은 비인간화, 구체적으로 말하면 유인원화다. 어떤 개인이나 집단을 유인원으로 부르거나 유인원에 비유하다 보면 사람들의 심리에 도덕적 배제**가 발생하며, 이렇게 유인원화의 표적이 된 개인이나 집단은 기본 인권을 지켜줄 필요가 없는 존재가 된다. 편견보다 유인원화가 현재 미국 사회에 존재하는 인종 간 격차를 더 잘 설명해주는 것이다.

오늘날 유인원 비유의 사례를 찾아보기란 결코 어렵지 않다.

---

* 미국 33개 주에는 형사책임 최소 연령 규정이 없으며 연방범죄의 경우 11세, 최소 연령이 가장 높은 주가 12세, 최소 연령이 가장 낮은 주가 6세로 규정하고 있다.

** 자신이 속한 집단이 다른 집단보다 우월하다고 여겨 상대를 폄하하고 배제하며 심지어는 인간보다 못한 존재로까지 여기게 되는 심리 작용을 뜻한다.

미국의 유명하고 힘 있는 대부분의 흑인에게도 일어나는 일이다. 흑인 운동선수들에 대해 "호전적"이라느니, "육중한" "괴물"이라느니, "거대하다"느니 "폭발적"이라느니 하면서 유인원같이 묘사하는 경우는 적지 않다. 반면에 백인 운동선수들에게는 "지적인" "헌신적인" "야무진" 같은 어휘가 쓰인다.[52] 2006년 NBA 경기 도중에 한 관객이 디켐베 무톰보Dikembe Mutombo를 "원숭이"라고 불렀다. 2014년에는 한 관객이 브라질 축구선수 다니엘 알베스Daniel Alves에게 바나나를 던졌다. 2008년 애니 레보위츠Annie Lebowitz가 촬영한 르브론 제임스LeBron James의 사진이 〈보그〉 표지를 장식했다. 제임스는 이 잡지의 표지 모델이 된 최초의 흑인이었다. 제임스가 괴성을 지르며 백인 슈퍼모델 지젤 번천Gisele Büdchen의 가는 허리를 움켜쥐고 있는 이미지는 안타깝게도 1933년 영화 〈킹콩〉의 포스터를 빼다 박은 듯했다. 2017년에는 프로 미식축구 연맹 소속 선수들이 국가가 연주되는 동안 무릎을 꿇고 평화 시위를 벌이자 많은 사람이 '원숭이'라는 멸칭을 사용해 그들을 비난했다.

대통령도 예외는 아니었다. 오바마의 대선 운동 기간에는 원숭이 티셔츠와 원숭이 인형이 많이 보였다. 조지아주의 한 술집 주인은 바나나를 먹고 있는 호기심 많은 원숭이 조지(어린이 책과 텔레비전 만화 시리즈의 주인공) 티셔츠를 팔았는데, 조지의 엉덩이에는 "오바마 08"이라는 문구가 적혀 있었다.[53] 이 원숭이 캐릭터의 유행은 오바마 임기 내내 이어졌다. 2009년 〈뉴욕포

Linda Kimball
19 mins · 👥

You bunch of piece of shit porch monkeys need to stand up. Did I just call you porch monkeys? I sure did! Your ignorant sorry ass entitled pieces of shit and yep your ALL black! The civil war was fought and won a few hundred years ago cut the crap!!
Oh and calling you a monkey was actually in insult to apes since they are intelligent creatures!

똥덩어리. 게을러 터진 원숭이들아, 좀 일어서지 그래. 아이고, 내가 방금 게을러 터진 원숭이라 그랬나요? 그래, 그랬다, 어쩔래!
똥이나 싸면 딱 맞을 무식한 멍청이들, 그래, 맞아요, 댁들 다 검으시네요! 남북전쟁은 100년 전에 끝났어. 헛소리는 이제 작작 좀 하라고!!
어머, 너희를 원숭이라고 부르면 유인원한테 모욕이겠네. 걔들은 지능이 있잖아?

스트)에는 두 경찰관 앞에 총탄 세 발을 맞고 죽어 있는 침팬지 만평이 실렸다. 말풍선에는 "차기 경기부양법안은 다른 사람이 써야겠구먼"[54]이라는 경찰관의 말이 쓰여 있었다. 사람들은 이 원숭이 비유를 오바마의 다른 가족에게까지 사용했다.[55]

이렇게 미국에서 벌어지는 흑인 유인원화 현상은 대학 졸업장이 없는 시골 지역의 고령층 백인 공화당 지지 남성들 사이에서나 있는 일이 아니겠느냐고 반문하는 사람도 있을 것이다.[56] 하지만 현실은 그렇게 단순하지가 않다.

정치학자 애슐리 자디나Ashley Jardina는 모든 인구 범주를 꼼꼼하게 분류하여 구성한 미국 백인 대표 그룹 2000명을 대상으로 설문조사를 실시했다.[57] 자디나는 크테일리의 〈인간의 상승 척도〉를 보여주고 흑인이 백인에 비해서 얼마나 진화했다고 생각하는지 물었다.

평균적으로 백인들은 크테일리의 〈인간의 상승 척도〉에서 흑인이 백인보다 덜 진화되었다고, 즉 흑인이 유인원에 더 가깝다고 응답했다. 응답자의 63퍼센트가 백인에게 가장 높은 진화 점수를 주었고, 53퍼센트만이 흑인에게 가장 높은 진화 점수를 매겼다.

민주당 지지자와 공화당 지지자, 보수주의자와 진보주의자, 남성과 여성, 고소득층과 저소득층, 남부 거주자와 비남부 거주자, 높은 연령대와 젊은 연령대 같은 인구 범주별로 응답을 분석해보니 **모든** 백인 그룹 가운데 일부가 흑인이 백인보다 덜 진화되었고 더 유인원 같다는 평가를 내린 것으로 나타났다. 흑인에 대한 비인간화 점수는 모든 범주에서 크테일리가 조사한 무슬림과 롬인에 대한 비인간화 점수보다는 낮았으나, 모든 백인 인구 그룹에 흑인을 비인간화하는 경향이 존재했다.

자디나는 이 결과를 확증하기 위해서 같은 설문조사 응답자들에게 흑인이 야만적이고 미개할 수 있다는 생각, 그들이 동물 수준의 자제력을 가졌다는 생각에 동의하는지 아니면 반대하는지를 물었다. 응답자의 44퍼센트만이 같은 미국인을 이렇게 규정하는 것에 강하게 반대했다. 백인 다수의 생각은 '어느 정도 반대한다'에서 '강하게 동의한다'까지 넓게 분포되었다. 자디나는 사람들에게 추가 의견을 밝힐 기회를 제공했는데, 다음은 그 응답의 일부를 추린 것이다.

"나는 흑인이 동물계에 가깝다고 생각한다. 그들은 다른 어떤 인종보다 빠르고 강하고 운동신경이 좋다. 그들은 또한 다른 인종에게 있는 지능과 윤리가 없다."

"흑인들 전반의 태도와 행동을 보자면, 짐승 수준의 행동을 하는 사람부터 제법 문명인답게 행동하는 사람까지 두루 존재한다."

"어떤 인종이 살인 범죄율이 가장 높은가. 살인을 저지르고도 후회하지 않는 사람들. 짐승처럼 구는 사람들."

"조사 결과를 들여다보면서 알게 된 것은, 이 경향이 새로운 형태의 은근한 인종차별주의가 아니었다는 점이다. 흑인들은 인간성 자체를 부정당하는 것으로 보였다." 2017년 애슐리 자디나가 한 말이다.

이런 유형의 노골적인 유인원화는 교육 부족의 문제로도 설명되지 않는다. 2016년 심리학자 켈리 호프만Kelly Hoffman은 흑인, 백인, 라틴 아메리카계, 아시아계가 망라된 2년 차 의과생의 40퍼센트가 흑인의 피부가 백인의 피부보다 두껍다고 생각한다고 했다.[58]

이 그릇된 생각은 노예제가 있던 시절부터 끈질기게 전해져온 한 낭설과 닿아 있다. 흑인들이 고통에 덜 민감하다는 믿음 말이다. 흑인의 피부가 더 두껍다고 생각하는 의과 학생들은 흑인 환자의 통증에 충분히 적절한 치료를 하지 않는 것으로 나타났다.[58] 의사들도 흑인 응급 환자의 고통을 더 과소평가하는 경향을 보였다. 팔이나 다리가 골절된 흑인에게는 진통제 처방을 덜 하는 것으로 나타났으며, 흑인 암 환자, 흑인 편두통 환자, 흑인 요통 환자의 경우 모두 마찬가지였다.[59] 심지어 흑인 어린이 맹장염 환자조차 백인 어린이 환자보다 더 적은 양의 진통제를 투약받았다.[59]

위협에서 폭력까지

어떤 사회에서든 성인보다 어린이가 더 많이 보호받는다. 사람들은 어린이에 대해서 더 순수하고 덜 위협적이며 더 보살핌받아 마땅하다고 생각한다.[50] 그런데 고프가 백인 대학생들에게 흑인 어린이 사진을 보여주자 실제 나이보다 다섯 살 정도 많게 보았다. 흑인 어린이가 열세 살이라면 백인 대학생들의 눈에는 그 아이가 열여덟 살, 즉 법정에서 성인으로 재판을 받을 수 있는 나이로 보였다는 뜻이다.[50] 같은 대학생들은 백인 어린이의 경우에는 실제 나이보다 더 많게 보지 않았다.

고프는 다른 실험에서는, 흑인 어린이 또는 백인 어린이의 사진을 보여주면서 지어낸 인물 소개를 덧붙였다. 소개된 내용은 이런 식이었다. "키숀 톰킨스는 동물 학대 혐의로 체포되어 기소되었다. 뒷마당에서 동네 고양이를 익사시키려고 했다." 실험 결과, 사람들이 흑인 어린이를 제 나이보다 더 많게 보았을 뿐만 아니라 백인 어린이보다 흑인 어린이일 때 범죄의 책임이 있을 것이라고 단정하는 경우가 더 많았다.[50]

고프는 이 경향이 경찰관들이 흑인 미성년자를 대상으로 불필요한 무력을 행사하여 부단히 기소되는 현상과도 관련이 있다고 믿었다. 시카고 경찰관들의 기록을 입수한 고프는 거의 절반에 달하는 경찰관이 미성년자에게 무력을 행사해왔다는 사실을 알아냈다. '무력 행사'에는 수갑 채우기에서 무기 사용까지 포함되었다. 고프는 어린이에게 무력을 많이 사용한 경찰관들이 흑인을 유인원으로 취급하는 경향이 가장 강하다는 것도 발견했다. 편견에 대한 일반적 기준으로는 이들의 무력 행사 여부를 예측하지 못했다.

자디나는 백인보다 흑인을 유인원에 가깝다고 평가한 사람들이 사형제도에 더 찬성하는 경향이 보인다고 결론 내렸다.[57] 한 백인 표본 그룹 사람들은 "사형을 당한 사람 대부분이 흑인"

이라는 말을 듣고는 더 적극적으로 사형을 지지하기도 했다.[60] 변호사 사비 고슈레이Saby Ghoshray는 "피고인이 죽느냐 사느냐 는, 배심원들의 눈에 사람으로 보일 수 있느냐 여부에 달려 있다" 고 말한 바 있다.[61]

보복성 비인간화

자신들이 사람으로 대우받지 못한다고 느끼는 집단은 역으로 다른 집단 사람들을 비인간화하게 된다. 사람 자기가축화 가설은 이스라엘과 팔레스타인 사람들이 상대방이 자신을 인간 이하로 여긴다는 말을 들었을 때 두 집단 모두 상대를 더 비인간화했던 것처럼, 흑인들도 자신들을 위협한다고 느끼는 집단에 대해서 인간 이하로 여기는 보복성 비인간화 경향을 보일 것이라고 예측한다.

실험 결과에 따르면 모르는 사람이 신체적 고통을 겪는 경우, 흑인과 백인 모두 그 사람이 자신과 같은 인종일 때 더 공감하는 경향을 보였다. 한 연구에서는[62] 흑인 피험자들에게 엄지와 검지 사이 감각이 예민한 부위에 바늘이 꽂힌 흑인과 백인의 손 사진을 각각 보여주었다. 그들은 백인 손 사진보다 흑인 사진을 보았을 때, 더 강하게 공감했다. 백인 피험자의 경우에는 그 반대였다.

다른 실험에서는 미국인 표본 그룹을 구성하여 〈인간의 상승 척도〉를 척도로 다른 미국인 그룹의 진화점수를 매기는 테스트를 실시했다. 인종과 종교를 기준으로 다른 그룹에 대해 점수를 매기라고 했을 때 백인 그룹, 아시아계 그룹, 라틴계 그룹, 흑인 그룹 모두 무슬림 그룹을 가장 비인간화했다. 상당수의 백인과 흑인도 서로를 비인간화했다.[63] 이 결과를 통해서 우리는 보복성 비인간화가 보편적 현상임을 추론할 수 있었다.

사람 자기가축화 가설은 우리가 친화력을 지닌 동시에 잔인한 악행을 저지를 수 있는 잠재력도 지닌 종임을 설명해준다. 외부인을 비인간화하는 능력은 자신과 같은 집단 구성원으로 보이는 사람에게만 느끼는 친화력의 부산물이다. 하지만 펄럭이는 귀나 얼룩이 있는 털 같은 신체적 변화와는 달리 이 부산물은 실로 가공할 결과를 야기할 수 있다. 우리에게는 우리와 다른 누군가가 위협으로 여겨질 때, 그들을 우리 정신의 신경망에서 제거할 능력도 있는 것이다. 연결감, 공감, 연민이 일어날 수 있던 곳에 아무 일도 일어나지 않는 것이다. 다정함, 협력, 의사소통을 가능하게 하는 우리 종 고유의 신경 메커니즘이 닫힐 때, 우리는 잔인한 악행을 저지를 수 있다. 소셜미디어가 우리를 연결해주는 이 현대 사회에서 비인간화 경향은 오히려 가파른 속도로 증폭되고 있다. 편견을 표출하던 덩치 큰 집단들이 보복성 비인간화 행태에 동참하며 순식간에 서로를 인간 이하 취급하는 데서 그치지 않고 서로를 보복적으로 비인간화하는 세계로 나아가고 있다. 무시무시한 속도로.

인간 품종 개량

내가 사람의 자기가축화에 대해 이야기할 때면 이렇게 묻는 사람이 반드시 나온다. "그냥 사람을 더 다정해지게 번식시킬 수는 없습니까?" 우리 종이 성공한 비결이 친화력이 커졌기 때문이라면 거기서 친화력을 더 키우도록 선택하면 되는 것 아닌가? 선택 번식으로 평온한 기질과 다정한 성격의 개나 여우를 키울 수 있다면, 사람이라고 안 될 것이 있겠는가? 이 논리대로라면, 우리의 본성 가운데 어두운 부분은 하나하나 제거하고 바람직한 형질만 살려 번식하지 못할 이유는 무엇인가?

안타깝지만 이런 생각은 으레 우생학으로 통하게 되어 있다. 우생학은 영국 과학자 프랜시스 골턴Francis Galton이 만든 말로 '우수하다'는 뜻의 그리스어 'eu'와 '품종'을 뜻하는 'genos'를 조합한 'eugenics'이지만,[64] 사람을 선택적으로 번식시킨다는 것은 우생학이라는 말이 나오기도 전에 이미 나온 묵은 생각이었다. 플라톤은 국가가 번식을 통제해야 한다고 썼고, 로마법은 기형아를 즉시 살해하도록 명했다. 이누이트족에서 아체족*까지 전 세계의 수렵채집 부족에게는 신체 장애나 뚜렷한 정신질환이 있는 어린이를 죽이는 관습이 있었다.

20세기로 넘어갈 즈음에는 우생학이 세계의 모든 문제를 해결할 최첨단 과학으로 간주되었다. 우생학은 사람들이 번식을

---

*   파라과이 동부의 수렵채집 원주민 부족이다.

하지 못하게 하는 형태로도 나타났는데, 예를 들면 무기한 감금이나 복잡한 수술부터 간단한 외래 처치까지, 다양한 방법으로 생식 능력을 없애는 강제 불임수술이 있었다.

1910년에서 1940년 사이에 미국인들에게 우생학은 일상이었다. 학교 교사, 의사, 정치 지도자, 심지어는 종교 지도자까지 우생학을 가르치고 논했다.[65] 정치인들은 '우생학 후보'를 내걸고 선거에 나섰고, 인기 야구선수들이 우생학에 대해 연설하는가 하면 각급 학교 교과과정에 우생학이 포함되었고, 기독교부인교풍회*는 '우수한 아기' 대회까지 개최했다. 미국 최초의 여성 대통령 후보 빅토리아 우드홀Victoria Woodhull은 소책자에서 "육종 기술의 제1원칙은 열등한 동물을 추려내는 것"이라고 썼다.[66] 문제는 이 열등한 동물이 누구냐는 것이다.

우선 누가 봐도 뻔한 표적은 범죄자들이었다. 20세기 초에는 범죄자들을 폭력성을 타고난 퇴화된 종으로 여겼다.[67] 공격적인 범죄자들의 번식을 막는 것이 우생학 운동에 주어진 긴급한 과제였다. 범죄 성향을 사람이 타고나는 본성으로 간주했으며, 따라서 다음 세대로 유전될 수 있는 특질이라고 보았다. 당연한 이야기겠지만, 우생학 연구 초창기에 시행된 강제 불임수술은 감옥에서 이뤄졌다.

---

*   1873년 사회 개혁을 모토로 미국에서 창설되어 전 세계에 지부를 두고 있는 기독교 여성 단체다.

광기도 타고나는 폭력성으로 간주되었다. 이러한 활동이 인기를 얻자 우생학 운동은 폭력적 범죄 성향에서 나아가 다양한 유형의 정신질환자로 범위를 넓혀갔다. 뇌전증, 조현병, 치매를 앓는 사람들, 혹은 지능지수 70 이하의 사람들 모두가 '나쁜 유전자'의 희생자가 되었으며, 미래 세대의 완전무결한 보전을 위협하는, 우생학 운동의 표적이 되었다.

하지만 우생학 운동 전선의 최대 표적은 다른 종류의 정신질환에 직면한 사람들, 즉 정상으로 볼 수도 있으나 이들의 정신적 결함이 다음 세대로 유전될 경우 인류 전체의 지적 능력을 하락시킬 가능성이 있다고 간주된 사람들이었다. 그들은 '바람직하지 않아' 보이는 사람이면 모두 이 범주에 넣고는 이현령비현령 '의지박약'이라는 이름을 붙였다. 성적으로 분방한 여자, 빈곤층, 흑인, 법적 부부가 아닌 사이에서 태어난 아이, 비혼모 등이 이 범주에 포함되었는데, 그 목록이 얼마나 긴지 과연 이 표적을 피해간 그룹이 있었을지 의아할 정도다.

미국에서는 총 6만여 명이 강제 불임수술을 받았다. 지금 이 책을 읽는 독자 중 일부는 마지막 강제 불임시술 기간에 살아 있었을 것이다. 1983년이었으니까. 비록 미국에서 강제 불임수술을 받은 인원수가 나치 독일에 의해 강제 불임화된 인원수의 7분의 1밖에 되지 않는다 해도, 미국의 강제 불임시술 기간이 6배 더 길었다.

미국에서 시행한 강제 불임시술 프로그램은 전 세계로 퍼져

나갔다. 전 세계 40여 개국에서 우생학회가 창설되었고, 덴마크, 노르웨이, 핀란드, 스웨덴, 에스토니아, 아이슬란드, 일본 등 다수 국가가 불임법을 제정했다.[68] 나치 관료들은 캘리포니아주 강제 불임시술 위원회 고위직 임원진의 조언을 받았고,[65] 귀국한 뒤 독일 자체의 불임법을 발의하면서 이 법의 목표를 이루기 위해 참고해야 할 모범 국가로 미국을 꼽았다.

우생학은 실패할 수밖에 없었다. 상식적 윤리에 위배되었기 때문만이 아니다. 공격성을 배제하는 선택이 너무나 쉬워 보였던 여우 실험도, 실은 매우 극단적인 선택 번식이었다. 이 실험에서는 사람에게 친화적인 개체라는 조건하에 많은 세대의 수많은 여우 가운데 단 1퍼센트에게만 번식을 허용했다.[69] 우리 종의 친화력 선택 진화가 진행되던 후기 구석기시대, 우리의 인구 규모는 100만 명 이하로 그리 크지 않았고, 그 선택의 결과는 수만 년에 걸쳐서 나타났다.

전 세계 인구가 70억 명이 넘는 오늘날, 벨랴예프의 실험 속 여우들이 겪은 정도의 선택압을 만들어내기 위해서는 69억 명 이상에게 번식을 금지시켜야 할 것이다. 설령 이것이 가능하다고 해도 여우 실험처럼 간단하게 사람의 친화력을 측정할 방법이 없다. 게다가 선택압이 작동하기 위해서는 강화하려는 유형의 친화력 관련 유전자를 지닌 개인들을 찾아내야 한다. 말하자면 환경적 요인으로 친화력을 갖게 된 개인을 선택했다면, 몇 세대가 지나도 변화가 나타나지 않을 것이다.

신장처럼 상대적으로 단순한 신체 형질조차도 관련 유전자 집합을 토대로 사람을 선택적으로 번식시킨다는 것은 불가능한 일이다. 사람의 신장은 대체로 150센티미터에서 180센티미터 사이에 분포하는데, 신장을 결정하는 데 관여하는 유전자는 거의 700개에 달하고 이 유전자 중에서도 최종 신장의 유전분산*에 작용하는 것은 20퍼센트밖에 되지 않는다(나머지는 환경 인자와 다른 인자가 담당한다).[70]

행동 형질은 훨씬 더 복잡하다. 모든 행동에는 수천 개의 관련 유전자가 상호작용한다. 행동 변이가 일어날 때 유전자 하나의 역할은 아주 작은 부분에 지나지 않는다.[71] 유전자지도가 완성된 지금조차도 인간의 유전자 연결망에서 어느 부분이 어느 행동 유형과 연관되는지는 전혀 밝혀내지 못하고 있다. 그러므로 우리가 선택하고자 하는 유형의 친화력을 유발하는 유전자를 지닌 사람을 찾아내기란 불가능한 일이다. 의도적으로 친화력을 강화하기 위한 번식은 확실한 성공을 보장할 수가 없다.

도구와 발사 무기가 우리를 빙하시대 최고 포식자로 만들어준 이래로 우리는 기술이라면 일말의 의심도 없이 환영해왔다. 오늘날에는 혁신가들을 촘촘하게 잇는 연결망을 만들어냄으로

* 유전자형이 각각 다름으로써 발생하는 분산이다.

써 하나의 전례 없는 폭발적 기술 발전을 이루어가고 있다. 그렇다면 기술이 우리의 어두운 면을 길들이는 열쇠가 될 수 있을까?

오늘날의 기술 발전은 그 눈부신 속도로 인해 때때로 혁신가속도라고 불리기도 한다. 예를 들면, 반도체 소자 트랜지스터는 전자 신호와 전력을 증폭하거나 전원을 끄고 켜는 기능을 하며 반도체의 전력 소비량 조절을 담당한다. 1958년 최초로 만들어진 반도체 칩에는 트랜지스터 2개가 들어갔다. 2013년에는 반도체 칩 하나에 21억 개의 트랜지스터가 들어갔다.[*][72] 1980년대 인터넷이 2만 노드[**]에서 8만 노드가 되는 데까지 2년이 걸렸을 때 이 변화를 알아차린 사람은 거의 없었다. 10년 뒤 같은 기간 동안 인터넷이 2000만 노드에서 8000만 노드가 되자 모든 사람의 일상에 영향을 미쳤다.[73] 2004년 우리는 수억 달러를 들여서 최초로 인간 게놈 서열을 생성했다. 지금은 기계가 1000달러의 비용으로 매년 1만 8000개 이상의 게놈지도를 만들어내고 있다.[74] 미래학자 레이 커즈와일Ray Kurzweil[***]은 다음 100년 동안 우리는 2만 년 분량의 기술 진보를 경험하게 될 것

---

[*]   2020년 기준 엔비디아의 그래픽 처리장치에 540억 개의 트랜지스터가 집적된다.

[**]   데이터 통신망에서 데이터 전송 통로에 접속되는 기능 단위를 뜻한다.

[***]   기술 발전으로 이루어질 미래의 유토피아를 그린 저서 《특이점이 온다》로 유명한 미국의 컴퓨터 과학자·발명가·미래학자로, 기술의 발전은 선형적이 아니라 기하급수적으로 이루어진다고 주장한다.

이라고 예측했다.

첨단 기술이 우리 일상의 면면을 뒤덮은 오늘날, 우리는 자연스럽게 머지않은 미래에 어떤 신기술이 생겨 우리보다 우리 사회를 더 잘 운영할 것 같다는 생각을 하게 된다. 밀레니엄프로젝트[75]는 전 세계 50여 개국 각계 전문가로 구성되어 매년 해결이 시급한 15대 과제를 지정·발표하는 집단으로, 기술과 관련이 있는 거의 모든 과제에 해결책을 제시한다. 기후변화가 재앙을 야기한다고? 신재생에너지로 전환하고 화석연료 발전소의 장비를 개량하여 이산화탄소를 재활용하면 된다. 인구 과잉으로 지구가 미어터진다고? 에코스마트 도시를 건설하고 실험 접시에 줄기세포를 배양해 스테이크를 키우거나 유전자 변형으로 가뭄에 끄떡없는 다수확 작물을 기르면 된다. 보편교육이 필요하다고? 전 세계 어디에서든 딱 잘라 18개월 만에 읽기와 쓰기, 수학을 어린이 스스로 학습할 수 있고 자가 평가가 가능한 온라인 소프트웨어를 개발하라.[76]

하지만 팀 쿡Tim Cook이 말했듯이, "기술 하나만으로는 문제를 해결할 수 없다. 기술 그 자체가 오히려 문제의 원인인 경우도 있다". 기술은 언제나 그래왔듯이 양날의 검이기 때문이다. 우리가 다른 사람들과 협력해서 매머드를 사냥하는 데 이용했던 발사무기가 서로를 죽이는 무기가 될 수도 있는 것이다. 핵전쟁을 시작하지만 않는다면 원자력은 에너지 위기에서 인류를 구해줄 중대한 해결책이 될 수 있다. 자율주행 자동차는 한 해에 10만 명의 생명을 구할 것이다. 하지만 역으로 테러리스트가 통신망을 해킹해서 연쇄 충돌을 일으켜 단숨에 10만 명의 목숨을 앗아갈 수도 있다. 인터넷은 대단한 기술이었다. 타국 정부들이 인터넷을 이용해서 민주주의 선거를 흔들어놓기 전까지는.

과학기술을 선한 힘으로 사용하기 위해서는 사람이 가진 최고의 미덕과 최악의 본성을 함께 예측하고 개발해야 하는데 그런 경우는 거의 없다. 더 다정하고 친화적인 미래를 위한 해결책에는 새로운 기술이 필요하겠지만, 그것만으로는 우리의 어두운 본성을 길들일 수 없을 것이다. 사회적으로 야기된 문제에는 사회적 해법이 필요할 것이다.

8 지고한

자유

우리 종은 독재자가 되도록 진화하지 않았다. 우리 종은 오로지 사회의 신용을 중시하며, 권력을 독점하려는 이는 누가 되었건 배척하거나 죽이는, 작은 무리의 수렵채집인으로 살도록 진화했다. 수천 세대에 걸쳐서 이 평등주의자 무리들이 전 세계 곳곳으로 이주하는 동안 나머지 다른 사람 종은 모두 사라졌다.[1, 2]

독재의 씨앗은 우리가 최초로 농작물을 수확하면서 함께 뿌려졌다.[3] 식량을 생산하고 많은 양을 저장하기 시작하면서 사회가 성장했다. 사람들은 물자를 독점하기 위해서 협력해야 했고, 그 누구도 독재로 나아가지 못하도록 견제하던 작은 규모의 수렵채집 집단이라는 장치는 힘을 잃기 시작했다. 100명쯤 되는 무리 안에서는 쉽게 존재가 드러나 처벌받았을 독재자들이 익명이 가능해진 큰 무리 속에 숨어 한 사회 내의 하위집단을 선동해서 서로 싸우게 만들었다. 부족, 왕국, 제국, 민족국가,

이 모든 것이 기본적으로는 이 방식, 즉 싸워 이긴 집단이 권력을 독점하는 방식으로 세워졌다.

결국 근대적 사회들은 한 사회 내에서 가장 힘센 집단의 기분에 의해서 구성된 것이다. 힘이 약한 집단 혹은 소수 집단 사람들은 목소리를 잃고 농노나 노예로 강등되었다. 사람들은 수천 년 동안 이 새로운 질서를 무너뜨리기 위해서 맞서 싸우고 전쟁을 치렀다. 설령 반란에 성공했다 해도 다른 씨족이나 파벌, 혹은 다른 부족이나 종교, 다른 민족에서 나와 도로 기존의 위계질서와 다를 바 없는 사회를 건설했을 것이다. 농경 사회는 한 울타리 안에서 빼앗고 빼앗기는 제로섬게임에 갇히게 되었다.

산업혁명이 시작될 무렵, 유럽 서부의 일부 사회에서 입헌민주주의라고 하는 대의제도를 만들어 이 제로섬게임의 고리에서 빠져나갈 길을 찾아냈다. 1689년에는 잉글랜드에서 권리장전이 제정되어 국왕의 권한을 제한하고, 선거의 자유와 의회에서 발언의 자유를 보장했다. 다른 나라도 점차 이를 따랐다. 계급제는 지속되었으며 권좌에서 물러나더라도 완전히 무력해지지는 않았다. 그러나 권력자들에 대한 견제를 제도화하면서 권력의 분산과 타협을 위한 하나의 규범이 만들어졌다. 신이나 혈통으로 선택된 지배자가 아닌 동료 시민들의 욕구를 대리하는 시민들이 통치자가 된 것이다.[4]

정치학자들은 지난 반세기 동안 폭력이 서서히 감소하고 유

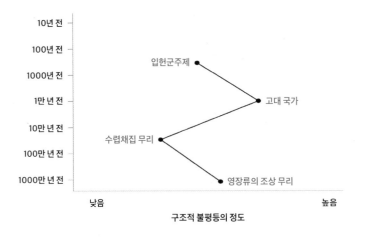

구조적 불평등의 정도

례없는 평화기를 누리는 이유로 1970년대부터 민주주의 체제가 안정적으로 증가했기 때문이라고 말한다. 민주주의 국가들도 전쟁을 벌이거나 간혹 참여하는 경우가 있지만 서로를 상대로 전쟁을 벌이는 일은 없다.[5] 민주주의 국가들 사이에서는 낮은 수준의 공격 행위도 거의 발생하지 않는다.[6]

민주주의를 확립함으로써 오는 평화는 독재자들이 만들어내는 안정과는 다르다. 민주주의는 인권을 보호하고 평등주의적 원칙을 유지하기 위한 제도다. 이는 한 집단이 권력을 상실하더라도, 혹은 처음 집권하는 집단도 예외 없이 지켜야 하는 원칙이다. 민주주의 국가들은 종교와 언론, 표현의 자유를 더 지지하는 경향을 보이는데[7] 이 모든 것이 민주주의의 평등 정신을 지키는 수단이기 때문이다. 또 민주주의는 소득의 불평등을 줄일 수도 있는데[8] 산업혁명 시기에 현저하게 경제가 성장한 곳들은 18세기에 민주주의를 개척한 국가들이었다. 민주주의 국가에서는 아동 사망률이 낮아지고 임산부 건강은 개선되는 등 국민적 건강 상태도 향상된다. 민주주의 국가는 또한 교육비 지출을 늘려 교사 1인당 학생수를 감소시키는 것을 개인들의 교육비 절감 유인책으로 삼는다.[9] 민주주의는 시민의 복지에도 결정적 역할을 하며, 평화를 유지하기 위한 주요 필수 요소 중 하나다.[5, 8, 10~12]

새 정부를 수립하던 시기에 미국의 제헌가들은 이미 사람들이 명확한 근거 없이 한 노선을 추종하며 그에 입각하여 집단 정체성을 형성하려는 경향이 있음을 알았으며, 비인간화의 악순환을 뼈저리게 체감했다. 신경생물학도 없고 인지심리학이 과학으로 정립되려면 한 세기 이상을 기다려야 하던 시절에 제임스 매디슨James Madison*은 사람 자기가축화 가설이 말하는 핵심 기능을 한 문장으로 깔끔하게 정리해냈다.

인류가 상호 적대감에 빠지는 경향이 얼마나 강한가 하면, 실질적 사유가 없는 상황에서도, 거의 공상이라 해도 무방할 더없이 하찮은 차이만으로도, 사람들은 배타적 열정에 불이 붙어 최악의

---

* 미국 헌법 초안 작성자의 한 명이자 미국 4대 대통령이다.

폭력적 분쟁을 일으켜왔다.[13]

당시에는 이 "상호 적대감"이 민주주의를 시도한 유럽의 모든 국가를 정치적 혼란에 빠뜨렸다. 미국의 제헌가들은 이 모든 유럽의 시도를 면밀히 연구했다. 진정한 평등은 불가능해 보였다. 토머스 페인Thomas Paine*은 "군주제와 왕위 계승이 (이 왕국이나 저 왕국뿐만 아니라) 전 세계를 유혈 낭자한 재투성이로 만들어왔다"[14]고, 언제나 가장 힘센 집단이 소수 집단을 밟아 뭉갰다고 썼다.

각기 다른 견해를 향한 열정으로 인해 사람들은 공동의 이익을 위하여 협력하기보다는 다시 여러 파벌로 분열했고, 상호 적대감으로 불타올랐으며, 이것이 서로를 괴롭히고 억누르려는 경향을 강화시켰다.[13]

"다수의 압제"로부터 소수를 보호하기 위하여 제헌가들은, 유럽에서처럼 각 국가가 자치적으로 통치하기보다 강한 중앙정부를 확립하여 하나의 국가 정체성을 조성하자는 데 합의했다.[15] 미국은 51퍼센트의 다수가 통치하며 "가장 강한 정당은 물론 가장 약한 정당까지 모든 정파를 보호하는"[16] 것을 목

*   미국 독립전쟁과 프랑스혁명 때 활약한 미국 작가·사상가다.

적으로 하는 진정한 민주주의 국가라기보다는, 하나의 공화국이다. 따라서 인구수 많은 주가 인구수 적은 주에 자신들이 의지를 강요하는 것을 방지하기 위한 선거인단 제도를 도입했다. 또 정부 내에서 과도하게 큰 권력을 갖지 못하도록 견제와 균형을 위한 장치로 거부권, 삼권분립을 도입했으며 의회를 상원과 하원으로 나누었다.[15] 제헌가들은 인간 본성의 결함에 대해 말하는 것을 두려워하지 않았다. 존 제이John Jay, 알렉산더 해밀턴Alexander Hamilton, 제임스 매디슨은《연방주의자 논집Federalist Papers》*에서 인간의 본성에 관해 50여 차례나 명시적으로 언급했으며, 우리 내면의 어두운 속성을 지속적으로 견제할 수 있는 민주주의를 설계했다.[17]

미국의 이 거대한 실험이 현재 사방에서 비난받고 있다. 영리를 추구하는 언론은 정보 전달은 물론 재미까지 제공해야 하는 시장의 힘에 밀려 선거인단 제도의 문제점, 지엽적인 말다툼에 열중하는 정치인들, 재정적 이해관계로 인한 부패, 양극화된 시민 등 민주주의의 결함만을 집중 조명하고 있다. 미국의 헌법에 대해서는 "시대에 뒤처지고 기능 장애까지 일어나 전적으로 수리가 필요하다"[18]는 비난이 나오고 미국 권리장전은 "디지털

---

*　　헌법에 대한 대중적 지지를 이끌어내기 위해서 대중매체에 발표한 글과 추가로 작성한 논문 총 85편을 묶어 펴낸 책이다.

시계가 가득한 진열장 한구석에 놓인 괘종시계"[19] 취급을 당하고 있다. 2016년 대선이 끝난 며칠 뒤 영국 시사경제지 〈이코노미스트 인텔리전스 유닛〉은 미국을 "민주주의 성숙" 단계에서 "민주주의 부실" 단계로 강등시켰다. 영국의 정치학자 매슈 플린더스Matthew Flinders는 "20세기가 민주주의의 승리를 목격했다면" 21세기는 "민주주의의 실패"[20]에 몰두하고 있다고 썼다.

심지어 정부조차 정부에 반대하는 실정이다. 이 책을 쓰는 현재 미국 내각의 면면을 살펴보자면, 환경보호청장은 환경보호청에 대한 고소를 진행하고 있고, 에너지부 장관은 에너지부를 없애야 한다고 주장하고 있으며, 교육부 장관은 공교육을 지지하지 않는 인물이고, 노동부 장관은 노동자를 로봇으로 대체하고 싶어 한다.

2008년 텍사스의 정치인들은 헌법에 언급되지 않은 모든 연방 기관(환경보호청, 에너지부, 보건복지부, 사회보장국)을 폐지할 것을 제안했는데, 여러 주에서 수차례 반복적으로 제출되고 있는 안건이다. 미국조세개혁운동재단Americans for Tax Reform* 설립자 그로버 노퀴스트Grover Norquist는 이렇게 말한다. "나의 목표는 25년 이내에 정부를 절반으로 줄이는 것이다. 욕조 안에 넣고 한 번에 다 익사시킬 수 있을 규모로 꺾어놓자, 이 말이다."[21]

그보다 더 심각한 것은, 자신들의 정부가 어떻게 움직이도록

---

* 세금 감면을 주요 의제로 활동하는 미국 보수주의 정치단체를 말한다.

설계되었는지 아는 미국인이 매우 드물다는 사실이다. 미국인 3분의 1이 정부 부서명을 한 곳도 모르고, 29퍼센트가 부통령 이름을 모르며,[22] 62퍼센트가 어느 당이 상원의 다수당인지 하원의 다수당인지 모른다.[23]

미국인들은 현재 자신의 공화국에 대해서 사상 유례없는 환멸을 느끼고 있다.[24, 25] 가장 우려스러운 점은 젊은 세대의 실망이다. 젊은 세대들은 3분의 1만이 민주주의가 절대적으로 필요하다고 느끼고 있다. 4분의 1은 국가를 운영하는 데 민주주의가 '해롭다'거나 '아주 해롭다'고 믿는다.[26] 다른 3분의 1은 차라리 선거 따위는 신경 쓰지 않는 강한 지도자를 갖고 싶다고 말한다. 이런 유형의 지도자라면 어느 모로 보아도 독재자다.[27]

윈스턴 처칠Winston Churchill은 "민주주의가 최악의 정부 형태" 임을 인정하면서 "나머지 모든 정부 형태를 제외하면"[28]이라는 단서를 붙였다. 우리의 민주주의는 완벽과는 거리가 멀다. 하지만 우리가 내면의 어두운 본성은 잠재우고 선한 본성을 발휘할 수 있음을 견실하게 증명해온 유일한 정부 형태가 민주주의다. 1776년 토머스 페인이 썼듯이, "그리하여 이 정부가 탄생했으니, 세계를 통치할 도덕적 능력의 부재로 인해 불가피하게 이 형태를 채택해야 했던 것이다".[14] 지금까지는 우리를 우리 자신으로부터 구해준 것이 이 체제였다.

민주주의 국가는 수립과 유지가 어려울 뿐만 아니라 쉽게 독재자에게 넘어가기도 한다. "너무 민주적일 때 민주주의는 실패한다"[29]고 2016년 언론인 앤드루 설리번Andrew Sullivan은 경고한 바 있다. 관용을 베풀다 못해 스스로가 잠식되기 시작하는 때가 민주주의가 과도해지는 지점이다. "지고한 자유로부터 (…) 야만적인 속박이 널리 퍼져" 폭군이 만들어지는 것이라고 플라톤은 《국가》에서 말했다. "폭군의 최우선 관심사는 갖가지 갈등을 일으키는 것이다. 그래야 사람들이 지도자를 원하기 때문이다."[30]

대안우파의 출현

대안우파를 느슨하게 정의하자면, 주류 보수주의를 거부하는 극우 이데올로기 추종자 집단이라고 할 수 있다. 이들은 사회지배 성향Social Dominance Orientation·SDO*이나 우파 권위주의 성향 Right Wing Authoritarianism·RWA**에서 높은 점수를 받는 경향이 있다.[31]

사회지배 성향이 높은 사람들은 '적자생존'이라는 통념을 신봉한다. 그들은 "사회에는 다른 집단들보다 열등한 집단이 있다"고 믿으며 "이상적 사회라면 일부 집단이 상위를 차지하고 나머지 집단들이 아래에 있어야 한다"고 믿는다.[32] 서방 국가에

---

*   사회 체제 내 위계질서에 대한 개인의 선호도와 낮은 지위 집단에 대한 지배 성향를 나타내는 척도다.

**   천성적으로 권위자에게 순종하는 정도, 사고와 행동의 순응 정도를 나타내는 척도다.

서는 이런 믿음을 가진 사람들이 백인우월주의를 받아들인다. 그들은 백인 집단이 반드시 지배적 지위를 차지해야 한다고 본다.

우파 권위주의 성향이 높은 사람들은 우파 포퓰리스트 경향을 보이기도 한다. 이들은 사람들이 특정한 방식으로 행동해야 하고 겉모습도 그래야 한다고 생각하며, 여기에 동의하는 사람들은 보상을 받아야 하고 동의하지 않는 사람들은 벌을 받아야 한다고 생각한다. 그들은 통일성을 중시하며 그것이 가져오는 안정감을 중요하게 생각한다. 그들은 같은 집단 구성원들에게는 한량없는 친절을 베풀면서도 자신들의 방식에 따르지 않는 이들에게는 혐오로 대응할 수 있다.

사회지배 성향이 높은 사람들과 우파 권위주의 성향이 높은 사람들, 둘 다 타인 혹은 타 집단을 절대로 용인하지 않는 극도의 편협함을 보이지만 두 집단의 이념은 상당히 다르다. 우파 권위주의 성향이 높은 사람들은 외부자를 위협으로 인식하지만, 사회지배 성향이 높은 사람들은 외부자를 열등한 존재로 인식한다. 우파 권위주의 성향이 높은 사람들은 권위에 순응하지만, 사회지배 성향이 높은 사람들은 자신들의 집단이 주도권을 **갖기를** 원한다.[31]

대안우파는 미국에만 있는 현상이 아니다. 이 책을 쓰는 현재 전 세계 자유민주주의 국가 곳곳에서 대안우파가 출현하고 있다. 2016년 7월에는 유럽 39개 국가에서 대안우파 정당이 의회에 진출했다.[33, 34] 미국의 대안우파가 그런 것과 마찬가지로 이들 대안우파 정당은 언론과 무슬림, 이민자들에 대한 폭력을 선동해왔다.

언론은 대안우파가 출현한 주된 이유로 경제적 불안을 들고 있지만, 크테일리의 연구는 현재와 미래의 경제에 대해 대안우파 지지자들이 비지지자들보다 더 낙관하고 있음을 보여준다.[35] 이는 빈곤한 시골 지역사회가 불관용에 가장 쉽게 영향받을 것이라는 통념을 거스르는 결과다.[36] 크테일리가 대안우파 지지자들을 대상으로 측정한 불관용은 개인적인 트라우마나 무지의 결과가 아니었다.

사회지배 성향과 우파 권위주의 성향이 강한 사람들에게 높은 빈도로 나타나는 공통적 특성은 자신들의 집단 동질성에 위협으로 느껴지는 외부자들에 대해서 극도의 불관용을 보인다는 점이다. 사회지배 성향이 높은 사람들은 주도권을 놓고 경쟁하는 외부자들에게 위협을 느꼈으며, 우파 권위주의 성향이 높은 사람들은 "'우리'를 '우리'로 만들어주는 하나됨과 균질성"[37]을 보이지 않는 외부자들에게 위협을 느꼈다. 그들이 느끼는 것은 규범적 질서에 대한 위협이며, 이는 다양성과 자유로 이루어져 있었다.

사회지배 성향과 우파 권위주의 성향이 높은 사람들이 위협을 느낄 때는 타 집단 구성원을 비인간화하는 행동으로 반응하는 경향을 보인다.

대안우파 지지자들 내부에서는 백인우월주의자(높은 사회지

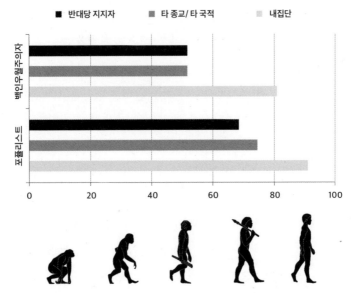

대안우파: 백인우월주의자(n=217) 대 포퓰리스트(n=226)

■ 반대당 지지자　　■ 타 종교/ 타 국적　　□ 내집단

※ n=응답자 수/출처: 포셔 & 크테일리, 2017년

배 성향을 보인다) 그룹이 타인을 비인간화하는 경향이 가장 강한데, 이는 앞서 크테일리가 설명했던 〈인간의 상승 척도〉로 측정했던 그 어떤 집단이나 개인보다도 극단적인 양상을 띠었다.

백인우월주의자들은 페미니스트, 언론인, 민주당 지지자를 인간 이외 영장류에 더 가깝게 평가했다. 한 조사 응답자는 이렇게 썼다.

유럽인들이 아니었다면 세상에는 제3세계밖에 남지 않았을 것

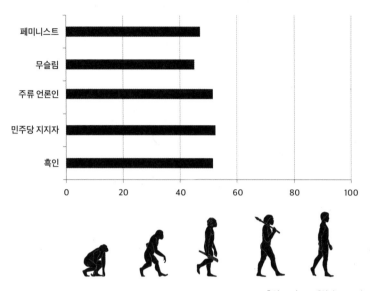

백인우월주의자(n=217)

출처: 포셔 & 크테일리, 2017년

이다. 인종주의자들에 대한 재평가가 시급하다. 우리 동네에 지
능 낮은 콩고 흑인 3000명이 쏟아져 들어오는 것을 바라지 않으
면 인종주의자인가? 그런 것을 바라는 사람은 거의 없을 것이다.
(…) 언론을 통해 [유대인들은] 홀로코스트며 노예 무역에 대해서
거짓말을 일삼는다. 노예 무역상은 유럽인들이 아니라 유대인들
이었다. 사람들은 이렇게 단순한 사실조차 이해하지 못한다.

이 내용이 역사적·사회적으로 오해라는 사실은 매우 명확

하지만, 사회지배 성향과 우파 권위주의 성향의 성격에 대해 말해주는 가장 중요한 연구 결과는 교육이 그들에게 거의 영향을 미치지 못한다는 점이다.

"피부색이나 성장 배경 혹은 종교를 이유로 누군가를 미워하도록 타고난 사람은 아무도 없다"고 넬슨 만델라Nelson Mandela는 썼다. "혐오는 학습되는 것임이 분명하며, 학습을 통해서 누군가를 혐오한다면 타인을 사랑하도록 배울 수도 있다. 사랑이 그 반대보다 사람의 마음속에서 더 자연스럽게 우러나는 감정이기 때문이다." 불관용에 대해서 사람들이 믿고 싶어 하는 바, 즉 "불관용은 '닫힌 마음'과 '무지'의 소산"[38]임을 잘 담아낸 아름다운 말이다. 그렇다면 우리는 사람들에게 변화는 가능하다고 말할 수 있는 것이다. "현실을 희망 어린 눈으로 바라보자면 다름은 다름대로 지키면서도 관용이 없는 사람들에게는 교육을 통해서 관용을 심어줄 수 있을 것이다."[37] 정치학자 캐런 스테너Karen Stenner의 말이다.

하지만 관용이 없는 사람들을 '교육'하려 했다가는 오히려 상황을 악화시킬 수도 있다. 애슐리 자디나가 설문조사에 참여한 백인들에게 흑인들이 수감과 사형 집행에서 부당하게 표적이 되고 있다고 말해주었을 때, 이미 흑인을 인간 이하로 보던 사람들은 흑인을 더 비인간화하게 되고 흑인에 대한 징벌 정책을 더 지지하게 되었음을 기억하자. 앎이 문제를 더 악화시킨 것이다.

가치관에 대해 반론을 제기하거나 다양성을 받아들여야 한다고 가르치거나 다문화주의에 대한 지식을 알려주는 등의 행동은 오히려 역풍을 맞을 수도 있다.[37] 이런 노력이 가장 큰 효과를 보이는 대상은 이미 관용을 실천하는 사람들인 듯하다. 그 반대편에 있는 사람들에게는 다문화 감수성 훈련이 본래 자리잡고 있던 불관용 이데올로기를 오히려 더 공고하게 만들 수도 있다.[39]

사회지배 성향과 우파 권위주의 성향을 가진 극단에 속하는 사람들에게는 "오늘날 민주주의 사회에서 살아가는 일이 결코 편안하지 않을 것이다".[37] 민주주의란 권력의 집중이 아닌 분산을 추진하고, 유사함이 아닌 다름을 찬양하며, 만인의 평등한 권리를 추구하기 때문이다. 한 나라에 살면서 자기가 속한 집단이 더 우월하다고 여기거나 다름이 전체의 하나됨을 위협한다고 여긴다면, 다름을 찬양하기는 어려울 것이다.[37]

좌우 사이에 중도가 있다

비인간화는 한 국가나 한 경제권 혹은 한 문화권의 산물이 아니며, 대안우파는 민주주의가 직면한 많은 과제 가운데 하나일 뿐이다.

사람 자기가축화 가설은 '타인'을 비인간화하는 능력이 인간의 보편적 특성이며 정치 성향을 가리지 않고 모두에게서 두루 나타나는 것으로 본다. 또 **어떤** 정치 이데올로기에서든 가장

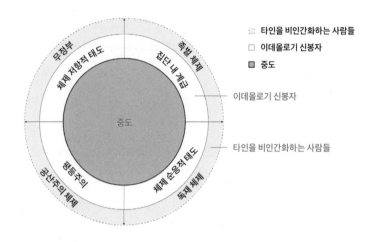

무정부
체제 저항적 태도
집단 내 계급
독립 체계

평등주의
공산주의 체제
체제 순응적 태도
독재 체제

중도

타인을 비인간화하는 사람들
이데올로기 신봉자
중도

이데올로기 신봉자

타인을 비인간화하는 사람들

자리 극단에 속하는 사람들이 정치적 경쟁자를 비인간화할 가능성이 가장 높을 것으로 예측한다.

확대한 과녁판에서 표적으로 표현해보자.

대의 민주주의 사회에 사는 사람들 대부분은 '온건한 중도'에 들어간다. 중도는 특정한 지지 정당 없이 상황이나 사건에 따라서 이쪽을 택할 수도 있고 저쪽을 택할 수도 있으나, 무엇보다 사실에 민감하게 반응한다. 그들은 시장의 효율성과 정부 지출 사이에서 논쟁하고, 자본주의와 평등주의적 정책의 조화를 추구하며, 준법 시민으로서 체제에 순응하는 태도와 혁신을 밀고 나가는 체제 저항적 태도 사이에서 균형을 잡는 사람들이다. 중도에 속한 사람들은 일반적으로 타협의 가능성을 열어둔다. 비록 쉽지 않은 일이라 해도.

'온건한 중도' 바깥에는 이데올로기 신봉자들이 있다. 그들은 자신의 정치적 신념이 옳으며 나머지 전부는 틀렸다고 믿는다. 이데올로기 신봉자들은 자신의 정치적 신념과 사실이 모순될 때는 대개 반응하지 않으며 타협에는 관심이 없는 편이다. 그들은 소셜미디어에서 자신과 성향이나 신념이 비슷한 사람들과만 소통하며 자기 신념의 정당성을 뒷받침해주는 언론만 골라서 취하는 확증편향의 세계를 구축한다. 또한 그들은 오히려 다른 집단에 비해 교육 수준이 **더** 높은 편이다.[40]

'극단주의자'들은 과녁판의 원 외곽에 속하는 사람들이다. (자신이 속한 집단 구성원들이 그 족벌인 한) 족벌 체제여도 괜찮은 사회지배 성향이 높은 사람들과 자신들이 위협받고 있다고 느끼는 가치를 지켜만 준다면 독재자라도 신뢰할 우파 권위주의 성향 사람들이 여기에 포함된다. 하지만 이 두 집단이 전부가 아니다. 공산주의나 일체의 정부 권위를 거부하는 무정부주의 같은 극단적 형태의 평등주의도 있다.

사람 자기가축화 가설은 과녁의 원 외곽에 속하는 모든 극단주의자들이 자신들의 세계관에 위협이 되거나 자신들의 신념에 도전하는 이들을 도덕적 관점에서 배제, 즉 비인간화하는 경향을 보일 것이라고 예측한다.

하지만 정치적 신념은 유동적이다. 사람은 중도에서 원 외곽으로 갈 수도 있고, 다른 도시로 이사한다든가 나이가 든다거나 소득이 변하든가 하는 개인적 경험이나 정치적 사건을 겪은 뒤 다시 중도로 돌아갈 수도 있다. 원 외곽에 속하는 이데올로기 신봉자들이 자신들의 집단 정체성이 위협받는다고 느끼고 더욱더 극단으로 치달을 때 정치는 더 불안정해진다. 그 위협이 커지면 온건한 중도에 속했던 사람들까지도 극단주의로 밀려날 수 있다.

우리는 타인 혹은 타 집단을 비인간화하는 이 경향이 정치 성향을 가리지 않고 보편적으로 존재한다는 것을 앞서 확인한 바 있다. 7장에서 다룬 자디나의 연구를 떠올려보자. 모든 인구 집단 내에 흑인을 비인간화하는 부류가 존재했다. 공화당과 민주당을 가리지 않고, 남녀노소를 불문하고, 시골과 도시 구분 없이. 어떤 정당도 이 실험에서 자유롭지 못했다.[41]

백인우월주의자들이 행하는 극단적인 비인간화는, 답은 폭력밖에 없다고 느끼는 집단의 또 다른 극단적 대응을 야기한다. 반파시스트의 줄임말로, '안티파Antifa'라고 불리는 백인우월주의 반대세력 시위자들은 2017년 한 남부연합 동상에 "KKK에 죽음을"이라고 휘갈겨 쓰고는 남부연합기를 불태웠고 도끼를 들고 시위에 참여했다. 극단이 극단을 부르는 이 역학관계는 특정 정치운동이나 특정 문화권, 혹은 특정 시대에만 해당되는 현상이 아니다.

중국의 문화혁명, 제2차 세계대전 후의 스탈린주의*, 무정부주의 테러, 프랑스혁명, 일본 제국주의까지 권력자는 어떤 형태의 정부로도 비인간화와 그에 수반하는 폭력을 행사할 수 있다. 그들에게 필요한 것은 국민들을 자신이 위협받고 있다고 믿게 만드는 것뿐이다. 나치 지도자 헤르만 괴링Hermann Göring이 뉘른베르크 감옥에서 말했듯이, "지도자는 언제든 국민을 마음대로 부릴 수 있다. 아주 쉬운 일이다. 그저 우리가 공격받고 있으며 평화주의자들에게는 당신들이 나라를 위험에 노출시키고 있다고 말한 뒤, 애국심이 부족하다고 비난하면 된다. 어떤 국가에서든 원리는 동일하다".[42]

시대와 문화와 국가를 막론하고 기층 심리는 같다. 극단주의자들은 구성원들에게 다른 집단이 우리를 인간 이하로 취급하고 있다고 믿게 만들어 비인간화의 악순환을 개시하려 들 것이다. 실제로 위협이 되었건 아니건 사람들이 느끼는 심리적 압박이 커지면 중도에 있던 사람들까지 저 과녁의 외곽 원에 가까워져 폭력에 불을 지피고 적과 맞서게 된다. 우주선 발사 같은 전 인류적 행사나, 투지를 불러일으키는 어떤 공공의 적 같은 명분을 갖지 못한 온건한 중도는 극단주의자와 이데올로기 신봉자들을 협상 테이블로 부르는 데 어려움을 겪는다.

민주주의는 우리의 다정한 본성 속에 자리한 이 어두운 면을

＊　　　일당독재, 일국사회주의, 신속한 산업화, 농장 집단화 등의 정책을 내건 스탈린의 정치체제를 말한다.

견제하기 위해 설계된 제도다. 이 형태의 정부가 직면하는 난제에 관해서는 논의가 많이 이루어지고 있는데, 천문학적 국가 채무, 도를 넘는 군사적 개입, 노쇠한 기간 시설, 만연한 유언비어, 고령화 사회 같은 문제들은 그 일부에 지나지 않는다. 미국의 경우에 국한해서 보자면 시민담론의 부재[43], 편의주의적 선거구 개편 문제, 초당적 협력을 불가능하게 하는 모호한 의회 규칙 (예를 들면 하스터트 규칙*), 유권자 통제**, 규제 없는 사적 정치자금 모금을 통한 선거 비리[44~47]가 주요한 사회적 이슈가 되고 있다. 그러나 사람 자기가축화 가설은 이 가운데 많은 것이 한 가지 근본적 문제의 증상일 뿐이라고 말한다. 같은 편에게는 친절하고 다정했던 사람이, 다른 편에게는 잔인해지는 인간 본성의 역설 말이다.[48]

　이제 병이 무엇인지 알아냈으니 치료법을 찾을 수 있을 것이다. 그리하여 우리가 비인간화에 대한 면역을 키우고, 이로써 미국의 민주주의가 건국 초기 제헌가들이 의도했던 방식으로 기능할 수 있다면 가장 이상적일 것이다. 다행인 것은 비인간화 백신이 실로 존재하며, 그 백신이 실로 효험이 있다는 사실이다.

*　　공화당 의원 과반수의 동의가 없으면 법안을 표결에 붙이지 않도록 하는 공화당 지도부의 불문율이다.
**　　선거 결과에 영향을 미치기 위해서 특정 인구 집단 유권자들의 투표를 좌절시키거나 막는 전략이다.

사랑은 접촉이 요구되는 스포츠다

제2차 세계대전이 발발할 무렵 안제이 피친스키Andrzej Pityński는 폴란드의 자기 아파트에 유대인 여러 명을 숨겨 살려준 일이 있었다. 나치가 침공해왔을 때 안제이는 독일 회사의 직책을 이용해 유대인 거주 지역으로 들어가 몰래 고아들에게 음식을 나누어주었다.

1941년에는 은신처가 발각되어 두 달 동안 수감되었는데, 교도관들의 가혹한 구타로 턱뼈가 부러졌다. 감옥에서 나온 뒤 안제이는 아내와 함께 우크라이나로 탈출해 정제소에서 일하면서 유대인들을 구출했다. 나치 친위대가 안제이 부부의 활동을 알아채자 다시 폴란드로 도망쳤다. 안제이는 독일 점령군에 저항하기 위해서 폴란드 국내에서 조직된 지하저항군에 참여해서 전쟁이 끝날 때까지 계속해서 유대인을 도왔다.[49]

유대인 대학살이 진행되는 동안 유럽인 수천 명이 목숨을 걸고 유대인을 박해와 죽음으로부터 구출했다. 이런 활동이 발각되면 고문을 받거나 국외로 추방되고 심지어는 목숨을 잃었으며 온 가족이 몰살되는 경우도 있었다. 그래도 그들은 유대인을 헛간이나 다락방, 하수구와 가축우리에 하룻밤 숨겨주기도 하고 더러는 한 해 동안 보살펴주기도 했다. 그들은 집에 받아준 유대인이 집주인의 사촌이나 조카인 척했고 또는 오래전에 연락이 끊겼다가 다시 만난 조부모라고 둘러댔다.

다른 사람들이 나치 편을 들거나 혹은 방관할 때 이들로 하여금 목숨을 걸게 만든 건 무엇이었을까? 표면적으로는 아무런 연고도 없는 타인을 위해서? 그들은 대단한 영웅도, 뼛속까지 반골도 아니었다. 남자도 여자도 있고, 교육 수준이 높은 식자층도 까막눈 소작농도 있고, 신앙이 독실한 사람도 완전한 무신론자도 있었다. 부자가 있는가 하면 빈민도 있었고 도시에 사는 사람과 농촌에 사는 사람도 있었다. 의사, 수녀, 외교관, 공무원, 경찰관, 어부 등 직업으로도 구분할 수 없었다.[50]

사회학자 새뮤얼 올리너Samuel Oliner는 아내 펄Pearl과 함께 이 시기에 유대인을 구출한 사람 수백 명의 증언을 분석했다. 그 결과 찾아낸 공통된 특징은 단 하나였다. 그들 모두가 전쟁 전에 유대인 이웃이나 친구 혹은 직장 동료와 친하게 지낸 경험이 있었다. 안제이는 새어머니가 유대인이었다.[49] 직장을 이용해서 유대인 비혼여성 약 200명에게 서류를 위조해준 스테파니아 Stephania는 가장 친한 친구가 유대인이었다. 겨우 열네 살의 나이에 저항군에 참여한 에른스트Ernst는 유년기의 소꿉친구들이 유대인들이었다.[49]

제2차 세계대전 전에 교전 중인 국경 지대와 이웃한 민족 집단들 사이에 벌어지는 장기간의 분쟁을 연구하던 학자들은 다른 집단 간의 접촉이 갈등을 더욱 부추긴다고 보았다. 사람들은 같은 언어를 사용하고 같은 음식을 같은 방식으로 먹는 이들과 함께 사는 공동체 안에서 훨씬 안전하다고 느꼈다. 특히 자신들이 사회적 약자라고 느끼는 소수 민족의 사람들은 문화적 동질감을 유지하는 것이 더 중요하다고 여겼다.

많은 흑인 인권운동가들은 인종분리 폐지에 반대했는데 1955년 조라 닐 허스턴Zora Neale Hurston*은 "피부색이 검어서 백인 학교의 사교 행사에 초대받지 못하는 정도를 대단한 비극이라고 여기지는 않는다"고 말하기도 했다.[51] 그들은 흑인 어린이들 앞에 놓인 고난의 길만이 아니라 수천 명의 우수한 흑인 교사와 행정관 들의 해고 사태도 예견했던 것이다(백인 학부모들은 자녀가 흑인 아이들과 한 학교에서 공부하는 것은 견딜지언정 흑인 교사들에게 교육받는 것만큼은 참지 않았다). W. E. B 듀보이스W. E. B DuBois**는 "인종분리 학교에서는 학생들이 사람으로 대우받으며, 자신과 같은 인종의 교사들에게서 배운다. 흑인으로 산다는 것이 어떤 것인지 몸소 겪어서 아는 교사들에게서.[52] 〔인종분리 학교가〕 우리 아들딸들을 발닦개로 만드는 것보다 한없이 더 좋은 일이 될 것이다"라고 말했다.[53] 이 논리는 오랫동안 힘 있는

---

*   1900년대 초 미국 남부의 인종차별 문제에 천착했던 미국 작가로 인류학자이자 영화감독이기도 하다.

**   미국 흑인 인권운동가·사회학자·교육가. 흑인이 백인 사회에 진입하여 능력을 증명함으로써 동등한 사회 구성원으로 인정받아야 한다는 부커 T. 워싱턴Booker T. Washington의 주장에 반대하여 흑인 스스로 지도 역량을 높여 후대를 키워냄으로써 사회에서 지위를 확보해야 한다고 주장했다.

다수에게도, 혜택을 받지 못하는 소수 집단들에게도 공히 인종 분리를 정당화하는 근거로 사용되었다.[52, 54]

하지만 제2차 세계대전이 끝난 뒤 학자들은 집단 간 갈등을 감소시킬 수 있는 유일한 방법이 접촉이라고 생각하게 되었다. 갈등을 완화하는 최상의 방법은 서로를 위협으로 느끼지 않게 하는 것이었다. 불안이 낮은 상황에서 여러 집단이 함께할 수 있다면 학자들은 처음 만나는 사람들도 서로에게 공감할 수 있는 기회를 갖게 되리라고 생각했다. 이 불안을 감소시키는 것이야말로 집단 간 갈등을 감소시키는 핵심 요소 가운데 하나였다. 위협받는다는 느낌이 우리 뇌에서 마음이론 신경망의 활동을 꺼버린다면, 위협 없는 접촉은 이 스위치를 다시 켤 수 있을 것으로 보였다.

대부분 정책은 태도의 변화가 행동의 변화를 가져오리라는 가정을 전제로 설계된다. 하지만 집단 간 갈등의 경우에는 접촉의 형태로 이루어지는 행동의 변화가 태도의 변화를 가져올 것이다.

교육으로 편협함을 없애는 일의 효과는 다소 제한적이지만, 그럼에도 교육은 사회화라는 중대한 역할을 담당한다. 초중고등학교와 대학교는 사람들과의 우호적인 접촉을 반복적으로 경험하는 데 이상적인 공간이다.[55] 서문에서 소개한 카를로스와 직소모형 수업을 생각해보라. 1960년대의 인종분리 학교

폐지는 험난한 과정이었고, 완전히 성공한 것도 아니라고 주장하는 사람도 있을 것이다. 하지만 결국에는 학교 안에서 이루어지는 인종 간 접촉이 인종에 대한 부정적 고정관념을 불식하는 데 도움이 되었다. 1960년대에 흑인 어린이와 같은 학교에서 공부한 백인 어린이들이 어른이 되었을 때 인종 간 결혼을 더 지지하고 흑인 친구들을 사귀고 흑인이 이사 오는 것을 더 환영하는 것으로 나타났다.[56]

오늘날에도 학교에서 이루어지는 인종 간 접촉은 효과를 보인다. 캘리포니아대학교 로스엔젤레스 기숙사에서는 다른 인종을 룸메이트로 둔 학생들이 인종 간 교류를 더 편하게 느끼고 다인종 커플에 관용을 보이는 것으로 보고되었다. 그들은 다른 인종 친구가 더 많고 다른 인종과 데이트하는 경우도 더 많았다. 흑인이나 라틴아메리카계 룸메이트를 둔 백인 학생들도 더 관용적이었다. 타인종과 룸메이트를 한 1학년이 끝나고 몇 년이 지나 고학년까지도 인종 간 룸메이트 효과는 꾸준히 유지되었다.[55, 57, 58]

군대는 인종 간 접촉이 자연스럽게 이루어질 수 있는 또 하나의 바람직한 공간이다. 미육군은 벌지 전투*에 참전할 흑인 병사 2500명을 모집했다. 이 신병들과 함께 싸운 백인 병사들은

*　제2차 세계대전 막바지 서부전선에서 치러진 독일군 최후의 반격전이다.

배타적 성향이 남달리 강한 남부 출신이었는데, 전투가 끝난 뒤 다른 백인 병사들보다 흑인에 대해서 긍정적인 태도를 갖게 되었다.[52] 이러한 긍정적인 변화는 1948년 인종분리를 철폐한 미국 해병대에서도 다시 한번 증명되었다.

제2차 세계대전이 끝난 1940년대 중반 미국에서는 주택 공급 부족으로 인해서 불가피하게 주거지 인종통합이 이루어졌다. 이웃의 흑인들과 우호적인 대화를 나누어본 백인 여성들은 흑인 주민들에게 더 호감을 갖게 되었고 인종통합 주택을 더 지지하게 되었다. 그뿐이 아니다. 인종통합 주택에 거주한 백인 절반이 장래에도 인종분리가 철폐된 주택을 얼마든지 이용하겠다는 의사를 표했다. 인종분리 주택에 거주한 백인 중에서 이 입장을 지지하는 사람은 5퍼센트뿐이었다.[59, 60]

이렇게 긍정적 변화를 가져올 수 있는 접촉은 격의 없는 한 번의 대화나 공동작업이나 인종통합반처럼 거창하지 않은 형태가 될 수도 있다. 접촉은 식당 같은 장소에서 자연스럽게 발생하는 경우도 있고, 연구실에서 인위적으로 고안되는 것도 있다. 사회적으로 가장 비인간화되는 집단에 속하는 사람들, 예를 들면 노숙자들과의 긍정적인 접촉을 상상하는 것만으로도 공감하는 데 도움이 된다는 연구 결과도 있다.[61~63] 어떤 외부 집단에 대해서 인간적인 어휘를 사용하여 말하는 정도만으로도 그 사람들과 접하거나 사귀고 싶은 마음이 들 수 있다.[64]

따라서 가상의 인물을 만나는 경험으로 사고가 변하는 것도 놀라울 일이 아니다. 해리엇 비처 스토Harriet Beecher Stowe의 소설 《톰 아저씨의 오두막》은 노예제 폐지운동에서 하나의 전환점이 되었다. 르완다에서는 텔레비전 연속극 하나가 대학살 이후 종족 간에 굳어진 편견과 갈등을 감소시키는 효과를 가져왔다.[39] 이야기는 첨단기술이 아닐뿐더러 새로운 것도 아니지만 그럼에도 외집단이라고 느껴지는 사람을 향한 공감을 향상시키는 효과적 방법으로 입증되어왔다.

무엇보다도, 가장 배타적인 사람들이 접촉의 효과를 가장 크게 보이는 것으로 나타났다. 미국 심리학자 고든 호드슨Gordon Hodson은 사회지배 성향과 우파 권위주의 성향이 높을수록 동성애자, 흑인 재소자, 이민자, 노숙자, 에이즈 환자 등 사회적 고정관념에 의해 차별받는 사람들과의 접촉에서 크게 영향받는다는 사실을 알아냈다. 아래의 그래프는 외집단과의 반복적 접촉이 끝나갈 때 그들이 표본 그룹 가운데 가장 관용적인 사람으로 보이기 시작했음을 보여준다.[65, 66]

사람 자기가축화 가설은 우리가 왜 접촉에 적합하도록 설계되었는지, 그리고 그것이 어떻게 긍정적 효과를 가져오는지 설명해준다. 우리는 내집단의 구성원들이 위협받을 때, 평소에는 타인이나 외집단에게도 무리 없이 잘 느끼던 공감능력을 차단시킨다.[67, 68] 이에 외부자들도 위협받는다고 느껴 상대 집단을 비인간화하고, 여기에서 보복성 비인간화의 피드백 순환 고리

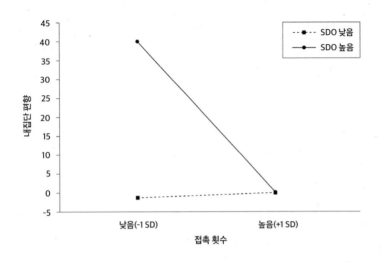

가 만들어진다.[69] 서로 접촉하고 교류하는 관계를 형성함으로써 그 위협받는 느낌을, 아주 잠깐만이라도 없앨 수 있다면 다른 종류의 피드백 순환 고리가 만들어질 수 있을 것이다. 그것을 보답성 인간화라고 부를 수 있을지도 모르겠다. 서로 다른 집단 사람들과 자주 접촉할 수 있는 환경을 조성하면 사회적 유대감이 더 많이 형성되며 타인이 지닌 생각에 대한 감수성도 전반적으로 강화될 수 있다.[70] 이데올로기, 문화, 인종이 다른 사람들과의 교류와 소통은 우리 모두가 같은 집단에 속하는 사람들이라는 사실을 일깨워주는 효과적이고 보편적인 방법이다.[71]

가장 강력한 접촉의 형태는 진심 어린 우정이며, 우정에서 생성되는 관용은 전염되는 듯하다.[52] 가령 친구의 인맥을 통해서 성적 지향이나 성 정체성이 다른 사람들을 폭넓게 접해본 사람들에게서는 LGBTQ 사람들을 비인간화하는 경향이 적은 것으로 나타났다.[72] 미국에서 3주간 캠프에 함께 참여한 이스라엘과 팔레스타인의 10대 학생들에게 캠프에서 가장 가깝다고 느껴지는 사람 5명을 꼽으라고 했을 때 60퍼센트의 캠프 참가자가 가장 가까운 5명을 상대 그룹에서 꼽았다. 이 높은 비율은 이들이 상대 그룹 전체에 대해서도 긍정적 태도를 갖게 되었음을 말해준다.

안타깝게도 현실에서 이처럼 진심 어린 우정을 쌓기란 쉽지 않은 일이다. 2000년도에 진행한 한 설문조사에서는 백인의 86퍼센트가 1명의 흑인을 안다고 답했지만 그 가운데 가장 친한 친구가 흑인이라고 답한 사람은 1.5퍼센트뿐이었다.[73] 흑인의 경우에는 가장 친한 친구가 백인이라고 답한 사람은 8퍼센트뿐이었다.[74]

인종을 초월한 우정은 현실에서 찾아보기 어렵다. 이는 제2차 세계대전 중 유대인 대학살이 진행되는 시기에 자신의 목숨을 걸고 유대인을 돕기 위해 나선 사람이 많지 않았던 이유를 어느 정도 말해주는 듯하다. 하지만 사람들이 왜 주저하지 않고 목숨을 걸었는지 그 이유만은 확실하다. 그 사람들이 유달리 용감하거나 신앙심이 깊거나 반항심이 강했기 때문이 아니었다. 그들이 그럴 수 있었던 것은 한때 혹은 여전히 깊은 마음을 나눈 유대인 친구가 있었기 때문이다. 이 사람들에게는 사람의 도리를 행하는 것이 우선이었다. 나머지는 그저 다 나중에 생각해봐도 될 문제였을 뿐이다.

대통령의 손녀딸

로스앤젤레스로 가는 비행기에서 짧은 금발의 우아한 여성 옆자리에 앉게 되었다. 메리라는 이름의 여성은 '사람을 위한 사람People for People'이라는 비영리 재단에서 일한다고 했다. "우리는 전 세계 사람들을 한자리에 모아서 우정을 통한 평화의 실천을 장려합니다." 메리가 말했다.

"어떻게 이 계통의 일을 하시게 됐어요?"

"제 할아버지의 영향이었죠. 드와이트 아이젠하워Dwight Eisenhower요."

내가 미국 제34대 대통령의 손녀 옆자리에 앉다니, 상상도 못한 일이었다. 메리는 편안한 대화 상대였다. 나는 메리에게 우리의 자기가축화 연구에 대해서, 우정이 어떻게 우리 종이 승승 장구하게 된 전략이 된 것인지, 하지만 어쩌다가 이따금씩 회로가 꼬여 우리 안에 잠재된 비인간화 능력이 상승하게 되었는지에 대해서 이야기했다.

"할아버지는 전쟁에 대해서 한 번도 이야기하지 않았어요. 하지만 홀로코스트 사진이 담긴 책을 한 권 갖고 계셨죠." 메리가 말했다.

아이젠하워가 개인적으로 방문했던 나치 강제수용소를 기록한 책이었다. 널부러진 시신들을 텅 빈 눈빛으로 침울하게 응시하는 포로들의 모습이 담긴 책.

"할아버지는 기억해야 하기 때문에 그 사진들을 간직하는 거라고 하셨어요."

나는 메리에게 할아버지가 대통령이면 어떤 기분이냐고도 물었다.

"전혀 의식하지 않았어요. 평범하다고 생각했어요. 하지만 한 가지 평상시와 달랐던 일은 기억나요. 어렸을 때 일이죠. 소련

공산당 서기장 니키타 흐루쇼프Nikita Khrushchyov가 백악관을 방문해서 우리 남매 모두에게 장난감을 줬어요."

메리는 예쁜 인형을 받았다. 메리가 바닥에서 그 인형을 갖고 놀고 있는데 고성이 들려왔다. 바깥 발코니에서 할아버지가 울그락불그락한 얼굴로 흐루쇼프에게 고함을 치고 있었다. "할아버지가 그렇게 화내시는 모습은 처음 봤어요." 아이젠하워는 맹렬하게 방으로 들어와 손주들에게서 장난감을 빼앗더니 도로 나갔다.

핵무기의 위력을 직접 겪었던 공포의 시절이 있었다. 히로시마에 투하된 원자탄보다 1000배는 더 강력한 핵폭탄이 제조되고 있었고, 사람들은 뒷마당에 핵폭발 대피소를 짓고 언제 닥쳐올지도 모를 핵겨울*에 대비하여 식량을 사재기했다.

메리는 그날 발코니에서 있던 일을 나중에 알게 되었는데, 새 장난감을 갖고 노는 아이들이 한눈에 보이는 그곳에서 흐루쇼프가 아이젠하워의 귀에 대고 속삭였다고 한다. "저 손주들, 땅에 파묻게 해주지."

당시에 메리는 울면서 인형을 돌려달라고 애원했고, 할아버지는 마음이 약해져서 다시 메리에게 주었다. 하지만 메리의 마음 한구석에는 할아버지를 그렇게 격노하게 만든 자, 흐루쇼프

---

*　핵전쟁이 일어나면 생태계가 파괴되어 급격한 기후 변화가 일어나 빙하기가 된다고 예측하는 가설적 상황을 말한다.

에 대한 반감이 늘 자리잡고 있었다.

세월이 흘러 메리는 '사람을 위한 사람' 행사에 내빈으로 참석해서 주변을 둘러보다가 니키타 흐루쇼프의 아들 세르게이 흐루쇼프Sergei Khrushchyov가 와 있는 것을 보고 불안감에 휩싸였다. 할아버지를 기리는 행사에 흐루쇼프 집안 사람을 초대하다니 개최자들은 대체 생각이 있는 거야, 없는 거야?

소개가 끝나자 세르게이가 메리의 손을 잡고 얼굴을 가까이 대더니 속삭였다. "아유, 저만큼 불편하지는 않으셨으면 좋겠어요."

메리는 웃음을 터뜨렸고, 두 사람은 농담을 주거니 받거니 하면서 저녁시간을 보냈다. 그날 이후로 두 사람은 좋은 친구가 되었다. 메리는 '사람을 위한 사람'에서 활동을 시작했고 머지않아 재단 이사장이 되었다.

"내 안의 분노와 증오가 무언가 다른 것으로 변화할 수 있다는 것을 깨달았어요." 메리가 말했다. "다정한 말 한마디로 적에서 친구가 될 수 있다니, 얼마나 놀라운가요. 우리는 사람들을 만나게 해서 평화를 이루어낼 수 있어요. 할아버지가 바라셨던 게 바로 그런 것이었죠."

트럼프의 대통령 취임 연설 다음 날이었던 2017년 1월 21일, 300만 명이 넘는 군중이 여성행진Women's March에 모였다. 대부분의 시위는 미국 안에서 이루어졌지만, 위성을 통해 시위 현장

이 오스트레일리아에서 남극에 이르기까지 전 세계로 생중계
되었다.

　몇 주 뒤인 2017년 2월 1일, 안티파 소속의 급진 좌파 시위

자 150명이 캘리포니아대학교 버클리캠퍼스에 집결했다. 우파 활동가 마일로 야노풀로스Milo Yiannopoulos*의 강연에 항의하기 위해서였다. 검은색 복장에 마스크를 착용하고 몽둥이와 방패로 무장한 안티파 시위자들은 화염병에 불을 붙여 유리창을 깼다. 6명이 부상당하고 1명이 경찰에 체포되었고 캠퍼스에 10만 달러 상당의 물질적 피해를 남겼다.[75]

어떤 유형의 시위가 성공할 가능성이 클까? 여성행진은 사회를 향해 그들의 의견을 피력했다. 그러나 그 시위의 효과를 객관적으로 측정할 수단은 없다. 표면적으로 안티파의 시위는 성공적이었다. 야노풀로스의 강연은 취소되었고 안티파는 회자되었다. 그들은 우파 시위 현장에 나타나거나 때로는 대안우파 지지자들과의 무력 충돌로 점점 더 유명세를 얻었다. 백인 민족주의 지도자 리처드 스펜서Richard Spencer**가 검은 복장의 시위자에게 얻어맞는 장면이 텔레비전에 방송된 뒤로 해시태그 #PunchANazi(나치에게한방)가 소셜미디어에서 일파만파로 퍼져나갔고 이 장면에 음악과 노래를 넣어 편집한 비디오가 수백 편 제작되어 유행했다.

장폴 사르트르Jean-Paul Sartre는 "소작농들은 부르주아 지주

---

*   페미니즘, 이슬람교, 동성애 등을 조롱하는 발언과 저술 활동을 벌이는 영국 출신 극우 논객이다.
**   백인종 제국 재건을 주장하고 노예제와 소수 민족 말살을 옹호하는 백인우월주의자.

들을 바닷속으로 처넣지 않으면 안 된다"[76]고 말했다. 정치학자 제이슨 라이올Jason Lyall은 기동력 있는 무장 반란군이 무겁고 굼뜬 정부군을 무너뜨리는 경우가 더 많다고 말한다.[77] 맬컴 엑스Malcolm X는 마틴 루서 킹Martin Luther King의 직업과 자유를 위한 워싱턴 행진*에 대해서 이렇게 말했다. "압제자들과 나란히 앉아 연못에 발장구치면서 기타 반주에 맞추어 성가를 부르며 '나에게는 꿈이 있습니다'라고 연설하는 혁명가가 있다는 소리, 들어본 적 있는가?"[78] 하지만 사람 자기가축화 가설에 따르면 더 평화로운 전략이 더 효과적인 결과를 얻어낼 것이다. 폭력 시위는 위협감을 가중시켜 보복성 비인간화의 순환 고리에 불을 붙이게 될 것이다. 폭력은 또 다른 폭력을 낳을 뿐이다. 어떤 정치 이데올로기가 되었건 극단에 가까운 신봉자일수록 자신들에게 위협이 된다고 느끼는 집단을 비인간화하는 경향이 강하다.

미국의 정치학자 에리카 체노웨스Erica Chenoweth**는 처음에는 "권력은 총구에서 나온다"고 믿었다. "비극적인 이야기지만, 사람들에게는 (…) 권력의 교체를 위해서는 폭력을 사용하는 것이

* 1963년 미국 흑인의 인권과 경제적 권리 옹호를 기치로 열린 시위로 약 25만 명이 참여했으며, 여기에서 킹이 "나에게는 꿈이 있습니다(I Have a Dream)"를 연설했다.
** 하버드대학교 케네디공공정책대학원 교수. 방대한 규모의 비폭력 시민 저항운동 연구로 유명하다.

(…) 타당한 선택이었다."[79] 체노웨스는 시위, 보이콧, 파업 등 평화적 운동이 환경 개선이나 성 인권 보호, 노동 개혁 같은 "연성적 권리"에는 통할지 모르겠으나 "독재자를 타도하거나 새 국가 체제를 건설하고자 한다면 효과를 볼 수 없을 것"[79]이라는 가설을 제시했다.

이 가설을 증명하기 위해서 체노웨스는 1900년 이래로 정권 교체라는 어려운 목표를 성취하기 위해서 벌어졌던 전 세계의 주요 폭력 및 평화 시위 관련 자료를 모두 수집했다. 놀랍게도, 평화 시위의 성공률이 2배 더 높으며, 폭력적 국가 체제가 붕괴될 가능성은 4배가 더 높다는 결론이 나왔다.

폭력 시위보다는 평화 시위로 성공했을 때 민주적 체제가 수립되어 다시 내전 상태로 돌아가지 않는 경향이 더 높았다.[80] 평화 시위가 더 성공하는 이 경향은 갈수록 더 확대되고 있다.

체노웨스는 평화 시위가 더 성공하는 경향은 순전히 참여하는 인원수에 기인한다고 믿는다. 평화 시위에 참여하는 인원이 폭력 시위에 참여하는 인원보다 평균 15만 명이 더 많다. 평화 시위에는 여성, 어린이, 노인이 모두 참여할 수 있다. 폭력 시위가 지하운동 같은 은폐적 경향을 띠는 반면에 평화 시위는 모두가 볼 수 있는 공개적 형태로 전개된다.[80]

모든 저항운동은 운동의 명분에 사회의 이목을 집중시켜야 하지만 그러면서도 거국적 호응과 지원을 이끌어내야 한다. 이

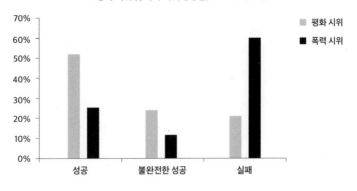

평화 시위 및 폭력 시위 성공률, 1990~2006년

를 위해서는 양자 간에 균형을 잃지 말아야 한다. 한 연구에 따르면, 도로 봉쇄나 기물 파손, 폭력 행사 같은 극단적인 시위 전술은 언론과 대중의 주의를 끄는 데는 효과적이지만 실제 운동에 대한 대중의 지지는 감소하는 것으로 나타났다.[81]

이와 대조적으로, 참가자가 여성과 어린이까지 포함하여 수천 명, 경우에 따라서는 수백만 명의 참가자가 노래를 부르고 평화적으로 구호를 외치는 평화 시위는 이 운동이 대중을 위협한다는 느낌을 감소시킨다. 체노웨스의 연구는 폭력 시위 때보다 평화 시위 때 시위를 진압하는 공권력의 이탈이 더 많이 발생한다는 것도 보여준다.

미국시민자유연맹American Civil Liberties Union·ACLU*은 백인우월주의자들에게도 집회 및 시위의 자유가 보장되어야 한다는 입장이었으나, 2017년 샬러츠빌에서 한 시위자가 반대 시위자들을

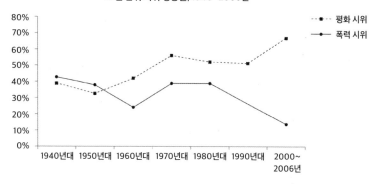

10년 단위 시위 성공률, 1940~2006년

- - ■ - - 평화 시위

━━●━━ 폭력 시위

향해 차량으로 돌진하여 32세 여성 헤더 헤이어Heather Heyer가 사망하자 정책을 정정했다. 미국시민자유연맹은 모든 집단의 집회 및 시위의 자유를 옹호하나, 단 평화 시위여야 한다. 어느 집단이 되었건 무장한 자들의 시위는 더 이상 지지하지 않는다.

집회의 자유는 민주주의의 기본이다. 그러나 사회의 변화를 원하는 사람이라면, 외부자가 그 집회를 위협으로 느끼지 않도록 하는 것은 집회의 '평화로운' 부분임을 기억하자. 평화로운 노력만이 내구력 있는 변화를 만들어낼 수 있는 것이다.

2017년에 캘리포니아대학교 버클리캠퍼스는 1960년대에

---

* 1920년대 미국에서 발생한 인권 탄압에 저항하며 언론의 자유, 반전 등을 위해서 헬렌 켈러를 위시한 여러 인권운동가, 변호사, 학자가 창설한 비영리단체다.

표현의 자유 운동의 산실이었던 이 캠퍼스가 야노풀로스나 앤 콜터Ann Coulter* 같은 우파 보수주의자들의 연설을 허용해도 되느냐는 문제로 매달 시위 장소가 되다시피 했다.

진보 진영은 백인우월주의자, 네오나치, 대안우파 들의 발언을 '증오언설'로 규정하고 이들의 대중 연설을 금지해야 한다고 주장했다. 이에 대안우파는 "의회는 (…) 발언의 자유를 저해하는 어떠한 법률도 만들 수 없다"[82]는 미국 수정헌법 제1조를 소환하여 진보들이 말하는 '증오언설'이란 곧 검열의 암호라고 주장했다.

증오언설 관련 법제가 복잡한 것은 증오언설을 정의하는 것 자체가 어렵기 때문이다. "어떠한 인종 집단이나 종교 집단, 민족 집단 혹은 국가에 대한 여하한 형태의 무례한 표현은 전부"[83] 증오언설인가? 아니면 "역사적으로 열등한 집단의 구성원을 겨냥할 때"[84]만인가?

미국에서는 표현의 자유에 몇 가지 제약이 있다. 전국으로 방송되는 텔레비전에서는 누군가를 욕하거나 욕설을 사용하면 안 된다. 누군가에게 폭력을 쓰겠다고 협박해서도 안 된다. 암살자가 되는 방법에 관해 안내서를 쓰면 안 된다(1997년에 관련 서적이 한 권 출판되었다가 기소된 바 있다). 하지만 이런 몇 가지 법적 예외사항만 피한다면 표현의 자유는 보호받는다.

* 미국 보수주의 성향의 저술가이자 정치평론가다.

다른 민주주의 국가들에는 증오언설을 방지하는 법이 있다. 오스트레일리아에서는 "타인 또는 타 집단 사람들에게 불쾌감을 주거나 그들을 모욕하거나 협박하는 발언"[85]은 위법이다. 2000년에는 홀로코스트를 부정하는 오스트레일리아의 한 웹사이트가 법률을 위반했다는 판결을 받았다. 독일에서는 증오언설을 "다른 국가, 인종, 종교 집단에 대한 혐오를 유발하는 행위"[86]로 규정한다. 2017년에 독일은 페이스북 같은 소셜미디어가 24시간 이내에 혐오표현을 삭제하지 않을 경우 5000만 유로 상당의 벌금을 부과하는 법을 제정했다. 이스라엘에서는 증오언설을 "종교적 감수성을 해치는 표현"[87]으로 정의한다.

사람 자기가축화 가설은 증오에 대해 명쾌한 예측을 제시한다. 한 집단의 구성원들이 외집단을 비인간화할 때, 즉 외집단 구성원을 인간 이하의 무언가로 말하는 것이 이를 듣는 상대방에게 최악의 폭력 행위를 유발하게 된다는 것이다. 이 가설은 또한 사람을 동물이나 기계에 비유하거나, '쓰레기' '기생충' '체액' '오물' 등 본능적으로 혐오감을 느끼게 하는 언어로 묘사하는 것이 가장 위험한 형태의 증오언설이라고 본다.

8장에서 우리는 타인을 비인간화할 때 마음이론 신경망에 관여하는 뇌 부위의 활동이 둔화된다는 fMRI 연구를 살펴보았다.[88] 누군가가 다른 집단 사람들을 비인간화하는 말을 엿듣기만 해도 우리는 그에 동조해서 그 집단 구성원을 비인간화할 가능성이 높아진다. 이 효과는 어린이들에게서도 나타난다.

표현의 자유를 위축시키지 않으면서도 우리는 타인을 비인간화하는 언어를 제재하는 강력한 문화적 규범을 조성할 수 있다. 텔레비전, 신문 같은 언론 매체나 사회적 소통 매체에서 누군가가 어떤 사람이나 집단을 인간 이하로 말한다면 우리 내부에서부터 경보기를 울려야 한다. 시민으로서의 우리는 절대로 증오언설을 표준으로 만들어서는 안 된다. 이탈리아의 시인 잠바티스타 바실레Giambattista Basile가 썼듯이, "뼈 없는 혀가 척추를 부러뜨리는 법"[89]이다.

"상상이 돼요? 이 사람들, 사람 목이나 베는 저쪽 중동 지역의 그 짐승들이 우리가 물고문이 문제다 어떻다 하는 걸 보고 뭐라 떠들지 상상이 돼요?" 트럼프가 대선 유세 기간에 한 말이다. "우린 물고문을 밀고 나가야 됩니다. 물고문 이상으로 가야 돼요."[90]

트럼프의 대통령 선거 유세는 여러모로 다른 유세와 비교할 수 없었지만 그중에서도 가장 충격적인 것은 유세 기간 내내 외집단을 비인간화하는 수사를 거침없이 사용했다는 점이었다. 트럼프는 신기에 가까운 직관으로 선거인단들이 외부자로 간주할 집단을 간파해냈고, 그 외집단들을 위협이라는 프레임 속에 가두고 능수능란하게 다루었다. 자신의 지지자들을 모욕하는 기자들을 향해서는 "쓰레기" "구역질 나는" "상놈"이라고 불렀고 힐러리 클린턴Hillary Clinton은 "심술궂은 여편네", 클린턴의 지지자들은 "짐승들"이라고 불렀다.[91]

트럼프는 외집단의 명단을 만들어냈고 그들이 야기하는 위협을 역설하는 데서 그치지 않았으며 그들에 대한 폭력 행사마저 조장했다. 그는 고문과 사형을 옹호했고 난민들을 강제 추방해야 한다고 주장했다. 그의 유세 현장에 취재하러 간 기자들마저 안전이 보장되지 않아 스스로를 보호하기 위해서는 지정 구역 안에 머물러야 했다. 트럼프의 수사 자체에서도 폭력성이 넘쳤다. 그는 "주먹으로 〔시위자〕 얼굴을 한 대 치고" 싶다고 말했고, 흑인 인권 시위에 참가한 시위자에 대해서는 "좀 두들겨 맞았어야 한다"[92]고 말했으며, 본인은 뉴욕시 5번가 한복판에서 "누군가를 총으로 쏴도 표 한 장 잃지 않을 사람"[93]이라며 호언장담하기도 했다.

미국의 정치제도는 만인이, 최악의 적까지도 동등한 사람으로 대우받을 자격이 있다는 민주주의의 원리를 기본으로 한다. 우리는 타인을 비인간화하는 지도자는 외면하고 타인에게도 인간애를 실천할 것을 주장하는 지도자에게 정당과 소속을 떠나서 힘을 실어주어야 할 것이다.

도시 서식 종

자기가축화의 가장 강력한 결과는 우리가 자기가축화 이전보다 더 밀도 높고 큰 규모의 집단을 이루어 살게 되었다는 것이다. 후기 구석기시대에 살았던 네안데르탈인들이 이루었던 무리는 10여 명에 불과했을 것으로 보인다. 반면에 우리 종은 수백 명 단위의 인구가 준영구적 형태로 정착해 생활했다. 그러다가 영구적인 정착 생활이 가능해지면서 인구는 수백 명에서 수천 명으로, 수백만 명으로 늘어났다.

2008년 우리는 도시 서식 종이 되었다. 이제 시골 지역보다 도시 지역에 사는 인구가 더 많아진 것이다. 많은 면에서 이것은 좋은 소식이다. 빈곤한 국가에서조차 사람들은, 여러 기준에서, 시골 지역보다는 도시 지역에 사는 것을 선호한다. 도시에는 사회계층의 상향 이동과 교육의 기회가 많고 더 나은 생활 수준을 누릴 수 있기 때문이다.

가장 바람직한 도시의 모습은 다양한 국가와 민족, 인종, 성 정체성이 섞인 활기 넘치는 공동체를 이루는 공간이다. 이 다양성이 사람들 간의 교류를 활성화시키며, 혁신과 경제적 성장을 이끌고 사회의 관용을 강화시킬 것이다. 다행히 우리는 교류를 증진시키는 도시를 어떻게 건설해야 하는지 이미 알고 있다. 건축이란, 모름지기 모든 기술이 그렇듯이 우리 삶의 확장이기 때문이다. 이상적인 도시 건축이라면, 부모가 자녀들이 바깥에서 노는 모습을 볼 수 있고 주민들이 지나다니는 사람들을 지켜볼 수 있는 중층 높이 건물(12층이 상한선인 듯하다)에, 다양한 직업과 다양한 사회경제적 지위, 다양한 소득층이 섞여 거주하는 모습일 것이다. 또 작은 규모의 회사와 카페, 식당에 바로 접근 가능하며 지역의 상인들은 손님들과 알고 지내고 정원과 마당이 있어 어머니들이 대화를 나눌 수 있는, 또 그 자녀들이 서로

친구가 될 수 있는 형태가 될 것이다.[94~96]

　1950년대에 뉴욕의 웨스트 빌리지가 이런 유형의 도시였다. 도시계획전문가 제인 제이콥스Jane Jacobs*는 아침마다 자신의 아파트 바깥에서 펼쳐지는 천태만상을 이렇게 묘사했다. "늘 이방인들이 오가는 허드슨거리. 이들의 우정 어린 눈길은 우리 원주민들이 거리의 평화를 유지하는 데 힘이 된다. 워낙 수가 많으니 다 다른 사람들처럼 느껴지지만 (…) 허드슨거리에서 서너 번 마주치다 보면 저절로 고갯짓으로 인사하는 사이가 된다."[94]

　최악은 사람들의 접촉을 막는 도시다. 고층 건물이 만들어내는 것은 몇 년을 같은 층에 살면서도 한 번도 마주치지 않을 이웃, 사람들이 오가며 일상을 만들어내는 길가라고는 없이, 네모반듯한 대형 체인점과 패스트푸드 레스토랑만 즐비하고, 철통 같은 입구며 담장으로 동네에 머물거나 돌아다니는 것을 가로막는 동네, 고속도로가 동네를 통과해서 건널목이나 녹지 한 뙈기 없는 풍경이다.

　미국은 많은 도시가 인종적으로 분리되어 있는데, 이는 제2차 세계대전 직후에 시작된 현상이다. 정부는 큰 예산을 쏟아부어 교외로 직통하는 고속도로를 건설함으로써 백인들의 도심 탈출White Flight**을 도모했다. 동시에 법으로 흑인이 교외 지역에서 백인 주거 건물을 구입하지 못하도록 금지했다. 연방 주

---

*　도시계획가이자 미국의 도시재생 정책 비판에 헌신한 사회운동가다.

택청은 흑인이라는 이유로 주택융자를 거부했고 나아가 교외 전체 지역에 대한 대출을 거부했다. 이렇게 흑인 공동체와 백인 공동체 사이에 물리적 거리가 생기면서 접촉과 교류의 기회가 박탈되었고, 이로써 공동체 간에 서로를 비인간화하는 것이 용이해졌다.

특정 집단 사람들을 특정 공간에서 내쫓기 위해 설계하는 도시 건축도 있다. '적대적 건축'은 사람들이 앉아 쉴 수 없도록 만든 경사진 창턱이나, 층계에 심어놓은 날카로운 쇠붙이, 스케이트보드 주자들을 방해하기 위한 경계석이나 울퉁불퉁한 포장도로 따위를 가리키는 용어다. 적대적 건축은 비인간화에 가장 무력할 수밖에 없는 노숙자들을 표적으로 삼는 경우가 많다. 노숙자들은 다리 아래 촘촘히 박아놓은 철심이며 안식처로 삼곤 하던 공원 벤치 사이의 팔걸이, 아늑한 쉼터가 될 수도 있었을 잔디밭 곳곳에서 그들을 몰아내기 위해 설치된 살수기 따위로 큰 곤란을 겪고 있다.

노숙자가 아닌 사람들이라고 이런 적대적 건축의 효과에 영향을 받지 않는 것은 아니다. 그리스 태생으로 영국에서 활동하는 저술가 알렉스 안드레우Alex Andreou는 이렇게 말한다. "사람의 몸에 맞지 않는 도시는 사람을 환영하는 곳이 되지 못한다.

***

** 　 타 인종과 같은 지역에 살기를 꺼리는 중산층 백인들이 교외로 이주하는 현상을 말한다.

이는 우리가 사는 환경을 더 적대적으로 만들고 우리도 그 안에서 더욱더 적대적으로 변해간다."[97]

도시는 우리의 조상들이 살아가는 데 도움이 되었던 것과 비슷한 환경으로 설계될 필요가 있다. "도시는 교류와 접촉을 증진하는 곳이 되어야 한다. 그렇게 되기 위해서는 제도적인 지원이 필요하다"고 도시계획가 마이 응우엔Mai Nguyen은 말한다. 응우엔은 효율적인 출퇴근이 가능하도록 도심이나 적어도 환승 지원 시설이 가까운 지역에 정부 보조 주택을 건설할 것을 제안한다. "노출이 관용을 창조한다"고 응우엔은 강조한다.

도시는 서로 다른 배경과 다양한 관점 및 경험을 지닌 사람들이 자유롭게 섞여 생각을 교환하는 공간이 되어야 한다. 우리의 조상들에게는 무역로를 따라 형성된 정착 부락이 있었다. 머나먼 곳에서 떠나온 여행자들이 이곳에 모여 생각과 기술, 상품을 나누었다. 현대의 우리에게 이 역할을 하는 곳은 공원, 카페, 극장, 식당 같은 공공장소다. 우리는 이런 장소에서 이웃을 만나 어울리면서 서로에 대해 알아가고 친해질 수 있다.

서식지는 바뀌었지만 우리 종의 본질은 변하지 않았다. 우리는 큰 규모의 집단 안에서 협력하며 살아갈 때 가장 창조적이고 생산적인 종이다. 우리는 출신이 다양한 사람들과 생각을 교류할 때 가장 혁신적인 결과물을 만들어낸다. 우리가 사는 사회의 건축물이 관용을 베풀 때 그 안의 개인들도 관용을 베풀 수 있다. 건강한 민주주의를 유지하기 위해서는 두려움 없이 서로를 만날 수 있고 무례하지 않게 반대 의견을 낼 수 있으며 자신과 하나도 닮지 않은 사람들과도 친구가 될 수 있는 공간을 설계할 필요가 있다.

9 단짝   친구들

클로딘 안드레는 군대가 징발한, 포탄 자국이 흉흉한 건물 층계를 맹렬하게 뛰어올라왔다. 지난 5년 사이 콩고에서 벌어진 두 번째 전쟁이었다. 킨샤사는 한 달째 르완다군에 포위되어 식량도 바닥나고 수도도 끊긴 상태였다. 도시 외곽에서는 후투족 병사들이 투치족 마을에 폐타이어를 투척하고 불을 붙였다.

투치족과 이탈리아인의 혼혈인 안드레의 남편은 이탈리아 대사관에서 몇 주째 숨어 지내고 있었다. 안드레는 집과 대사관을 왔다 갔다 하면서 새 소식과 물자를 전달했다. 안드레의 남편은 밖으로 나가는 것이 위험했고, 설령 안전하다고 해도 갈 곳이 없었다. 비행기도 헬리콥터도 없었다. 떠날 수 있는 사람은 이미 전부 떠나고 없었다.

2층에 임시로 차려놓은 육군사무소에 이르자 군인들이 안드레를 멈춰 세웠다.

"장군을 만나고 싶어서 왔습니다."

"지금 바쁩십니다."

"기다리죠."

기다림은 예상했던 것보다 빨리 끝났다. 눈부신 붉은 머리의 백인 여자가 사무실 밖에 서서 기다린다는 전갈을 들은 장군은 더 이상 호기심을 누를 수 없었다.

"무슨 일이십니까, 부인?"

"당신네 병사들이 공원의 나무를 베고 있어요."

"그래서요?"

"저는 보노보 12마리를 보살피고 있어요. 전쟁으로 고아가 된 아이들인데, 전쟁이 끝난 뒤에도 어딘가 살 곳이 필요합니다."

그 보노보 12마리는 안드레의 집 차고에서 잤다. 안드레는 날마다 이들을 SUV 차량에 꾸역꾸역 태워서 학교 뒤쪽 작은 숲으로 데려갔다. 안드레가 공원이라고 말한 곳은 전 독재자 모부투 세세 세코Mobutu Sese Seko*의 개인 별장 중 하나였다. 우거진 정원에 온갖 열대식물과 동물이 서식하는 곳이었는데, 현재는 군인들이 관리하고 있었다.

"보노보는 콩고의 자랑거리입니다. 오직 콩고에만 사는 동물입니다. 이 공원은 보노보를 위한 곳이 되어야 합니다."

---

*   쿠데타로 집권했다가 쿠데타로 실각한 콩고민주공화국 2대 대통령이다.

폭탄이 건물 근처에 떨어져 담장이 흔들리고 천장에서 석고 조각이 떨어졌다. 안드레는 침착하게 말을 이었다.

"당신네 병사들에게 벌목을 중단하라고 말해주십시오."

"부인, 지금 가셔야 합니다. 여긴 안전하지가…"

또 다른 폭탄이 떨어졌다.

"이 보노보들에게는 보호가 필요합니다."

장군이 그러겠다고 말할 때까지 안드레가 떠나지 않으리라는 걸 깨달은 듯, 장군이 말했다. "지시 내리겠습니다."

안드레는 잠자코 서 있었다. 또 다른 폭탄.

"당신을 이 공원의 관리자로 임명합니다! 6개월마다 내게 보고서를 제출하십시오. 병사들에게도 전달될 겁니다. 자, 이제 그만요. 부인, 부탁입니다!"

이 전쟁 통에 보노보가 타고 놀 나무를 갖고 언쟁이라니, 제 정신인지 묻고 싶을지도 모르겠다. 안드레는 동물을 사랑했다. 병들거나 다친 동물이라면 누구라도 안드레를 믿고 의지할 수 있었다. 제1차 콩고전쟁 동안 안드레는 동물원에서 굶고 있는 동물들에게 먹을 것을 가져다주었다. 보노보 63마리 이외에도 회색앵무 3마리, 갈라고 1마리, 개 3마리, 고양이 10마리, 큰흰코원숭이 1마리를 한꺼번에 돌보던 시기도 있었다.

안드레는 킨샤사 일대에 10여 개의 친절클럽Kindness Club*을 열어 어린이들에게 동물에게도 생각과 감정이 있으며 사랑받을 자격이 있음을 가르쳤다. 어느 날 아침 안드레가 보노보 보호소를 방문한 사람들을 대상으로 강연하는데 한 남자가 일어나 이야기를 끊었다.

"어떻게 동물에 관해 이야기를 할 수 있습니까?" 남자가 안드레에게 물었다. "콩고에선 사람들이 고통받고 있어요. 이 보노보들이 당신 앞에 있는 이 아이들보다 더 잘 먹고 잘 살고 있는 게 맞는 건가요?"

"저는 어린이들에게 동물에게 친절하라고 가르칩니다." 안드레는 이렇게 답했다. "그러면 어린이들이 서로에게도 친절해

---

*   1957년 슈바이처의 원칙이었던 '생명에 대한 경외'를 바탕으로 세워진 어린이 교육 단체를 말한다.

집니다."

동물과의 유대

동물에게 친절한 태도가 정말로 타인에 대한 친절함으로 이어질 수 있을까? 설령 그렇다 해도 학자들은 사람과 동물을 연관시키는 개념에는 꾸준히 저항해왔다. 그것은 우리 종이 특별하고 동물들과 다르다는 믿음에 대한 도전이기 때문이다.[1] 이관점에 따르자면 우리는 우리 종의 특성 가운데 많은 부분이 동물과 같다고 생각하고 싶어 하지 않는데, 그런 까닭에 사람을 동물에 비유하는 것이 그토록 효과적인 비인간화 전술이 된 것이다.

학생들을 대상으로 실시한 설문조사 15개 항목 가운데에는 편견과 비인간화의 가장 주요한 동력이 무엇인지를 묻는 항목도 있었다. 다수는 무지, 닫힌 마음, 매스미디어, 부모의 영향, 문화적 차이를 원인으로 돌렸다. 반면에 동물에 대한 시각은 이 문제와 관련이 없다고 보았다. 하지만 이 학생들도 비인간화가 타인을 동물과 비슷하다고 여기는 과정임은 인정했으며 집단 간관계를 개선하기 위한 주된 해법은 교육과 접촉이라고 보았다.[2]

이 연구에서 우리가 반드시 배워야 할 교훈이 있다면, 무엇이 우리의 태도와 행동을 형성하는지 우리가 항상 인지하지는 못한다는 사실이다. 사람들은 무의식적으로 타인의 신체적 특성을 토대로 그 사람을 평가하는데, 이는 동물을 대상으로 했을 때도 똑같다. 나는 동료 마거릿 그룬Margaret Gruen과 함께 수 의사들과 일반 대중을 대상으로 설문조사를 실시했다. 우리는 다양한 품종의 개 사진을 보여주고 품종별로 통증 민감도를 점 수로 매기도록 했는데, 품종에 따라 통증을 경험하는 정도에 차이가 있다는 과학적 근거가 전혀 없는데도 일반 대중은 일관 되게 큰 개보다 작은 개의 통증 민감도에 더 높은 점수를 매겼 다. 수의대에서도 품종에 따른 통증 민감도가 다르다고 가르치 지 않았지만 수의사들 역시 품종별로 통증 민감도 점수를 각각 다르게 주었다. 두 그룹 모두 공격성이 높다고 평가받는 품종의 개가 통증에 덜 민감하다고 평가했다. 심지어 같은 품종 중에 서도 털색이 짙은 개체가 통증 민감도 점수를 낮게 받았다.

우리는 우리와 동물의 관계가 사람을 대하는 태도에 영향을 준다는 사실도 확실히 인지하지 못하고 있었다. 동물에게 친절 하므로 사람에게도 친절할 거라고 생각하지는 않지만, 대개 동 물을 잔인하게 다루는 사람은 사람에게도 잔인할 것이라고 믿 는다.

우리는 유년기에 동물을 잔인하게 다루는 행동이 자라서 더 위험한 행동을 하게 될 조짐을 보여주는 것임을 안다. 이는 사이코패스의 유년기 징후 중 하나다. 동물과 사람의 연관관계 는 극단적 형태의 정신질환에서만 뚜렷하게 드러나는 것이 아 니다. 동물을 대하는 태도는 타인을 대하는 대중의 태도와의 상관관계도 입증할 수 있다. 심리학자 고든 호드슨과 크리스토프 돈트Kristof Dhont는 사람이 동물보다 우월하다고 생각하는 사람들이, 사람 중에서도 우월한 집단과 열등한 집단이 있다고 생각하는 경향이 더 높게 나타나는지를 조사했다. 조사 결과, "사람을 동물과 다르다고 여기는 태도나 동물보다 우월하다고 여기는 태도가 이민자나 흑인이나 소수 민족 등 사람 외집단을 동물로 비유하는 비인간화에 주된 역할을 한다"는 것을 알 수 있었다.[3]

호드슨은 다른 연구[4]에서 사람과 동물을 얼마나 분리해서 인식하는지 구체적으로 그 범위를 알아보기 위해 "사람은 생각을 하는 유일한 생물이 아니며, 사람 이외의 일부 동물도 생각을 할 수 있다" 같은 진술에 얼마나 동의하는지 물었다. 사람과 동물의 차이를 더 크게 생각하는 사람들이 이민자를 더 비인간화하며 "이민자들이 동등한 권리를 요구하는 정도가 지나치게 심해지고 있다"는 진술에 동의하는 경향을 보였다. 반면에 동물이 사람과 더 비슷하다고 생각하는 사람들은 이민자를 덜 비인간화하는 것으로 나타났는데, 사람과 동물의 분리 정도, 즉 사람과 동물의 거리감에 대한 인식이 사람 집단들 간의 거리감 인식과 완전한 상관관계를 보인 것이다.

딩고가 우리를 키웠다

지난 몇십 년 사이에 서구 산업화 세계에서는 사람과 개의 거리감이 급격하게 가까워졌다. 처음에 개는 사람의 일을 거드는 동물이나 신분의 상징으로 간주되다가 완전한 가족 구성원이 되었다. 반려견에게 아낌없이 쏟는 사랑을 그저 현대인이 누리는 또 하나의 사치로 느낄 수도 있겠지만, 이 사랑이 훨씬 더 오래된 것임을 선사시대의 무덤에서 알 수 있다. 여러 대륙에서 발굴된 1만여 년 전의 유적에서는 망자의 품에 개를 안겨 매장한 풍습이 발견되었다.

마르투 부족사회는 세계에서 평등주의가 가장 잘 실천되고 있는 문화권으로 꼽히는데, 이들 부족민이 보여주는 사람과 개의 사랑은 더더욱 인상적이다. 이들이 사는 웨스트오스트레일리아주의 오지는 지구에서 가장 아름답고도 척박한 땅이다. 그들은 그레이트샌디사막에서 도시 윌루나까지, 미국 북동부 코네티컷주만 한 면적의 땅 주인으로 살아왔다. 뜨겁기만 한 태양 아래 식물이 잘 자라지 못하고 물이 귀한 이 토양을 보고 네덜란드 개척자들은 "사람이 살 수 없는 땅"이라고 선포했다.

하지만 마르투족은 이 지역에서 서로 연결된 채 수천 년을 살아온 광대한 원주민 부족 공동체의 일원이었다.[5] 얼마 남지 않은 수렵채집인 중 하나로, 1960년대에 처음 유럽인들과 만난 마르투족은 가장 뒤늦게 서구의 문명세계를 접한 부족이 되었다. 그들은 물길을 찾고 지형도를 그리는 비법을 정교한 세공품에 담아 다음 세대로 전수해왔는데, 현재 그 작품들은 전 세계에서 명성을 얻고 있다. 마르투족은 오스트레일리아의 다른 원주민들이 그러하듯이 땅과 그곳에 사는 모든 동물들과 총체적이고 심오한 관계를 맺으며 살아간다. 이 영적인 전통을 몽환시夢幻時*라고 부르는데, 몽환시에서 중요한 주인공 중 하나가 야생 개 딩고다.

딩고는 다른 개들과 마찬가지로 늑대를 조상으로 삼는데 이 종은 최소 5000년 전에 아시아에서 오스트레일리아로 이주했다. 현대의 대다수 혈통견은 사람의 제어하에 교배되어 급진적인 변화를 겪었으나 딩고는 그렇지 않았다. 딩고는 야생종과 가축종의 경계에 있는데 일부는 사람과 함께, 일부는 척박한 황야 멀리 어딘가에서 살아간다. 사람에게 길들지 않은 여느 야생종과 달리 이 야생 딩고는 인간 없이도 잘 살지만 사람들과 가깝게 지낼 수도 있다. "이 딩고들이 우리의 어머니입니다." 한 마르투족 사람이 인류학자 더그 버드Doug Bird와 인터뷰할 때 설명한 말이다.

이 말은 은유가 아니다. 그들은 버드에게 이런 이야기를 들려주었다. 마르투족 사회에서는 어른들이 수렵과 채집 활동을 위해서 멀리 야외로 나가면 좀 큰 아이들이 동생들을 지키다가 피곤해질 때 집으로 돌아갔다. 아이들이 집에 도착하면 이들을 따라온 딩고들이 자기 새끼들에게 해주는 것처럼 먹은 것을 게워냈다. 아이들은 단백질이 풍부한 이 곤죽을 불에 구워 먹으

---

*　오스트레일리아 원주민의 일상과 영적인 삶에서 중요한 역할을 차지하는 세계관으로, 여기에서 꿈은 세계가 창조된 시기를 뜻한다.

면서 허기를 달랬다. 그러면 부모가 고기와 식물 뿌리, 견과나 장과 따위의 양식을 들고 집으로 돌아왔다. 부모가 돌아오기를 기다리는 동안 아이들은 딩고 옆에 옹크리고 누워 온기를 얻곤 했다. 딩고가 지켜주는 동안에는 아무도 자기네를 해치지 못한다는 것을 알았다.

오스트레일리아 오지에서는 수천 년 동안 개가 사람 가족의 일부로 살아왔던 것으로 보인다. 이는 매우 특별한 관계다. 자신들을 사냥하고 괴롭히는 사람 종을 돌보고 엄마 노릇을 하는 딩고뿐만 아니라 오스트레일리아 원주민들에게도 말이다. 놀랍도록 평등한 이 사회에서 딩고는 일을 부리거나 해로운 짐승이 아니라 가족이었다. 아마도 분명히 사람과 개의 관계에서 무언가 중대한 변화가 일어났기에 개를 일가족에서 몰아내게 되었을 것이다(십중팔구는 산업화를 둘러싼 변화였을 것이다).

유럽의 혈통견들은 놀랍게도 아주 최근에 교배된 품종이다.[6] 사람들이 개의 품종을 교배한 시기는 빅토리아 시대로, 개가 본래 맡은 역할보다 외모가 더 중요해진 시기였다. 빅토리아 여왕 시대 이전에는 덩치가 큰 개면 전부 마스티프라고 불렀고, 산토끼를 사냥하는 개면 해리어, 무릎에 앉힐 수 있는 작은 개는 스패니얼이었다.[7]

19세기 말에 최초의 개 쇼가 열렸는데, '순수' 혈통을 개량하는 데 쓸모 있어 보이는 '우수한' 형질을 지닌 개를 선별하기 위해서 만들어진 행사였다. 대회에서 수상한 개의 주인은 특권과 상당한 상금을 받았다. 개는 사고파는 상품이 되었고 품종마다 무엇이 이들을 우수하게 만들었는지에 얽힌 사연이 따라붙었다(특히 족보 없는 개와 비교되는 경우가 많았다). 스코틀랜드의 혈통견 전문사육가이자 작가였던 고든 스테이블스Gordon Stables는 1896년에 이렇게 썼다. "잡종견이나 데리고 다니려는 사람은 아무도 없었다."[8]

이로써 어떤 개가 우수한 종자라거나 어떤 개가 열등한 종자라고 하는 인식이 퍼져 나갔다. 순식간에 수상 이력이 있는 혈통 좋은 개의 후손이나 유행하는 품종의 개를 소유하는 것이 사회적 신분의 표시로 자리 잡았다. 혈통이 잘 보존된 개를 키우는 것은 권력과 높은 직위를 뜻하게 되었다.[8] "혈통이며 품종이 서열과 계급, 전통의 표본이 되었다. 전부는 아니더라도 대부분 날조된 것이었지만."[8] 유럽의 혈통견은 신분과 계급제에 병적으로 집착하던 문화의 산물이었으며, 이 집착에서 나온 것이 우생학 운동이었다.

집단 내 위계질서를 얼마나 지지하느냐로 사회지배 성향이 결정된다는 점을 생각해보자. "어떤 집단이 다른 집단보다 우월하다"는 진술에 강하게 동의한다면, 그 사람은 사회지배 성향이 높다는 뜻이다. 나는 대학원 학생 원 저우Wen Zhou와 단순히 '집단' 대신 '품종'을 넣어서 개에 관한 사회지배 성향 설문조사를 설계했다. 우리는 1000명의 표본 집단을 구성하여 "어떤 품종이 다른 품종보다 우월하다" "우리는 품종에 관계 없이 모든 개가 동등한 삶의 질을 누리도록 하겠다고 약속할 필요는 없다" 같은 진술에 동의하는지 반대하는지 물었다.

많은 응답자가 이 계급적 진술에 강하게 동의했다. 강하게 동의한 응답자들은 혈통견을 더 강하게 선호했다. 하지만 무엇보다 인상적인 것은 이 응답자군이 사람에 대한 사회지배 성향 설문에 대해서도 똑같이 응답한 것이었다. 조사 결과, 개 품종들 사이에 뚜렷한 우열이 있다고 인식하는 사람들은 사람 집단 간에도 뚜렷한 위계가 존재한다고 인식하는 것으로 나타났다. 개 품종에 대해 강한 사회지배 성향을 보이는 사람들이 사람을 대상으로 한 설문에서도 같은 경향을 보인 것이다. 우리는 또한 개를 키우는 사람이 개를 키우지 않는 사람보다 사회지배 성향 점수가 약간 높게 나타나는 경향을 발견했다. 자신이 키우는 개와 유대가 강한 사람들은 개를 가족으로 여겼으며, 평균보다 상당히 낮은 사회지배 성향을 보였다.

마르투족처럼 더 평등한 사회의 사람들은 개를 가족의 일원으로 더 받아들이는 경향을 보였다. 개의 역할이 가족의 일원에서 일꾼으로, 다시 사회적 지위를 강화하는 신분의 상징으로 바뀐 것은 농경 사회에서 산업화 사회로 바뀌는 동안 일어난 변화일 것이다. 민주주의와 경제적 번영이 확산되면서 우리의 개는 원래 있던 가족의 자리로 빠르게 복귀했다. 우리가 타인을 평등하게 대하는 태도는 우리의 가장 좋은 친구를 대하는 태도와 생각에 그대로 반영된다.

개를 대하는 태도에 대한 관점은 우리가 타인 즉, 다른 집단과 다른 인종을 어떻게 받아들이느냐에도 반영되는 것으로 보인다. 개에 대해 사회지배 성향이 높을수록 '열등한' 집단에 속하는 타인을 동물로 바라보기 쉽다.

우리가 사람과 동물 모두를 외부자로 여길 수도 있는 사람들과의 차이를 메울 방법을 찾는다면, 개와의 우정이 가장 강력하고 현실적으로 가장 가능성 높은 방법일지도 모르겠다. 개를 사랑하는 사람이라면 그들을 생각하고 사랑하고 아픔을 느낄 능력에 의심을 품지 않을 것이다. 개에게서 사랑을 받아본 사람이라면 그 사랑이 다른 사랑만 못하다는 생각은 결코 들지 않았을 것이다. 우정은 세상에서 가장 위대하고 평등한 사상이다. 개가 우리에게 얼마나 중요한 존재가 될지 예상했던 사람은 없을 것이다. 우리가 구석기시대를 지배하는 강력한 포식자이던 시기에 그들은 송곳니 매서운 육식동물에서 개로 진화했다. 개는 그들 종의 강력한 성공 무기였던 두려움과 공격성을 사용하는 대신 우리에게 다가왔다. 오랜 시간이 걸렸지만 우리는 서로에게 중요한 존재가 될 만한 충분한 공통 기반을 찾아냈다. 다리가 둘이건 넷이건, 검건 하얗건, 그들이 우리를 사랑하는 데는 그런 차이가 아무 문제도 되지 않았다. 그리고 그 사랑이 우리의 삶을 바꿀 수 있다. 적어도 나의 삶은 바뀌었다.

우리 종이 다른 사람 종들을 정복할 무기를 생각해낸 이래로 우리는 지능을 과하게 강조해왔다. 우리는 지능을 토대로 확고한 구분선을 긋고 동물에게도 사람에게도 잔인한 고통을 가해왔다. 나의 개 오레오는 모두가 저마다 특별한 자질과 재능이 있으며, 모두가 생존과 직결되는 문제들을 해결할 놀라운 능력을 갖고 이 세상에 태어났음을 내게 가르쳐주었다.

오레오의 놀라운 능력을 발견하면서 나는 다른 동물들의 지적인 잠재력에도 눈을 뜰 수 있었다. 오레오 덕분에 나는 침팬지의 잠재력을 조금 더 면밀히 들여다볼 수 있었다. 오레오 덕분에 나는 모든 낯선 이를 잠재적 친구로 대하는 동물, 보노보와도 만날 수 있었다.

오레오와 나눈 우정과 사랑으로 나는 그 무엇보다도 소중한 교훈을 얻었다. 우리의 삶은 얼마나 많은 적을 정복했느냐가 아니라 얼마나 많은 친구를 만들었느냐로 평가해야 함을. 그것이 우리 종이 살아남을 수 있었던 숨은 비결이다.

감사의 글

2016년 10월쯤 우리는 초고가 어느 정도 완성되었다고 생각했다. 우리는 우리 종 최악의 본성이 다시 부상하여 어떤 장소나 어떤 문화 속에서 표출될 수도 있다는 경고에 가까운 메시지로 초고를 마무리했다. 하지만 미국 대선이 끝난 후 초고를 절반 넘게 잘라내야 했다. 경고가 아니라, 해결책을 제시해야 한다고 느꼈다. 해결책을 제시하기 위해서는 과학 문헌을 더 깊이 파고들어야 했고, 우리에게는 다소 생소했던 사회심리학과 역사, 정치학 분야의 전문가가 되어야 했다. 새로 조사하고 연구하고 재구성하고 다시 글을 쓰는 데 2년이 넘게 걸렸다. 우리 종이 가진 비범한 친화력을 소개할 뿐만 아니라, 우리가 겪고 있는 가장 골치 아픈 문제의 근본 원인을 생각하고 해법을 찾아내는 데 도움이 될 책을 쓰고 싶었다.

과학에서 이견과 논쟁이란 건강하고도 신나는 일이다. 반론이 연구의 동력이 되어 진리에 관한 우리의 이해를 비약적으로 진전시키는 경우도 적지 않다. 진리를 찾고자 하는 과학자가 의지해야 할 것은 회의적 태도와 실증적 토론이다. 우리는 과학 문헌 연구를 통해 공정하게 우리 주장을 기술하기 위해서 최선을 다했지만, 우리의 의견에 모두가 동의하지는 않을 것이다. 하지만 우리는 과학 논문을 쓸 때와는 달리, 그리고 독자에게 조금이라도 더 쉽게 읽히는 책이 되기를 바라는 의도에서, 본문에 대안이 되는 다른 관점들이나 우리의 주장과 상충하는 데이터를 전부 부각시키지는 않았다. 다른 학자들의 연구 결과와 중요한 세부 내용은 참고문헌과 미주에서 폭넓게 소개하고자 했다. 이곳에 수록된 문헌과 자료는 쉽게 찾을 수 있으니 관심 있는 분들은 참고하기를 바란다. (우리가 이 책에서 다룬 연구 대부분은 온라인에서 구할 수 있는데, 1) 구글스콜라Google Scholar 사이트에서 많은 논문을 내려받을 수 있다. 2) 많은 학술 저널이 웹사이트를 통해서 수록 논문을 무료로 제공한다. 3) 논문을 저자들의 웹사이트를 검색해서 그곳에서 해당 논문을 무료로 내려받을 수 있다. 4) 끝으로, 과학자에게는 자기가 쓴 논문을 공유하는 것보다 기쁜 일이 없을 것이다. 우리가 이 책에서 다룬 논문 중에서 혹시라도 접근이 막혀 있는 경우에는 저자들에게 연락하라. 기꺼이 직접 안내해줄 것이다.)

책을 쓰는 이 여정에 귀한 시간을 내어준 많은 분의 노력에 크게 감사한다. 누구보다도 먼저 우리의 편집자 힐러리 레드몬에게 감사한다. 힐러리는 지난 5년 동안 우리 두 저자가 바라던 가장 사려 깊고 친절한 편집자가 되어주었다. 이 책이 학술논문이었다면 마땅히 공저자가 되었을 것이다. 편집자의 일반적 역할에 그치지 않고 애써준 힐러리 덕분에 책의 구성과 내용의 질을 획기적으로 개선할 수 있었다. 마음 깊은 곳에서부터 감사를 보낸다. 힐러리와 함께 일하는 과정은 큰 기쁨이었다.

이 책의 기획하는 데 가장 큰 역할을 해준 우리의 에이전트 맥스 브록만. 이 책의 발상부터 아이디어를 모으는 작업까지 전부 맥스에게서 시작되었다. 그의 격려와 응원이 없었더라면 이 프로젝트는 태어나지 못했을 것이다.

리처드 랭엄과 마이크 토마셀로가 없었더라면 자기가축화 가설은 없었을 것이다. 두 분의 연구와 우리의 공동작업이 이 책의 많은 부분에 기여했다. 리처드와 마이크의 지치지 않고 그칠 줄 모르는 열정적 토론을 통해서 우리는 상충되는 많은 생각들을 융합할 수 있었다. 또, 언제나 우리를 다정하게 격려해주고 유익한 토론에 임해준 동료 월터 시놋-암스트롱, 그는 환상적인 조력자였다.

1차 연구논문 단계에서 세미나 수업과 실험실 회의로 골머리 앓는 과정에 함께해준 듀크대학교의 제자들에게 감사한다. 특히나 석사과정과 박사후과정 중이었던 빅토리아 워버, 알렉산드라 로사티, 에반 매클레인, 징즈 탄, 캐러 슈레퍼, 크리스 크루프나이, 알리아 보위, 원 저우, 마거릿 그룬, 해너 살로몬스에게 감사한다. 그들과 나눈 대화가 지적인 자극이 되어 이 책을 쓰고 싶은 의욕을 불어넣어주었다. 이들이 이 책을 작업하는 동안 정신없는 우리를 놀라운 인내심으로 견뎌주었다. 특히 알리아와 원은 사람 최고의 본성과 최악의 본성과 관련한 사회심리학 자료의 방대함에 허덕이는 우리에게 도움을 아끼지 않았다.

우리가 이 책을 쓰는 동안 모든 일이 **원활하게 잘** 돌아가도록게 애써준 듀크대학교의 우리 부서 직원과 실험실 코디네이터인 리사 존스, 벤 앨런, 제임스 브룩스, 카일 스미스에게도 고마움을 전한다. 끝으로 본문에 넣은 많은 이미지를 작업해준 제시카 탄과 롱 샹에게 감사 인사를 전한다.

이 책 전체에 걸쳐 기술된 우리의 연구는 해군연구청(NOOO14-12-0095, NOOO14-16-1-2682), 유니스 케네디 슈라이버 국립 아동 건강 및 인간발달 연구소Eunicel Kennedy Shriver National Institute of Child Health and Human Development(NIH-HD070649, NIH-qR01iHD097732), 미국 국립과학재단National Science Foundation(NSF-BCS-08-27552), 스탠턴재단Stanton Foundation, 개 건강재단Canine Health Foundation, 템플턴세계자선재단Templeton World Charity Foundation 등 여러 연방 기금과 재단 기금의 후원을 받아 이루어졌다.

보채는 우리 아이들을 몇 번이고 잘 알아듣도록 설득력 있게 달래준 버네사의 어머니 '보보'(재키 레옹), 그리고 오레오라는 이름의 꿈틀거리는 까만 래브라도 아기를 집에 데려옴으로써 이 모든 것을 가능하게 해준 브라이언의 엄마와 아빠(앨리스와 빌)에게 사랑과 고마운 마음을 전한다. 우리 친구들, 걸핏하면 화내고 언성 높이고 몇 번은 사람 많은 곳에서도 무너져내린 우리를 잘 참아주어 고맙다. 그리고 "책 아직 안 끝났어?" 하고 묻지 않아 고맙다. 다정함이 승리의 전략임을 날마다 사랑으로 일깨워준 우리의 개 태시와 콩고에게도 고맙다. 끝으로, 우리의 사랑스러운 아이들, 말루와 루크, 고맙다. 그래, 책이 드디어 끝났단다. 그래, 이젠 같이 놀 수 있어.

우리는 이 책이 우리가 서로에게, 그리고 이 지구를 함께 나눠 쓰고 있는 동물들과 더 큰 사랑과 공감을 나눌 수 있다는 것을 알려줄 수 있기를 바란다. 보노보를 보호하고, 콩고의 어린이들에게 사람과 개를 포함해서 모든 동물에게 친절하게 대하라고 가르치는 클로딘 안드레를 돕고 싶은 분은 '보노보의 친구들 Friends of Bonobos'(www.bonobos.org)에 기부하는 것을 고려해주시기를 부탁드린다. 우리의 연구가 어떻게 진행되는지 지켜보고 싶은 분은 우리의 웹사이트(brianhare.net)에 방문하실 것을 추천한다.

감수의 글

우자생존

박한선

신경인류학자 · 정신건강의학과 전문의

서울대학교 인류학과 강사

생존生存

'…한 것이 살아남는다Survival of the…'라는 말만큼 유명하면서도 잘못된 과학적 문구도 없다.

《종의 기원》1859년 초판에는 '적자생존'이라는 말이 등장하지 않는다. 심지어 '적자'라는 단어도 없다. 몇 년 후, 허버트 스펜서는 〈동물의 다산성에 관한 일반법칙으로부터 추구된 인구론A Theory of Population, Deduced from the General Law of Animal Fertility〉 제하의 논문에서 경제학 이론과 진화이론을 연결하면서 처음으로 '적자생존'이라는 말을 사용했다. 그리고 진화론을 같이 발견한 앨프리드 월리스가 찰스 다윈에게 자연선택을 대신할 말로 적자생존을 제안했다. 자연선택이라는 표현은 자연을 의인화하는 듯한 오해를 부른다는 것이다.

스펜서는 다윈이 《종의 기원》을 펴내기 이전부터 라마르크

식 진화이론에 경도되어 있었다. 1855년 스펜서는 《심리학 원리 Principle of Psychology》라는 책에서 진화적 아이디어를 인간 정신에 적용하는 과감한 시도를 했는데 이런 식이다. '신체가 구속되면 공포를 느끼는데, 그래서 자유에 대한 사랑이 나타났다. 그리고 자유애가 정치적인 신념으로 진화했다.' 용불용설用不用說을 기린 목이 아니라, 인간 정신에 적용한 것이다.

다윈은 스펜서에 대해서 '끔찍한 이론적 쓰레기'라고 평할 정도였지만, 적자생존이라는 용어에는 큰 관심을 보였다. 그리고 《종의 기원》 제5판에서 그 용어를 도입했다. 다윈이 말한 '적자'란 당장의 '국소적 환경에 대한 적응 능력better adapted for the immediate, local environment'이다. 그러나 신체적 혹은 정신적으로 '우월한' 자가 더 잘 생존하며, 심지어 더 잘 생존해야 마땅하다는 오해를 낳았다. 자연의 세계에는 우월이 없다. 그렇다면 아예 살아남는 자가 우월하다고 정의해보면 어떨까? 하지만 '살아남는 것이 살아남는다'라는 동어반복에 불과하다.

하지만 사람들은 이 표현을 아주 좋아했다. 수많은 변종이 나타났다. 섹시한 것이 살아남는다Survival of the Sexiest, 귀여운 것이 살아남는다Survival of the Cutest, 예쁜 것이 살아남는다Survival of the Prettiest, 뚱뚱한 것이 살아남는다Survival of the Fattest, 착한 것이 살아남는다Survival of the Nicest, 똑똑한 것이 살아남는다Survival of the Wisest, 심지어 아픈 것이 살아남는다Survival of the Sickest까지. 그리고 이 책이 긴 리스트의 끝에 있다.

'다정한 것이 살아남는다Survival of the Friendliest.'

우자優者

자연의 세계는 다정함이나 친근감, 정겨움과는 거리가 멀다. 토머스 헉슬리Thomas Huxley는 〈생존을 위한 투쟁: 프로그램The Struggle for Existence: A Programme〉에서 이렇게 말했다.

자연의 세계는 검투사의 쇼와 같다. 생물은 정정당당하게 싸움을 벌이며, 가장 강하고 날래고 교활한 녀석이 다음 날 또 다른 싸움을 맞이할 수 있다. 관중은 굳이 엄지손가락을 아래로 향할 필요가 없다. (자연의 세계에는) 자비의 가능성이 아예 없기 때문이다.

하지만 헉슬리는 인간이 이렇게 냉혹하지 않다는 것도 잘 알고 있었다. 같은 글에서 이렇게 말했다.

사슴을 공격하는 늑대를 보면 동정심이 든다. 사슴 같은 자를 순수하고 착하게, 늑대 같은 자를 독하고 악하게 여길 것이다. 용기와 열정으로 사슴을 지키며, 피가 철철 흐르는 무시무시한 늑대 소굴에서 구해내고 싶을 것이다.

도대체 우리는 왜 이렇게 '정'이 많은 존재가 되었을까? 그

답을 '가축화'에서 찾는 연구자가 늘고 있다. 가축화란 인간의 목적에 맞도록 야생 식물이나 야생 동물을 길들이는 것이다. 개나 고양이 같은 소형 포유류, 닭이나 오리 같은 조류, 벼나 밀 등의 식물, 심지어 버섯 등의 균류 등, 헤아릴 수 없이 많은 종이 인간에 의해 가축화되었다.

그런데 포유류의 상당수는 가축화가 좀처럼 어렵다. 우리에 가두면 서로 싸운다. 좀처럼 새끼도 낳지 않는다. 느리게 자라고, 일찍 죽는다. 지금까지 겨우 14종의 대형 포유류(양, 염소, 소, 돼지, 말, 단봉낙타, 쌍봉낙타, 라마와 알파카, 당나귀, 순록, 물소, 야크, 발리소, 인도소)를 가축화할 수 있었다. 그런데 시야를 넓히면 가축화된 대형 포유류 한 종이 더 있다. 바로 인간이다.

자기가축화 가설에 의하면 인간은 스스로 가축이 되었다. 사실 가장 높은 수준의 가축화를 이룬 종이다. 애착과 접촉, 호기심과 놀이, 공감과 협력 등의 여러 정신적 형질은 그 자체로 인간성의 본질이라 할 만하다. 헉슬리의 말처럼 사슴을 가련하게 여기고 늑대를 미워하는 우리의 마음은 인간 정신 가축화의 산물이다. 개도 스스로 인간에게 가축화된 독특한 종인데, 개의 본성은 인간의 본성과 제법 비슷하다. 충성스럽고, 공감을 잘하며, 착하고, 따뜻하다.

그런데 사실 늑대와 개는 같은 종이다. 토머스 홉스Thomas Hobbes는 《시민론》에서 이렇게 말했다. '인간은 인간에게 신이며, 동시에 인간은 인간에게 늑대다. 한 시민은 다른 시민에게

신이지만, 한 도시(집단)는 다른 도시(집단)에게 늑대다.' 게다가 인간 정신의 '늑대성' 중 일부는 역설적으로 가축화의 부산물이다. 주변 사람을 따뜻하게 보살피는 애착과 공감의 본성이 있지만, 동시에 '우리 집단' 외에는 죄다 '열등하고 사악한 늑대 무리'라고 여기는 본성도 있다.

국역본 제목에서는 'the Friendliest'를 '다정多情한 것'으로 옮기고 있지만, 정분情分이 넘친다는 뜻만으로는 약간 부족한 감이 있다. 친근親近이나 정겨움, 다감多感, 간친懇親도 이래저래 마뜩잖다. 그렇다면 혹시 '우優'는 어떨까? 우승열패優勝劣敗 혹은 수우미양가秀優美良可의 '우'다. 원래 '우'의 사전적 의미는 '넉넉하며 도탑고 인정 많고 부드럽고 품위 있고 뛰어남'이다. 근심 우憂에 사람 인人을 합친 말이다. 흥미롭게도 '우'는 걱정, 불안, 질병, 고통, 고생, 죽음 등의 뜻이다.

내가 지어낸 말이지만, 아무튼 '우자생존優者生存'을 통해 인간은 지구 상에서 가장 성공적인 종이 될 수 있었다. 동시에 가장 끔찍한 종이 되었다. 인간의 3분의 1은 암으로 죽는데, 야생 동물은 암을 거의 앓지 않는다. 가축과 인간만 자주 암을 앓는다. 19세기까지 5세 미만의 아동 절반이 감염병으로 죽었다. 역시 가축화된 종은 감염병을 많이 앓는다. 인간은 개와 마찬가지로 치매를 앓으며, 우울장애나 불안장애, 강박장애 등의 정신장애도 인간과 가축에서 흔히 발견된다. 노인 10명 중 1명이 치매를, 성인 4명 중 1명이 정신장애를 앓는다. 외집단 혐오와 차별, 살인이나 전쟁도 그렇다. 신석기시대 초기, 어떤 지역에서는 성인의 약 절반이 다른 인간의 손에 죽었다. 지금도 우리의 주적은 늑대가 아니라 인간이다. 매년 전 세계적으로 약 10명이 늑대에 물려 죽는데, 살인 사건은 매년 40만 건에 달한다. 전쟁 사망자를 뺀 수치다. 이런 비극의 이면에 자기가축화가 자리하고 있다.

'다정한 것이 살아남는다.' 지금까지의 인류사는 그랬다. 하지만 덕분에 많이 죽기도 했다. 가족과 친구, 부족을 향한 편협한 다정함이, 더 넓은 집단을 향한 보편적 공감으로 확장될 수 있을까? 저자는 몇 가지 흥미로운 제안을 하고 있다. 진화는 목적이 없는 과정이다. 하지만 플라이스토세의 독특한 생태적 환경이 자기가축화 관련 형질의 적합도를 크게 높여주었듯이, 현대 사회의 여러 생태적 환경도 새로운 심리적·문화적 형질의 적합도를 높여줄 것으로 믿는다. 새로운 형질이 무엇이 될지는 잘 모르겠지만, 부디 끝없이 이어지는 집단 내외의 갈등, 그리고 이로 인한 지독한 정신적·사회적 고통은 아니기를 바란다.

참고문헌

들어가며: 살아남고 진화하기 위해서

1. Elliot Aronson, Shelly Patnoe, *Cooperation in the Classroom: The Jigsaw Method* (London: Printer & Martin, 2011).
2. D. W. Johnson, G. Maruyama, R. Johnson, D. Nelson, L. Skon, "Effects of Cooperative, Competitive, and Individualistic Goal Structures on Achievement: A Meta-Analysis", *Psychological Bulletin* 89, 47 (1981).
3. D. W. Johnson, R. T. Johnson, "An Educational Psychology Success Story: Social Interdependence Theory and Cooperative Learning", *Educational Researcher* 38, 365~379 (2009).
4. M. J. Van Ryzin, C. J. Roseth, "Effects of Cooperative Learning on Peer Relations, Empathy, and Bullying in Middle School", *Aggressive Behavior* (2019).
5. C. J. Roseth, Y.-k. Lee, W. A. Saltarelli, "Reconsidering Jigsaw Social Psychology. Longitudinal Effects on Social Interdependence, Sociocognitive Conflict Regulation, Motivation, and Achievement", *Journal of Educational Psychology* 111, 149 (2019).
6. Charles Darwin, *Descent of Man, and Selection in Relation*

to Sex, New edition, revised and augmented. (Princeton, New Jersey: Princeton University Press 1981; Photocopy of original London: Murray Publishg 1871).

7. Brian Hare, "Survival of the Friendliest: Homo sapiens Evolved via Selection for Prosociality", *Annual Review of Psychology* 68, 155~186 (2017).

수세대에 걸쳐 이루어진 가축화는, 기존의 통념과는 달리, 지능을 쇠퇴시키지 않았으며 친화력을 향상시켰다. 어떤 동물이 가축화될 때는 서로 아무런 관련이 없어 보이는 많은 요소가 변화를 겪는다. 가축화징후라 불리는 이 현상은 얼굴형, 치아 크기, 신체 부위마다 다른 피부색이나 머리카락에서 변화 패턴을 보이며, 호르몬과 번식주기, 신경계에도 변화가 일어난다. 우리의 연구에서 발견한 것은, 일정 조건에서는 자기 가축화가 타인과 협력하고 소통하는 능력도 향상시킨다는 점이었다.

서로 무관해 보이는 이 모든 변화들은 발달과 관련이 있다. 가축화된 종과, 이들과 조상이 같지만 야생에 남아 있는 더 공격적인 종은 뇌와 신체가 다르게 발달한다. 사회적 유대를 도모하는 행동, 가령 놀이 등은 가축화된 종이 야생의 친척 종보다 더 조기에 시작하며 더 늦게까지, 대개는 성인 또는 성체가 될 때까지 지속한다.

우리 종의 초강력 인지능력이 어떻게 진화했는지 이해하는 데는 다른 종의 가축화 연구가 큰 도움이 될 것이다.

8. R. Kurzban, M. N. Burton-Chellew, S. A. West, "The Evolution of Altruism in Humans", *Annual Review of Psychology* 66, 575~599 (2015).

9. Frans de Waal, *Peacemaking Among Primates*. (Cambridge, MA: Harvard University Press, 1989).

10. R. M. Sapolsky, "The Influence of Social Hierarchy on Primate Health", *Science* 308, 648~652 (2005).

11. N. Snyder-Mackler, J. Sanz, J. N. Kohn, J. F. Brinkworth, S. Morrow, A. O. Shaver, J.-C. Grenier, R. Pique-Regi, Z. P. Johnson, M. E. Wilson, "Social Status Alters Immune Regulation and Response to Infection in Macaques", *Science* 354, 1041~1045 (2016).

12. C. Drews, "Contexts and Patterns of Injuries in Free-Ranging Male Baboons(Papio cynocephalus)", *Behaviour* 133, 443~474 (1996).

13. M. L. Wilson, C. Boesch, B. Fruth, T. Furuichi, I. C. Gilby, C. Hashimoto, C. L. Hobaiter, G. Hohmann, N. Itoh, K. J. N. Koops, "Lethal Aggression in Pan Is Better Explained by Adaptive Strategies than Human Impacts", *Nature* 513, 414 (2014).

14. Thomas Hobbes, *Leviathan* (London: A&C Black, 2006).

15. Frans de Waal, *Chimpanzee Politics: Power and Sex Among Apes* (Baltimore: Johns Hopkins University Press, 2007).

16. L. R. Gesquiere, N. H. Learn, M. C. M. Simao, P. O. Onyango, S. C. Alberts, J. Altmann, "Life at the Top: Rank and Stress in Wild Male Baboons", *Science* 333, 357~360 (2011).

17. M. W. Gray, "Mitochondrial Evolution," *Cold Spring Harbor Perspectives in Biology* 4, a011403 (2012): published online September 1, 10: 1101/cshperspect.a011403.

18. L. A. David, C. F. Maurice, R. N. Carmody, D. B. Gootenberg, J. E. Button, B. E. Wolfe, A. V. Ling, A. S. Devlin, Y. Varma, M. A. Fischbach, S. B. Biddinger, R. J. Dutton, P. J. Turnbaugh, "Diet Rapidly and Reproducibly Alters the Human Gut Microbiome", *Nature* 505, 559~563 (2014): published online EpubJan 23 10. 1038/nature12820.

19. S. Hu, D. L. Dilcher, D. M. Jarzen, "Early Steps of Angiosperm-Pollinator Coevolution", *Proceedings of the National Academy of Sciences* 105, 240~245 (2008).

20. B. Höldobler, E. O. Wilson, *The Superorganism: The Beauty, Elegance, and Strangeness of Insect Societies* (New York: W. W. Norton & Company, 2009).

21. B. Wood, E. K. Boyle, "Hominin Taxic Diversity: Fact or Fantasy?" *American Journal of Physical Anthropology* 159, 37~78 (2016).

22. A. Powell, S. Shennan, M. G. Thomas, "Late Pleistocene Demog-

raphy and the Appearance of Modern Human Behavior", *Science* 324, 1298~1301 (2009).

23. Steven E. Churchill, *Thin on the Ground: Neandertal Biology, Archeology and Ecology* (Hoboken, NJ: John Wiley & Sons, 2014), vol. 10.

24. A. S. Brooks, J. E. Yellen, R. Potts, A. K. Behrensmeyer, A. L. Deino, D. E. Leslie, S. H. Ambrose, J. R. Ferguson, F. d'Errico, A. M. J. S. Zipkin, "Long-Distance Stone Transport and Pigment Use in the Earliest Middle Stone Age", *Science* 360, 90~94 (2018).

25. N. T. Boaz, *Dragon Bone Hill: an Ice-Age Saga of Homo Erectus*. edited by R. L. Ciochon (Oxford and New York: Oxford University Press, 2004).

26. C. Shipton, M. D. Petraglia, "Inter-continental Variation in Archeulean Bifaces", *Asian Paleoanthropology* (New York: Springer, 2011), 49~55.

27. W. Amos, J. I. Hoffman, "Evidence That Two Main Bottleneck Events Shaped Modern Human Genetic Diversity", *Proceedings of the Royal Society B: Biological Sciences* (2009).

28. A. Manica, W. Amos, F. Balloux, T. Hanihara, "The Effect of Ancient Population Bottlenecks on Human Phenotypic Variation", *Nature* 448, 346~348 (2007).

29. S. H. Ambrose, "Late Pleistocene Human Population Bottlenecks, Volcanic Winter, and Differentiation of Modern Humans", *Journal of Human Evolution* 34, 623~651 (1998), published online Epub1998/06/01/.

30. J. Krause, C. Lalueza-Fox, L. Orlando, W. Enard, R. E. Green, H. A. Burbano, J.-J. Hublin, C. H.nni, J. Fortea, M. De La Rasilla, "The Derived FOXP2 Variant of Modern Humans Was Shared with Neandertals", *Current Biology* 17, 1908~1912 (2007).

31. F. Schrenk, S. Müller, C. Hemm, P. G. Jestice, *The Neanderthals* (Routledge, 2009).

32. S. E. Churchill, J. A. Rhodes, "The Evolution of the Human Capacity for 'Killing at a Distance': The Human Fossil Evidence for the Evolution of Projectile Weaponry", *The Evolution of Hominin Diets*. (Springer, 2009), 201~210.

33. B. Davies, S. H. Bickler, "Sailing the Simulated Seas: A New Simulation for Evaluating Prehistoric Seafaring", *Across Space and Time: Papers from the 41st Conference on Computer Applications and Quantitative Methods in Archaeology, Perth, 25-8 March 2013* (Amsterdam: Amsterdam University Press, 2015), 215~223.

34. O. Soffer, "Recovering Perishable Technologies through Use Wear on Tools: Preliminary Evidence for Upper Paleolithic Weaving and Net Making", *Current Anthropology* 45, 407~413 (2004).

35. J. F. Hoffecker, "Innovation and Technological Knowledge in the Upper Paleolithic of Northern Eurasia", *Evolutionary Anthropology: Issues, News, and Reviews* 14, 186~198 (2005).

36. O. Bar-Yosef, "The Upper Paleolithic Revolution", *Annual Review of Anthropology* 31, 363~393 (2002).

37. S. McBrearty, A. S. Brooks, "The Revolution that Wasn't: A New Interpretation of the Origin of Modern Human Behavior", *Journal of Human Evolution* 39, 453~563 (2000).

38. M. Vanhaeren, F. d'Errico, C. Stringer, S. L. James, J. A. Todd, H. K. Mienis, "Middle Paleolithic Shell Beads in Israel and Algeria", *Science* 312, 1785~1788 (2006).

39. G. Curtis, *The Cave Painters: Probing the Mysteries of the World's First Artists* (New York: Anchor, 2007).

40. H. Valladas, J. Clottes, J.-M. Geneste, M. A. Garcia, M. Arnold, H. Cachier, N. Tisnérat-Laborde, "Palaeolithic Paintings: Evolution of Prehistoric Cave Art", *Nature* 413, 479 (2001).

41. N. McCarty, K. T. Poole, H. Rosenthal, *Polarized America: The Dance of Ideology and Unequal Riches* (Cambridge, MA: MIT

Press, 2016).

42. C. Gibson, "Restoring Comity to Congress", Shorenstein Center on Midea, Politics and Public Policy에서 발표된 논문, Harvard Kennedy School, January 1, 2011, https://shorensteincenter.org/restoring-comity-to-congress/.

43. C. News, *CBS News* (2010).

44. John. A. Farrell. *Tip O'Neill and the Democratic Century: A Biography* (New York: Little Brown, 2001)

45. R. Strahan, *Leading Representatives: The Agency of Leaders in the Politics of the US House* (Baltimore: Johns Hopkins University Press, 2007).

46. J. Haidt, *The Righteous Mind: Why Good People Are Divided by Politics and Religion* (New York: Vintage, 2012).

47. 워싱턴에 거주하는 정치인들은 지역구 유권자들과는 '접촉하지 않는' (A. Delaney, "Living Large of Capital Hill", *Huffington Post*, July 31, 2012) '카펫배거carpetbagger'* 라고 비난받는다(C. Raasch, "Where do U.S. Senators 'live', and does it matter?," *St. Louis Post-Dispatch*, September 2, 2016). 하지만 같은 지역에 사는 의원들 사이에는 관계가 형성된다. 오른스타인이 말하듯이 "자녀가 학교에서 축구 시합을 할 때 저쪽 당 의원과 그 가족들과 같은 쪽 사이드라인에서 응원하다 보면 의사당에서 안건을 처리할 때 그 의원을 악마 취급하며 비난하기가 쉽지 않은 노릇이 된다(Gibson, "Restoring Comity to Congress")." 의원들이 같은 지역 사회의 구성원으로 지내게 되면 많은 경험을 공유하면서 그동안 상실해온 공동의 목적을 회복할 수도 있다. 의원들 사이에 접촉이 가능하지 않다면 적어도 보좌관들 사이에서는 접촉이 이뤄져야 한다. 우리의 정부가 굴러가게 하는 주된 동력이 우리의 민주주의에 새로운 변화의 바람을 일으키고 싶어 하는 20대의 젊은 이상주의자들이라는 사실을 아는 사람은 드물다. 우리의 대리

---

*   남북전쟁 후 패전한 남부에서 착취를 일삼던 백인 공화당원을 가리키는 말이다.

자들의 성공 여부는 그 보좌관들의 자질과 직결돼 있다(J. McCrain, "Legislative Staff and Policymaking", Emory University, 2018). 의원들에게 정보와 보도자료를 만들어주고 주요 화두를 짚어 제공하는 것이 보좌관들이다. 우리가 의원실에 전화하거나 방문할 때 인사하고 응대하는 것도 그들이다. 정치인이 기자회견을 열 때 요약 발표를 하는 것도 그들이다. 의원실의 보좌관들은 미국에서 가장 의사소통이 활발한 곳에서 활동하면서 적은 경우 연봉 2만 달러의 쥐꼬리만 한 보수를 받는다. 나의 제자 한 명이 상원의원실에서 보좌관으로 일하는데, 공화당과 민주당의 보좌관들에게는 상호 교류하는 관계를 형성할 기회가 거의 주어지지 않는다고 말한다. 다른 정당 소속 보좌관과 점심 한 끼 한번 해본 적도 없다고 말한다. 지난 세대 정치인들이 현재의 양극화에 깊숙이 뿌리를 내리고 있다면 더 열린 마음의 젊은 세대는 큰 어려움 없이 화합할 수 있을 것이다. 이 젊은 세대는 앞으로도 수십 년 동안 정치계에 몸담을 것이다. 그들은 서로 간에 우정을 키움으로써, 아니, 격의 없이 서로 알고 지내는 것만으로도 구세대는 경험하지 못한 많은 것을 성취해낼 수 있다. 그러나 그들에게 기회를 주지 않는 현실을 보면서 미래에 양극화가 더 심화되지 않을까 우려가 크다.

48. N. Gingrich, "Language: A Key Mechanism of Control", *Information Clearing House* (1996).

49. D. Corn, T. Murphy, "A Very Long List of Dumb and Awful Things Newt Gingrish Has Said and Done", *Mother Jones* (2016).

50. S. M. Theriault, D.W.J.T.J.o.P. Rohde, "The Gingrich Senators and Party Polarization in the US Senate", *The Journal of Politics* 73, 1011~1024 (2011).

51. J. Biden, "Remarks: Joe Biden", National Constitution Center, 16 October 2017(2017), https://constitutioncenter.org/liberty-medal/media-info/remarks-joe-biden.

52. S. A. Frisch, S. Q. Kelly, *Cheese factories on the Moon: Why Earmarks Are Good for American Democracy* (Routledge, 2015).

53. Cass R. Sunstein, *Can it Happen Here?: Authoritarianism in America* (Dey St, 2018).

1 생각에 대한 생각

1. M. Tomasello, M. Carpenter, U. Liszkowski, "A New Look at Infant Pointing", *Child development* 78, 705~722 (2007).

2. Brian Hare, "From Hominoid to Hominid Mind: What Changed and Why?" *Annual Review of Anthropology* 40, 293~309 (2011).

3. Michael Tomasello, *Becoming Human: A Theory of Ontogeny* (Cambridge, MA: Belknap Press of Harvard University Press, 2019).

4. Michael Tomasello, *Origins of human communication* (Cambridge, MA: MIT press, 2010).

5. E. Herrmann, J. Call, M. V. Hern.ndez-Lloreda, B. Hare, M. Tomasello, "Humans Have Evolved Specialized Skills of Social Cognition: The Cultural Intelligence Hypothesis", *Science* 317, 1360~1366 (2007).

6. A. P. Melis, M. Tomasello, "Chimpanzees (*Pan troglodytes*) Coordinate by Communicating in a Collaborative Problem-Solving Task", *Proceedings of the Royal Society* B 286, 20190408 (2019).

7. J. P. Scott, "The Social Behavior of Dogs and Wolves: An Illustration of Sociobiological Systematics", *Annals of the New York Academy of Sciences* 51, 1009~1021 (1950).

8. Brian Hare · Vanessa Woods, *The Genius of Dogs* (Oneworld Publications, 2013).

9. B. Hare, M. Brown, C. Williamson, M. Tomasello, "The Domestication of Social Cognition in Dogs", *Science* 298, 1634~1636 (2002).

10. B. Hare, M. Tomasello, "Human-like Social Skills in Dogs?", *Trends in Cognitive Sciences* 9, 439~444 (2005).

11. B. Agnetta, B. Hare, M. Tomasello, "Cues to Food Location That Domestic Dogs (Canis familiaris) of Different Ages Do and Do Not Use", *Animal Cognition* 3, 107~112 (2000).

12. J. W. Pilley, "Border Collie Comprehends Sentences Containing a Prepositional Object, Verb, and Direct Object", *Learning and Motivation* 44, 229~240 (2013).

13. J. Kaminski, J. Call, J. Fischer, "Word Learning in a Domestic Dog: Evidence for 'Fast Mapping'", *Science* 304, 1682~1683 (2004).

14. K. C. Kirchhofer, F. Zimmermann, J. Kaminski, M. Tomasello, "Dogs (*Canis familiaris*), But Not Chimpanzees (Pan troglodytes), Understand Imperative Pointing", *PloS One* 7, e30913 (2012).

15. F. Kano, J. Call, "Great Apes Generate Goal-Based Action Predictions: An Eye-Tracking Study", *Psychological Science* 25, 1691~1698 (2014).

16. E. L. MacLean, E. Herrmann, S. Suchindran, B. Hare, "Individual Differences in Cooperative Communicative Skills Are More Similar Between Dogs and Humans Than Chimpanzees", *Animal Behaviour* 126, 41~51 (2017).

17. Jonathan B. Losos, *Improbable Destinies: Fate, Chance, and the Future of Evolution* (Penguin, 2017).

18. E. Axelsson, A. Ratnakumar, M.-L. Arendt, K. Maqbool, M. T. Webster, M. Perloski, O. Liberg, J. M. Arnemo, Å. Hedhammar, K. Lindblad-Toh, "The Genomic Signature of Dog Domestication Reveals Adaptation to a Rtarch-Rich Diet", *Nature* 495, 360~364 (2013).

19. G.-d. Wang, W. Zhai, H.-c. Yang, R.-x. Fan, X. Cao, L. Zhong, L. Wang, F. Liu, H. Wu, L.-g. Cheng, "The Genomics of Selection in Dogs and the Parallel Evolution Between Dogs and Humans", *Nature Communications* 4, 1860 (2013).

20. Y.-H. Liu, L. Wang, T. Xu, X. Guo, Y. Li, T.-T. Yin, H.-C. Yang, H. Yang, A. C. Adeola, O. J Sanke, "Whole-Genome Sequencing of African Dogs Provides Insights Into Adaptations Against Tropical Parasites", *Molecular Biology and Evolution* (2017).

2 다정함의 힘

1. S. Argutinskaya, "Dmitrii Konstantinovich Belyaev: A Book of Reminescences" edited by V. K Shumnyi, P. M. Borodin, A. L. Markel, and S. V. Argutinskaya (Novosibirsk: Sib. Otd. Ros. Akad. Nauk, 2002), *Russian Journal of Genetics* 39, 842~843 (2003).

2. Brian Hare, Vanessa Woods, *The Genius of Dogs* (Oneworld Publications, 2013).

3. Lee A. Dugatkin, L. Trut, *How to Tame a Fox (and Build a Dog): Visionary Scientists and a Siberian Tale of Jump-Started Evolution* (Chicago: University of Chicago Press, 2017).

4. Darcy Morey, *Dogs: Domestication and the Development of a Social Bond* (Cambridge University Press, 2010); M. Geiger, A. Evin, M. R. Sánchez-Villagra, D. Gascho, C. Mainini, C. P. Zollikoker, "Neomorphosis and Heterochrony of Skull Shape in Dog Domestication", *Scientific Reports* 7, 13443 (2017).

5. E. Tchernov, L. K. Horwitz, "Body Size Diminution Under Domestication: Unconscious Selection in Primeval Domesticates", *Journal of Anthropological Archaeology* 10, 54~75 (1991).

6. L. Andersson, "Studying Phenotypic Evolution in Domestic Animals: A Walk in the Footsteps of Charles Darwin" in *Cold Spring Harbor Symposia on Quantitative Biology* (2010).

7. Helmut Hemmer, Domestication: *The Decline of Environmental Appreciation* (Cambridge: Cambridge University Press, 1990).

8. Jared Diamond, "Evolution, Consequences and Future of Plant and Animal Domestication", *Nature* 418, 700~707 (2002).

9. Jared Diamond, Guns, *Germs, and Steel: The Fates of Human Societies* (W. W Norton & Company, 1999). (재레드 다이아몬드, 《총 균 쇠》, 김진준 옮김, 문학사상사, 2005).

10. Lyudmila Trut, "Early Canid Domestication: The Farm-Fox Experiment Foxes Bred for Tamability in a 40-year Experiment Exhibit Remarkable Transformations That Suggest an Interplay

Between Behavioral Genetics and Development", *American Scientist* 87, 160~169 (1999).

11. M. Geiger, A. Evin, M. R. S.nchez-Villagra, D. Gascho, C. Mainini, C. P. Zollikofer, "Neomorphosis and Heterochrony of Skull Shape in Dog Domestication", *Scientific reports* 7, 13443 (2017).

12. L. Trut, I. Oskina, A. Kharlamova, "Animal Evolution During Domestication: The Domesticated Fox as a Model", *Bioessays* 31, 349~360 (2009).

13. A. V. Kukekova, L. N. Trut, K. Chase, A. V. Kharlamova, J. L. Johnson, S. V. Temnykh, I. N. Oskina, R. G. Gulevich, A. V. Vladimirova, S. Klebanov, "Mapping Loci for Fox Domestication: Deconstruction/Reconstruction of a Behavioral Phenotype", *Behavior Genetics* 41, 593~606 (2011).

14. A. V. Kukekova, J. L. Johnson, X. Xiang, S. Feng, S. Liu, H. M. Rando, A. V. Kharlamova, Y. Herbeck, N. A. Serdyukova, Z. J. N. e. Xiong, "Red fox Genome Assembly Identifies Genomic Regions Associated With Tame and Aggressive Behaviours", *Evolution* 2, 1479 (2018).

15. E. Shuldiner, I. J. Koch, R. Y. Kartzinel, A. Hogan, L. Brubaker, S. Wanser, D. Stahler, C. D. Wynne, E. A. Ostrander, J. S. Sinsheimer, "Structural Variants in Genes Associated With Human Williams-Beuren Wyndrome Underlie Stereotypical Hypersociability in Domestic Dogs", *Science Advances* 3, (2017).

16. L. A. Dugatkin, "The Silver Fox Domestication Experiment, "*Evolution: Education and Outreach* 11, 16 (2018); 온라인 Epub 2018/12/07 (10.1186/s12052-018-0090-x).

17. B. Agnvall, J. Bélteky, R. Katajamaa, P. Jensen, "Is Evolution of Domestication Driven by Tameness? A Selective Review with Focus on Chickens", *Applied Animal Behaviour Science* (2017).

18. B. Hare, I. Plyusnina, N. Ignacio, O. Schepina, A. Stepika, R. Wrangham, L. Trut, "Social Cognitive Evolution in Captive Foxes

Is a Correlated By-product of Experimental Domestication", *Current Biology* 15, 226~230 (2005).

19. B. Hare, M. Tomasello, "Human-like Social Skills in Dogs?" *Trends in Cognitive Sciences* 9, 439~444 (2005).

20. J. Riedel, K. Schumann, J. Kaminski, J. Call, M. Tomasello, "The Early Ontogeny of Human-Dog Communication", *Animal Behaviour* 75, 1003~1014 (2008).

21. M. Gácsi, E. Kara, B. Belényi, J. Topál, Á. Miklósi, "The Effect of Development and Individual Differences in Pointing Comprehension of Dogs", *Animal Cognition* 12, 471~479 (2009).

22. B. Hare, M. Brown, C. Williamson, M. Tomasello, "The Domestication of Social Cognition in Dogs", *Science* 298, 1634~1636 (2002).

23. J. Kaminski, L. Schulz, M. Tomasello, "How Dogs Know When Communication Is Intended For Them", *Developmental Science* 15, 222~232 (2012).

24. F. Rossano, M. Nitzschner, M. Tomasello, "Domestic Dogs and Puppies Can Use Human Voice Direction Referentially", *Proceedings of the Royal Society of London B: Biological Sciences* 281 (2014).

25. B. Hare, M. Tomasello, "Domestic Dogs (Canis familiaris) Use Human and Conspecific Social Cues to Locate Hidden Food", *Journal of Comparative Psychology* 113, 173 (1999).

26. G. Werhahn, Z. Virányi, G. Barrera, A. Sommese, F. Range, "Wolves (*Canis lupus*) and Dogs (*Canis familiaris*) Differ in Following Human Gaze Into Distant Space But Respond Similar To Their Packmates' Gaze", *Journal of Comparative Psychology* 130, 288 (2016).

27. F. Range, Z. Virányi, "Tracking the Evolutionary Origins of Dog-Human Cooperation: The 'Canine Cooperation Hypothesis", *Frontiers in Psychology* 5, 1582 (2015).

28. 생물학자 아담 미클로시Adám Miklósi는 같은 개와 늑대 무리를 동일한 방식으로 키워 비교했다. 개는 아기 때부터 늑대보다 더 많은 소통 신호를 이용하여 사육자와 적극적으로 상호작용했다. 새끼 개는 낑낑거리고 꼬리를 흔들고 사육자와 눈빛을 교환한 반면에 새끼 늑대는 사람이 곁에 있으면 불안해하거나 공격적으로 굴었고 사육자에게도 그랬다(Gácsi et al., 2009). 새끼 개는 새끼 늑대보다 사람과 더 자주 눈을 마주쳤다(Bentosela, Wynne, D'Orazio, Elgier, Udell, 2016: Gácsi et al., 2009). 개와 늑대에게 열 수 없는 용기에 먹이를 담아주었을 때, 개는 사육자를 돌아보며 도움을 청하는 듯했고, 늑대는 계속해서 자기 힘으로 문제 해결을 시도했다(Miklósi et al., 2003: Topál, Gergely, Erdőhegyi, Csibra, & Miklósi, 2009). 아담은 제스처 이해 능력을 테스트했는데, 늑대는 앞서 같은 사육자와 물건 가리키기 훈련을 무수히 반복했음에도 사육자가 뻗은 팔을 무시했다. 훈련을 더 지속하고 나서도 늑대는 사람 제스처 이해하기 훈련을 전혀 받지 않은 개와 겨우 같은 점수를 받았다. 우리 연구팀이 최근에 새끼 늑대 20여 마리와 새끼 개 20여 마리 비교 실험을 수행했는데, 사람과의 협력적 의사소통에서는 개가 늑대보다 높은 점수를 받았지만 비사회적 과제에서는 그렇지 않았다. 이 모든 연구는 개가 어떻게 사람의 가장 친한 친구가 되었으며 어떻게 사람처럼 뛰어난 협력적 의사소통의 챔피언이 되었는가를 설명해주는 근거가 된다. Bentosela, M., Wynne, C. D. L., D'Orazio, M., Elgier, A., & Udell, M. A. R. (2016), "Sociability and Gazing Toward Humans in Dogs and Wolves: Simple Behaviors with Broad Implications", *Journal of the Experimental Analysis of Behavior*, 105(1), 68~75. M. Gácsi, B. Gyoöri, Z. Virányi, E. Kubinyi, F. Range, B. Belényi, Á. Miklósi, "Explaining Dog Wolf Differences in Utilizing Human Pointing Gestures: Selection for Synergistic Shifts in the Development of Some Social Skills", *PLoS One*, 4(8), e6584 (2009): Juliane Kaminski, Sarah Marshall-Pescini, *The Social Dog: Behavior and Cognition* (Elsevier, 2014): M. Lampe, J. Bräuer, J. Kaminski, Z. Virányi, "The Effects of Domestication and Ontogeny on Cognition in Dogs and Wolves",

Scientific Reports 7(1), 11690 (2017); S. Marshall-Pescini, A. Rao, Z. Virányi, F. Range, "The Role of Domestication and Experience in 'Looking Back' Towards Humans in an Unsolvable Task", *Scientific Reports* 7 (2017); Á Miklósi, E. Kubinyi, J. Topál, M. Gácsi, Z. Virányi, V. Csányi, "A Simple Reason for a Big Difference: Wolves Do Not Look Back at Humans, but Dogs Do", *Current Biology* 13(9), 763~766 (2003). 10:1016/S0960-9822(03)00263-X; J. Topál, G. Gergely, Á. Erdőhegyi, G. Csibra, & Mikl.si, Á Miklósi, "Differential Sensitivity to Human Communication in Dogs, Wolves, and Human Infants", *Science* 325(5945), 1269~1272 (2009); M. A. R. Udell, J. M. Spencer, N. R. Dorey, C.D.L. Wynne, "Human-Socialized Wolves Follow Diverse Human Gestures ⋯ and They May Not Be alone", *International Journal of Comparative Psychology* 25(2) (2012).

29. M. A. R. Udell, J. M. Spencer, N. R. Dorey, C. D. L. Wynne, "Human-Socialized Wolves Follow Diverse Human Gestures ⋯ and They May Not Be Alone", *International Journal of Comparative Psychology* 25, (2012).

30. M. Lampe, J. Bräuer, J. Kaminski, Z. Virányi, "The Effects of Domestication and Ontogeny on Cognition in Dogs and Wolves", *Scientific Reports* 7, 11690 (2017).

31. S. Marshall-Pescini, A. Rao, Z. Virányi, F. Range, "The Role of Domestication and Experience in 'Looking Back' Towards Humans in an Unsolvable Task", *Scientific Reports* 7 (2017).

32. Juliane Kaminski, Sarah Marshall-Pescini, *The Social Dog: Behavior and Cognition* (Elsevier, 2014).

33. S. Marshall-Pescini, J. Kaminski, "The Social Dog: History and Evolution", *The Social Dog: Behavior and Cognition* (2014), 3~33.

34. Google Trends. (2015).

35. J. Butler, W. Brown, J. du Toit, "Anthropogenic Food Subsidy to a Commensal Carnivore: The Value and Supply of Human Faeces

in the Diet of Free-Ranging Dogs", *Animals* 8, 67 (2018).

36. Steven E. Churchill, *Thin on the Ground: Neandertal Biology, Archeology and Ecology* (Hoboken, NJ: John Wiley & Sons, 2014), vol. 10.

37. Pat Shipman, *The Invaders* (Cambridge, MA: Harvard University Press, 2015).

38. Raymond Coppinger, Lorna Coppinger, *Dogs: A New Understanding of Canine Origin, Behavior and Evolution* (Chicago: University of Chicago Press, 2002).

39. J. R. Butler, W. Y. Brown, J. T. du Toit, "Anthropogenic Food Subsidy to a Commensal Carnivore: The Value and Supply of Human Faeces in the Diet of Free-Ranging Dogs", *Animals* 8 (2018).

40. K. D. Lupo, "When and Where Do Dogs Improve Hunting Productivity? The Empirical Record and Some Implications for Early Upper Paleolithic Prey Acquisition", *Journal of Anthropological Archaeology* 47, 139~151 (2017).

41. B. P. Smith, C. A. Litchfield, "A Review of the Relationship Between Indigenous Australians, Dingoes (*Canis dingo*) and Domestic Dogs (*Canis familiaris*)", *Anthrozoös* 22, 111~128(2009).

42. Stanley D. Gehrt, Seth P. D. Riley, Brian L. Cypher, eds., *Urban Carnivores: Ecology, Conflict, and Conservation* (Baltimore: Johns Hopkins University Press, 2010) 79~95.

43. 우리는 캔디드 크리터스Candid Critters*를 운영하는 노스캐롤라이나 자연사박물관의 롤런드 케이스Roland Kays와 함께 작업했다. 그는 시민 과학자들을 조직하여 노스캐롤라이나주 야생 지역에 야생 동물의 생태를 관찰하기 위한 카메라를 설치했다.

44. E. L. MacLean, B. Hare, C. L. Nunn, E. Addessi, F. Amici, R. C.

---

* 　노스캐롤라이나주 전역에 서식하는 포유류의 관리와 보호를 위한 조사 프로젝트다.

Anderson, F. Aureli, J. M. Baker, A. E. Bania, A. M. Barnard, "The Evolution of Self-control", *Proceedings of the National Academy of Sciences* 111, E2140~E2148 (2014).

45. Gehrt et al., eds., *Urban Carnivores*.

46. J. Partecke, E. Gwinner, S. Bensch, "Is Urbanisation of European Blackbirds (*Turdus merula*) Associated with Genetic Differentiation?", *Journal of Ornithology* 147, 549~552 (2006).

47. J. Partecke, I. Schwabl, E. Gwinner, "Stress and the city: Urbanization and Its Effects on the Stress Physiology in European Blackbirds", *Ecology* 87, 549~552 (2006).

48. P. M. Harveson, R. R. Lopez, B. A. Collier, N. J. Silvy, "Impacts of Urbanization on Florida Key Deer Behavior and Population Dynamics", *Biological Conservation* 134, 321~331 (2007).

49. R. McCoy, S. Murphie, "Factors Affecting the Survival of Black-tailed Deer Fawns on the Northwestern Olympic Peninsula, Washington", *Makah Tribal Forestry Final Report, Neah Bay, Washington* (2011).

50. A. Hernádi, A. Kis, B. Turcsán, J. Topál, "Man's Underground Best Friend: Domestic Ferrets, Unlike the Wild Forms, Show Evidence of Dog-like Social-Cognitive Skills", *PLoS One* 7, e43267 (2012).

51. K. Okanoya, "Sexual Communication and Domestication May Give Rise to the Signal Complexity Necessary for the Emergence of Language: An indication from Songbird Studies", *Psychonomic Bulletin & Review* 24, 106~110 (2017).

52. R. T. T. Forman, "The Rrban Region: Natural Systems in Our Place, Our Nourishment, Our Home Range, Our Future", *Landscape Ecology* 23, 251~253 (2008).

3 오랫동안 잊고 있던 우리의 사촌

1. B. Hare, V. Wobber, R. Wrangham, "The Self-Domestication

Hypothesis: Evolution of Bonobo Psychology Is Due to Selection Against Aggression", *Animal Behaviour* 83, 573~585 (2012).

2. R. Wrangham, D. Pilbeam, "Apes as Time Machines," *All Apes Great and Small* (New York: Springer, 2002), 5~17.

3. Richard W. Wrangham, Dale Peterson, *Demonic Males: Apes and the Origins of Human Violence* (Houghton Mifflin Harcourt, 1996).

4. M. L. Wilson, M. D. Hauser, R. W. Wrangham, "Does Participation in Intergroup Conflict Depend on Numerical Assessment, Range Location, or Rank for Wild Chimpanzees?", *Animal Behaviour* 61, 1203~1216 (2001).

5. M. L. Wilson, C. Boesch, B. Fruth, T. Furuichi, I. C. Gilby, C. Hashimoto, C. L. Hobaiter, G. Hohmann, N. Itoh, K. Koops, "Lethal Aggression in Pan is Better Explained by Adaptive Strategies Than Human Impacts", *Nature* 513, 414~417 (2014).

6. J. C. Mitani, D. P. Watts, S. J. Amsler, "Lethal Intergroup Aggression Leads to Territorial Expansion in Wild Chimpanzees", *Current Biology* 20, R507~R508 (2010).

7. R. W. Wrangham, M. L. Wilson, "Collective Violence: Comparisons Between Youths and Chimpanzees", *Annals of the New York Academy of Sciences* 1036, 233~256 (2004).

8. S. M. Kahlenberg, M. E. Thompson, M. N. Muller, R. W. Wrangham, "Immigration Costs for Female Chimpanzees and Male Protection as an Immigrant Counterstrategy to Intrasexual Aggression", *Animal Behaviour* 76, 1497~1509 (2008).

9. Frans B. de Waal, F. Lanting, *Bonobo: The Forgotten Ape* (University of California Press, 1997).

10. K. Walker, B. Hare, *Bonobos: Unique in Mind, Brain and Behavior*, B. Hare, S. Yamamoto, Eds. (Oxford University Press, 2017), chapter 4, 49~64.

11. Brian Hare, Shinya Yamamoto, *Bonobos: Unique in Mind, Brain,*

and Behavior (Oxford University Press, 2017).

12. P. H. Douglas, G. Hohmann, R. Murtagh, R. Thiessen-Bock, T. Deschner, "Mixed Messages: Wild Female Bonobos Show High Variability in the Timing of Ovulation in Relation to Sexual Swelling Patterns", *BMC Evolutionary Biology* 16, 140 (2016).

13. T. Furuichi, "Female Contributions to the Peaceful Nature of Bonobo Society", *Evolutionary Anthropology: Issues, News, and Reviews* 20, 131~142 (2011).

14. N. Tokuyama, T. Furuichi, "Do Friends Help Each Other? Patterns of Female Coalition Formation in Wild Bonobos at Wamba", *Animal Behaviour* 119, 27~35 (2016).

15. L. R. Moscovice, M. Surbeck, B. Fruth, G. Hohmann, A. V. Jaeggi, T. Deschner, "The Cooperative Sex: Sexual Interactions Among Female Bonobos Are Linked to Increases in Oxytocin, Proximity and Coalitions", *Hormones and Behavior* 116, 104581 (2019).

16. R. Wrangham, *The Goodness Paradox: The Strange Relationship Between Virtue and Violence in Human Evolution* (New York: Pantheon, 2019). (리처드 랭엄, 《한없이 사악하고 더없이 관대한》, 이유 옮김, 을유문화사, 2020.)

17. 수상한 사례가 한 건 있기는 하다. 보노보 수컷 한 마리가 다수 보노보에게 공격당해 심각한 부상을 입은 뒤로 보이지 않았다. 하지만 최종 결과는 확인되지 않았으며, 그 수컷이 살아남았을 가능성이 있다. M. L. Wilson, C. Boesch, B. Fruth, T. Furuichi, I. C. Gilby, C. Hashimoto, C. L. Hobaiter, G. Hohmann, N. Itoh, K. J. N. Koops, "Lethal Aggression in Pan is Better Explained by Adaptive Strategies Than Human Impacts", *Nature* 513, 414 (2014).

18. T. Sakamaki, H. Ryu, K. Toda, N. Tokuyama, T. Furuichi, "Increased Frequency of Intergroup Encounters in Wild Bonobos (Pan panicus) Around the Yearly Peak in Fruit Abundance at Wamba", *International Journal of Primatology* 3, 685~704 (2018): Brian Hare, Shinya Yamamoto, *Bonobos: Unique in Mind, Brain,*

and Behavior (Oxford University Press, 2017).

19. M. Surbeck, R. Mundry, G. Hohmann, "Mothers Matter! Maternal Support, Dominance Status and Mating Success in Male Bonobos(*Pan paniscus*)", *Proceedings of the Royal Society of London B: Biological Sciences* 278, 590~598 (2011).

20. M. Surbeck, T. Deschner, G. Schubert, A. Weltring, G Hohmann, "Mate Competition, Testosterone and Intersexual Relationships in Bonobos, *Pan paniscus*", *Animal Behaviour*, 83(3), 659~669 (2012).

21. M. Surbeck, K. E. Langergraber, B. Fruth, L. Vigilant, G. Hohmann, "Male Reproductive Skew Is Higher in Bonobos Than Chimpanzees", *Current Biology* 27, R640~R641 (2017).

22. S. Ishizuka, Y. Kawamoto, T. Sakamaki, N. Tokuyama, K. Toda, H. Okamura, T. Furuichi, "Paternity and Kin Structure Among Neighbouring Groups in Wild Bonobos at Wamba", *Royal Society Open Science* 5, 171006 (2018).

23. C. B. Stanford, "The Social Behavior of Chimpanzees and Bonobos: Empirical Evidence and Shifting Assumptions", *Current Anthropology* 39, 399~420 (1998).

24. B. Hare, S. Kwetuenda, "Bonobos Voluntarily Share Their Own Food with Others," *Current Biology* 20, R230~R231 (2010).

25. J. Tan, B. Hare, "Bonobos Share with Strangers", *PLoS One* 8, e51922 (2013).

26. J. Tan, D. Ariely, B. Hare, "Bonobos Respond Prosocially Toward Members of Other Groups", *Scientific Reports* 7, 14733 (2017).

27. V. Wobber, B. Hare, J. Maboto, S. Lipson, R. Wrangham, P. T. Ellison, "Differential Changes in Steroid Hormones Before Competition in Bonobos and Chimpanzees", *Proceedings of the National Academy of Sciences* 107, 12457~12462 (2010).

28. M. H. McIntyre, E. Herrmann, V. Wobber, M. Halbwax, C. Mohamba, N. de Sousa, R. Atencia, D. Cox, B. Hare, "Bonobos

Have a More Human-like Second-to-Fourth Finger Length Ratio (2D:4D) Than Chimpanzees: A Hypothesized Indication of Lower Prenatal Androgens", *Journal of Human Evolution* 56, 361~365 (2009).

29. C. D. Stimpson, N. Barger, J. P. Taglialatela, A. Gendron-Fitzpatrick, P. R. Hof, W. D. Hopkins, C. C. Sherwood, "Differential Serotonergic Innervation of the Amygdala in Bonobos and Chimpanzees", *Social Cognitive and Affective Neuroscience* 11, 413~422 (2015).

30. C. H. Lew, K. L. Hanson, K. M. Groeniger, D. Greiner, D. Cuevas, B. Hrvoj-Mihic, C. M. Schumann, K. Semendeferi, "Serotonergic Innervation of the Human Amygdala and Evolutionary Implications", *American Journal of Physical Anthoropology* 170, 351~360 (2019).

31. Lydmila Trut, "Early Canid Domestication: The Farm-Fox Experiment Foxes Bred for Tamability in a 40-year Experiment Exhibit Remarkable Transformations That Suggest an Interplay Between Behavioral Genetics and Development", *American Scientist* 87, 160~169 (1999).

32. B. Agnvall, J. Bélteky, R. Katajamaa, P. Jensen, "Is Evolution of Domestication Driven by Tameness? A Selective Review with Focus on Chickens", *Applied Animal Behaviour Science* (2017).

33. E. Herrmann, B. Hare, J. Call, M. Tomasello, "Differences in the Cognitive Skills of Bonobos and Chimpanzees", *PloS one* 5, e12438 (2010).

34. 연구자들이 컴퓨터 시선 추적 프로그램을 이용해서 사람의 얼굴에 대한 보노보와 침팬지의 반응을 비교했는데, 침팬지는 주로 사람의 입을 응시하고 눈은 무시했다. 보노보는 침팬지보다 주로 눈을 집중적으로 바라보았다: F. Kano, J. Call, "Great Apes Generate Goal-Based Action Predictions: An Eye-Tracking Study", *Psychological Science* 25, 1691~1698 (2014).

35. 인류학자 재나 클레이Zanna Clay는 대부분 동물의 울음소리와 달리 보노보의 끼이끼이 소리는 많은 의미로 사용되는데, 긍정적인 의미를 띠는 경우와 부정적인 의미를 띠는 경우, 모두 있다는 것을 발견했다: Z. Clay, A. Jahmaira, Zuberbühler, "Functional Flexibility in Wild Bonobo Vocal Behavior", *PeerJ* 3, e1124 (2015).

36. A. P. Melis, B. Hare, M. Tomasello, "Chimpanzees Recruit the Best Collaborators", *Science* 311, 1297~1300 (2006).

37. A. P. Melis, B. Hare, M. Tomasello, "Chimpanzees Coordinate in a Negotiation Game", *Evolution and Human Behavior* 30, 381~392 (2009).

38. A. P. Melis, B. Hare, M. Tomasello, "Engineering Cooperation in Chimpanzees: Tolerance Constraints on Cooperation", *Animal Behavior* 72, 275~286 (2006); B. Hare, A. P. Melis, V. Woods, S. Hastings, R. Wrangham, "Tolerance Allows Bonobos to Outperform Chimpanzees on a Cooperative Task", *Current Biology* 17, 619~623 (2007)

39. V. Wobber, R. Wrangham, B. Hare, "Bonobos Exhibit Delayed Development of Social Behavior and Cognition Relative to Chimpanzees", *Current Biology* 20, 226~230 (2010).

40. B. Hare, A. P. Melis, V. Woods, S. Hastings, R. Wrangham, "Tolerance Allows Bonobos to Outperform Chimpanzees on a Cooperative Task", *Current Biology* 17, 619~623 (2007).

4 가축화된 마음

1. Jerry Kagan, Nancy Snidman, *The Long Shadow of Temperament* (Cambridge, MA: Harvard University Press, 2004).

2. C. E. Schwartz, C. I. Wright, L. M. Shin, J. Kagan, S. L. Rauch, "Inhibited and Uninhibited Infants 'Grown up': Adult Amygdalar Response to Novelty", *Science* 300, 1952~1953 (2003).

3. H. M. Wellman, J. D. Lane, J. LaBounty, S. L. Olson, "Observant, Nonaggressive Temperament Predicts Theory-of-mind

Development", *Developmental Science* 14, 319~326 (2011).

4. Y.-T. Matsuda, K. Okanoya, M. Myowa-Yamakoshi, "Shyness in Early Infancy: Approach-Avoidance Conflicts in Temperament and Hypersensitivity to Eyes During Initial Gazes to Faces", *PLoS one* 8, e65476 (2013).

5. J. D. Lane, H. M. Wellman, S. L. Olson, A. L. Miller, L. Wang, T. Tardif, "Relations Between Temperament and Theory of Mind Development in the United States and China: Biological and Behavioral Correlates of Preschoolers' False-Belief Understanding", *Developmental Psychology* 49, 825~836 (2013).

6. Ibid., 825

7. E. Longobardi, P. Spataro, M. D'Alessandro, R. Cerutti, "Temperament Dimensions in Preschool Children: Links With Cognitive and Affective Theory of Mind", *Early Education and Development* 28, 377~395 (2017).

8. J. LaBounty, L. Bosse, S. Savicki, J. King, S. Eisenstat, "Relationship Between Social Cognition and Temperament in Preschool-aged Children", *Infant and Child Development* 26, e1981 (2017).

9. A. V. Utevsky, D. V. Smith, S. A. Huettel, "Precuneus is a Functional Core of the Default-Mode Network", *Journal of Neuroscience* 34, 932~940 (2014), 10: 1523/JNEUROSCI.4227-13: 2014.

10. R. M. Carter, S. A. Huettel, "A Nexus Model of the Temporal-Parietal Junction", *Trends in Cognitive Sciences* 17, 328~336 (2013).

11. H. Gweon, D. Dodell-Feder, M. Bedny, R. Saxe, "Theory of Mind Performance in Children Correlates with Functional Specialization of a Brain Region for Thinking About Thoughts", *Child Development* 83, 1853~1868 (2012).

12. R. Saxe, S. Carey, N. Kanwisher, "Understanding Other Minds: Linking Developmental Psychology and Functional Neuroima-

ging", *Annual Review Psychololgy* 55, 87~124 (2004).

13. E. G. Bruneau, N. Jacoby, R. Saxe, "Empathic Control Through Coordinated Interaction of Amygdala, Theory of Mind and Extended Pain Matrix Brain Regions", *Neuroimage* 114, 105~119 (2015).

14. F. Beyer, T. F. Münte, C. Erdmann, U. M. Krämer, "Emotional Reactivity to Threat Modulates Activity in Mentalizing Network During Aggression", *Social Cognitive and Affective Neuroscience* 9, 1552~1560 (2013).

15. B. Hare, "Survival of the Friendliest: Homo sapiens Evolved Via Selection for Prosociality," *Annual Review of Psychology* 68, 155~186 (2017).

16. R. W. Wrangham, "Two Types of Aggression in Human Evolution", *Proceedings of the National Academy of Sciences*, 201713611 (2017).

17. Richard Wrangham, *The Goodness Paradox: The Strange Relationship Between Virtue and Violence in Human Evolution* (New York: Pantheon, 2019).

18. T. A. Hare, C. F. Camerer, A. Rangel, "Self-control in Decision-Making Involves Modulation of the vmPFC Valuation System", *Science* 324, 646~648 (2009).

19. W. Mischel, Y. Shoda, P. K. Peake, "The Nature of Adolescent Competencies Predicted by Preschool Delay of Gratification", *Journal of Personality and Social Psychology* 54, 687 (1988).

20. T. W. Watts, G. J. Duncan, H. Quan, "Revisiting the Marshmallow Test: A Conceptual Replication Investigating Links Between Early Delay of Gratification and Later Outcomes", *Psychological Science* 29, 1159~1177 (2018).

21. L. Michaelson, Y. Munakata, "Same dataset, Different Conclusions: Preschool Delay of Gratification Predicts Later Behavioral Outcomes in a Preregistered Study", *Psychological Science*, (근간).

22. T. E. Moffitt, L. Arseneault, D. Belsky, N. Dickson, R. J. Hancox, H. Harrington, R. Houts, R. Poulton, B. W. Roberts, S. Ross, "A Gradient of Childhood Self-control Predicts Health, Wealth, and Public Safety", *Proceedings of the National Academy of Sciences* 108, 2693~2698 (2011).

23. E. L. MacLean, B. Hare, C. L. Nunn, E. Addessi, F. Amici, R. C. Anderson, F. Aureli, J. M. Baker, A. E. Bania, A. M. Barnard, "The Evolution of Self-control", *Proceedings of the National Academy of Sciences* 111, E2140~E2148 (2014).

24. Suzanna Herculano-Houzel, *The Human Advantage: A New Understanding of How Our Brain Became Remarkable* (Cambridge, MA: MIT Press, 2016).

25. M. Grabowski, B. Costa, D. Rossoni, G. Marroig, J. DeSilva, S. Herculano-Houzel, S. Neubauer, M. Grabowski, "From Bigger Brains to Bigger Bodies: The Correlated Evolution of Human Brain and Body Size", *Current Anthropology* 57 (2016).

26. S. Herculano-Houzel, "The Remarkable, Yet Not Extraordinary, Human Brain as a Scaled-up Primate Brain and Its Associated Cost", *Proceedings of the National Academy of Sciences* 109, 10661~10668 (2012), 10: 1073/pnas.1201895109.

27. R. Holloway, "The Evolution of the Hominid Brain", *Handbook of Paleoanthropology*, edited by W. Henke, I. Tattersall (Springer-Verlag, 2015), 1961~1987.

28. Michael Tomasello, *Becoming Human: A Theory of Ontogeny* (Cambridge, MA: Belknap Press of Harvard University Press, 2019).

29. Joseph Henrich, *The Secret of Our Success: How Culture Is Driving Human Evolution, Domesticating Our Species, and Making Us Smarter* (Princeton, NJ: Princeton University Press, 2015). (조지프 헨릭, 《호모 사피엔스, 그 성공의 비밀》, 주명진·이병권 옮김, 뿌리와이파리, 2019.)

30. M. Muthukrishna, B. W. Shulman, V. Vasilescu, J. Henrich, "Sociality Influences Cultural Complexity", *Proceedings of the Royal Society of London B: Biological Sciences* 281, 2013~2511 (2014).

31. D. W. Bird, R. B. Bird, B. F. Codding, D. W. Zeanah, "Variability in the Organization and Size of Hunter-Gatherer Groups: Foragers Do Not Live in Small-scale Societies", *Journal of Human Evolution* 131, 96~108 (2019).

32. K. R. Hill, B. M. Wood, J. Baggio, A. M. Hurtado, R. T. Boyd, "Hunter-gatherer inter-band Interaction Rates: Implications for Cumulative Culture", *PloS One* 9, e102806 (2014).

33. A. Powell, S. Shennan, M. G. Thomas, "Late Pleistocene Demography and the Appearance of Modern Human Behavior", *Science* 324, 1298~1301 (2009).

34. R. L. Cieri, S. E. Churchill, R. G. Franciscus, J. Tan, B. Hare, "Craniofacial Feminization, Social Tolerance, and the Origins of Behavioral Modernity", *Current Anthropology* 55, 419~443 (2014).

35. 리처드 랭엄은 사람의 자기가축화가 이르면 30만 년 전경 호모 사피엔스가 처음 출현하던 시기에 이미 뚜렷하게 나타났다고 주장한다(Richard Wrangham, *The Goodness Paradox: The Strange Relationship Between Virtue and Violence in Human Evolution*(New York: Pantheon, 2019)). 내가 세운 가설의 가장 큰 난제는, 행동 현대화가 나타난 5만 년 전에서 2만 5000년 전 이전의 자기가축화의 증거가 나오지 않고 있다는 점이 될 것이다. 관련된 또 하나의 문제는, 새로운 유전체 비교가 28만 년 전에서 30만 년 전 사이의 다른 사람 종 인구집단이 이미 분리되어 나왔을 가능성을 시사한다는 점이다. 하지만 종의 분리라기보다는 유전자 이동 차원의 분리였을 가능성도 남아 있다(David Reich, *Who We Are and How We Got Here: Ancient DNA and the New Science of Human Past* (New York: Pantheon, 2018)).

36. S. W. Gangestad, R. Thornhill, "Facial Masculinity and Fluctuating Asymmetry", *Evolution and Human Behavior* 24, 231~241

(2003).

37. B. Fink, K. Grammer, P. Mitteroecker, P. Gunz, K. Schaefer, F. L. Bookstein, J. T. Manning, "Second to Fourth Digit Ratio and Face Shape", *Proceedings of the Royal Society of London B: Biological Sciences* 272, 1995~2001 (2005).

38. J. C. Wingfield, "The Challenge Hypothesis: Where It Began and Relevance to Humans", *Hormones and Behavior* 92, 9~12 (2016).

39. P. B. Gray, J. F. Chapman, T. C. Burnham, M. H. McIntyre, S. F. Lipson, P. T. Ellison, "Human Male Pair Bonding and Testosterone", *Human Nature* 15, 119~131 (2004).

40. G. Rhodes, G. Morley, L. W. Simmons, "Women Can Judge Sexual Unfaithfulness from Unfamiliar Men's Faces", *Biology Letters* 9, 20120908 (2013).

41. L. M. DeBruine, B. C. Jones, J. R. Crawford, L. L. M. Welling, A. C. Little, "The Health of a Nation Predicts Their Mate Preferences: Cross-cultural Variation in Women's Preferences for Masculinized Male Faces", *Proceedings of the Royal Society of London B: Biological Sciences* 277, 2405~2410 (2010).

42. A. Sell, L. Cosmides, J. Tooby, D. Sznycer, C. von Rueden, M. Gurven, "Human Adaptations for the Visual Assessment of Strength and Fighting Ability From the Body and Face", *Proceedings of the Royal Society of London B: Biological Sciences* 276, 575~584 (2009).

43. B. T. Gleeson, "Masculinity and the Mechanisms of Human Self-Domestication", *bioRxiv* 143875 (2018).

44. B. T. Gleeson, G. J. A. Kushnick, "Female Status, Food Security, and Stature Sexual Dimorphism: Testing Mate Choice as a Mechanism in Human Self-Domestication", *American Journal of Physical Anthropology* 167, 458~469 (2018).

45. E. Nelson, C. Rolian, L. Cashmore, S. Shultz, "Digit Ratios Predict Polygyny in Early Apes, Ardipithecus, Neanderthals and Early

Modern Humans But Not in Australopithecus", *Proceedings of the Royal Society B* (2011), vol. 278, 1556~1563.

46. D. Kruska, "Mammalian Domestication and Its Effect on Brain Structure and Behavior", *Intelligence and Evolutionary Biology* (New York: Springer, 1988), 211~250.

47. H. Leach, C. Groves, T. O'Connor, O. Pearson, M. Zeder, H. Leach, "Human Domestication Reconsidered", *Current Anthropology* 44, 349~368 (2003).

48. N. K. Popova, "From Genes to Aggressive Behavior: The Role of Serotonergic System", *Bioessays* 28, 495~503 (2006).

49. H. V. Curran, H. Rees, T. Hoare, R. Hoshi, A. Bond, "Empathy and Aggression: Two Faces of Ecstasy? A Study of Interpretative Cognitive Bias and Mood Change in Ecstasy Users", *Psychopharmacology* 173, 425~433 (2004).

50. E. F. Coccaro, L. J. Siever, H. M. Klar, G. Maurer, K. Cochrane, T. B. Cooper, R. C. Mohs, K. L. Davis, "Serotonergic Studies in Patients with Affective and Personality Disorders: Correlates with Suicidal and Impulsive Aggressive Behavior", *Archives of General Psychiatry* 46, 587~599 (1989).

51. M. J. Crockett, L. Clark, M. D. Hauser, T. W. Robbins, "Serotonin Selectively Influences Moral Judgment and Behavior Through Effects on Harm Aversion", *Proceedings of the National Academy of Sciences* 107, 17433~17438 (2010).

52. A. Brumm, F. Aziz, G. D. Van den Bergh, M. J. Morwood, M. W. Moore, I. Kurniawan, D. R. Hobbs, R. Fullagar, "Early Stone Technology on Flores and Its Implications for Homo Floresiensis", *Nature* 441, 624~628 (2006).

53. S. Alwan, J. Reefhuis, S. A. Rasmussen, R. S. Olney, J. M. Friedman, "Use of Selective Serotonin-Reuptake Inhibitors in Pregnancy and the Risk of Birth Defects", *New England Journal of Medicine* 356, 2684~2692 (2007).

54. J. J. Cray, S. M. Weinberg, T. E. Parsons, R. N. Howie, M. Elsalanty, J. C. Yu, "Selective Serotonin Reuptake Inhibitor Exposure Alters Osteoblast Gene Expression and Craniofacial Development in Mice", *Birth Defects Research Part A: Clinical and Molecular Teratology* 100, 912~923 (2014).

55. C. Vichier-Guerre, M. Parker, Y. Pomerantz, R. H. Finnell, R. M. Cabrera, "Impact of Selective Serotonin Reuptake Inhibitors on Neural Crest Stem Cell Formation", *Toxicology Letters* 281, 20~25 (2017).

56. S. Neubauer, J. J. Hublin, P. Gunz, "The Evolution of Modern Human Brain Shape", *Science Advances* 4, eaao5961 (2018): 온라인 EpubJan (10.1126/sciadv.aao5961).

57. P. Gunz, A. K. Tilot, K. Wittfeld, A. Teumer, C. Y. Shapland, T. G. Van Erp, M. Dannemann, B. Vernot, S. Neubauer, T. Guadalupe, "Neandertal Introgression Sheds Light on Modern Human Endocranial Globularity", *Current Biology* 29, 120~127. e125 (2019).

58. A. Benítez-Burraco, C. Theofanopoulou, C. Boeckx, "Globularization and Domestication", *Topoi* 37, 265~278 (2016).

59. J.-J. Hublin, S. Neubauer, P. Gunz, "Brain Ontogeny and Life History in Pleistocene hominins", *Philosophical Transactions of the Royal Society* B 370, 20140062 (2015).

60. J. J. Negro, M. C. Blázquez, I. Galván, "Intraspecific Eye Color Variability in Birds and Mammals: A Recent Evolutionary Event Exclusive to Humans and Domestic Animals", *Frontiers in Zoology* 14, 53 (2017).

61. H. Kobayashi, S. Kohshima, "Unique Morphology of the Human Eye", *Nature* 387, 767 (1997).

62. T. Farroni, G. Csibra, F. Simion, M. H. Johnson, "Eye Contact Detection in Humans From Birth", *Proceedings of the National Academy of Sciences* 99, 9602~9605 (2002).

63. E. L. MacLean, B. Hare, "Dogs Hijack the Human Bonding Pathway", *Science* 348, 280281 (2015).

64. T. Farroni, S. Massaccesi, D. Pividori, M. H. Johnson, "Gaze Following in Newborns", *Infancy* 5, 39~60 (2004).

65. M. Carpenter, K. Nagell, M. Tomasello, G. Butterworth, C. Moore, "Social Cognition, Joint Attention, and Communicative Competence from 9 to 15 Months of Age", *Monographs of the Society for Research in Child Development* 63, i-174 (1998) 10: 2307/1166214.

66. Michael Tomasello, *Constructing a Language* (Cambridge, MA: Harvard University Press, 2009).

67. N. L. Segal, A. T. Goetz, A. C. Maldonado, "Preferences for Visible White Sclera in Adults, Children and Autism Spectrum Disorder Children: Implications of the Cooperative Eye Hypothesis", *Evolution and Human Behavior* 37, 35~39 (2016).

68. M. Tomasello, B. Hare, H. Lehmann, J. Call, "Reliance on Head Versus Eyes in the Gaze Following of Great Apes and Human Infants: The Cooperative Eye Hypothesis", *Journal of Human Evolution* 52, 314~320 (2007).

69. T. Grossmann, M. H. Johnson, S. Lloyd-Fox, A. Blasi, F. Deligianni, C. Elwell, G. Csibra, "Early Cortical Specialization for Face-to-face Communication in Human Infants", *Proceedings of the Royal Society of London B: Biological Sciences* 275, 2803~2811 (2008).

70. T. C. Burnham, B. Hare, "Engineering Human Cooperation", *Human Nature* 18, 88~108 (2007).

71. P. J. Whalen, J. Kagan, R. G. Cook, F. C. Davis, H. Kim, S. Polis, D. G. McLaren, L. H. Somerville, A. A. McLean, J. S. Maxwell, "Human Amygdala Responsivity to Masked Fearful Eye Whites", *Science* 306, 2061~2061 (2004).

72. 일부 연구는 이 연관성이 얼마나 강한지에 관해 의문을 제기했다: S. B.

Northover, W. C. Pedersen, A. B. Cohen, P. W. Andrews, "Artificial Surveillance Cues Do Not Increase Generosity: Two Meta-analyses", *Evolution and Human Behavior* 38, 144~153 (2017).

73. 모든 것을 감안하여 볼 때 눈맞춤이 협력을 증진한다는 가설이 우세해 보인다: C. Kelsey, A. Vaish, T. J. H. N. Grossmann, "Eyes, More Than Other Facial Features, Enhance Real-World Donation Behavior", *Human Nature* 29, 390~401 (2018).

74. S. J. Gould, "A Biological Homage to Mickey Mouse", *Ecotone* 4, 333~340 (2008).

5 영원히 어리게

1. Steven Jay Gould, *Ontogeny and Phylogeny* (Cambridge, MA: Harvard University Press, 1977).

2. Mary Jane West-Eberhard, *Developmental Plasticity and Evolution* (Oxford University Press, 2003).

3. C. A. Nalepa, C. Bandi, "Characterizing the Ancestors: Peadomorphosis and Termite Evolution", *Termites: Evolution, Sociality, Symbioses, Ecology* (New York: Springer, 2000), 53~75.

4. M. F. Lawton, R. O. Lawton, "Heterochrony, Deferred Breeding, and Avian Sociality", *Current Ornithology* 3 (New York: Plenum Press, 1986), 187~222.

5. J.-L. Gariépy, D. J. Bauer, R. B. Cairns, "Selective Breeding for Differential Aggression in Mice Provides Evidence for Heterochrony in Social behaviours", *Animal Behavior* 61, 933~947 (2001).

6. K. L. Cheney, R. Bshary, A.S.J.B.E. Grutter, "Cleaner Fish Cause Predators to Reduce Aggression Toward Bystanders at Cleaning Stations", *Behavioral Ecology* 19, 1063~1067 (2008).

7. V. B. Baliga, R. S. Mehta, "Phylo-Allometric Analyses Showcase the Interplay Between Life-History Patterns and Phenotypic Convergence in Cleaner Wrasses", *The American Naturalist* 191, E129~E143 (2018).

8. S. Gingins, R. Bshary, "The Cleaner Wrasse Outperforms Other Labrids in Ecologically Relevant Contexts, but Not in Spatial Discrimination", *Animal Behavior* 115, 145~155 (2016).

9. A. Pinto, J. Oates, A. Grutter, R. Bshary, "Cleaner Wrasses Labroides Dimidiatus Are More Cooperative in the Presence of an Audience", *Current Biology* 21, 1140~1144 (2011).

10. Z. Triki, R. Bshary, A. S. Grutter, A. F. Ros, "The Arginine-vasotocin and Serotonergic Systems Affect Interspecific Social Behaviour of Client Fish in Marine Cleaning Mutualism", *Physiology & Behavior* 174, 136~143 (2017).

11. J. R. Paula, J. P. Messias, A. S. Grutter, R. Bshary, M.C.J.B.E. Soares, "The Role of Serotonin in the Modulation of Cooperative Behavior", *Behaviroal Ecology* 26, 1005~1012 (2015).

12. M. Gácsi, B. Győri, Á. Miklósi, Z. Virányi, E. Kubinyi, J. Topál, V. Csányi, "Species-specific Differences and Similarities in the Behavior of Hand-raised Dog and Wolf Pups in Social Situations with Humans", *Developmental Psychobiology: The Journal of the International Society for Developmental Psychobiology* 47, 111~122 (2005).

13. J. P. Scott, "The Process of Primary Socialization in Canine and Human Infants", *Monographs of the Society for Research in Child Development*, 1~47 (1963).

14. C. Hansen Wheat, W. van der Bijl, H. Temrin, "Dogs, but Not Wolves, Lose Their Sensitivity Toward Novelty With Age", *Frontiers in Psychology* 10, e2001~e2001 (2019).

15. Brian Hare, Vanessa Woods, *The Genius of Dogs* (Oneworld Publications, 2013).

16. D. Belyaev, I. Plyusnina, L. Trut, "Domestication in the Silver Fox (Vulpes fulvus Desm): Changes in Physiological Boundaries of the Sensitive Period of Primary Socialization", *Applied Animal Behaviour Science* 13, 359~370 (1985).

17. Lyudmila Trut, "Early Canid Domestication: The Farm-Fox Experiment Foxes Bred for Tamability in a 40-year Experiment Exhibit Remarkable Transformations That Suggest an Interplay Between Behavioral Genetics and Development", *American Scientist* 87, 160~169 (1999).

18. Vanessa Woods, Brian Hare, "Bonobo but Not Chimpanzee Infants Use Socio-sexual Contact with Peers", *Primates* 52, 111~116 (2011).

19. V. Wobber, B. Hare, S. Lipson, R. Wrangham, P. Ellison, "Different Ontogenetic Patterns of Testosterone Production Reflect Divergent Male Reproductive Strategies in Chimpanzees and Bonobos", *Physiology and Behavior*, 116, 44~53 (2013)

20. 보노보의 갑상샘 호르몬에서도 유사한 패턴이 관찰되었다. V. Behringer, T. Deschner, R. Murtagh, J. M. Stevens, G. Hohmann, "Age-related Changes in Thyroid Hormone Levels of Bonobos and Chimpanzees Indicate Heterochrony in Cevelopment", *Journal of Human Evolution* 66, 83~88 (2014).

21. Brian Hare, Shinya Yamamoto, *Bonobos: Unique in Mind, Brain, and Behavior* (Oxford University Press, 2017).

22. 우리의 가설 모델이 예측했던 대로 어류 중에 자기가축화 가능성이 높은 후보가 몇 종 나와 있는데, 이들 종은 발달에 관여하는 사서 유전자의 변화로 친화력이 강화되면서 그 부산물로 이 특성과는 관련 없어 보이는 형질을 획득했다. 멕시코동굴물고기를 살펴보자. 이 물고기는 강에 서식하는 종에서 갈라져 나와 빛도 천적도 없는 환경에서 살도록 진화했다. 실험은 천적으로부터 자신을 보호해야 하는 강 서식 종이 이 멕시코동굴물고기보다 10배 더 공격적이라는 것을 보여준다. 반면에 멕시코동굴물고기는 후각과 미각이 예민하게 발달하여 어둠 속에서 먹이를 찾을 때는 눈이 보이는 친척 종보다 4배 더 효율적이었다. 이 모든 차이가 소닉 헤지호그sonic hedgehog* 라는 이름의 사서 유전자 하나로부터 유래했다는 점이 인상적인데, 이 유전자는 멕시코동굴물고기 배아의 뇌에서 세로토닌 이용 경로에 영향을 미친다. 멕시코동굴물고기

가 성체가 되면 더 많은 세로토닌을 분비하며 공격성 결핍과 강화된 후 각 및 미각에 관련된 뇌 부위에서 세로토닌 수용 능력을 높인다. 그런 데 세로토닌 수용 능력을 높인 이 유전자가 이들의 시각에도 동일하게 작용하여 눈이 보이지 않는 미발달 상태로 만든다. 친화력 선택은 배 아 단계에 세로토닌을 이용할 수 있는 뇌를 지닌 물고기에게 유리하게 작용했다. 이 능력의 이른 발달이 행동과 형태에도 변화를 야기함으로 써 공격력도 없고 눈도 보이지 않는 이 종에게 큰 성공을 가져다주었다. 이 모든 변화가 발달에 관여하는 하나의 사서 유전자와 연관된 것이다. S. Rétaux, Y. Elipot, "Feed or Fight: A Behavioral Shift in Blind Cavefish", *Communicative & integrative Biology* 6(2), (2013) 1~10.

23. A. S. Wilkins, R. W. Wrangham, W. T. Fitch, "The 'Domestication Syndrome' in Mammals: A Unified Explanation Based on Neural Crest Cell Behavior and Genetics", *Genetics* 197, 795~808 (2014).

24. G. W. Calloni, N. M. Le Douarin, E. Dupin, "High Frequency of Cephalic Neural Crest Cells Shows Coexistence of Neurogenic, Melanogenic, and Osteogenic Differentiation Capacities", *Proceedings of the National Academy of Sciences* 106, 8947~8952 (2009).

25. C. Vichier-Guerre, M. Parker, Y. Pomerantz, R. H. Finnell, R. M. Cabrera, "Impact of Selective Serotonin Reuptake Inhibitors on Neural Crest Stem Cell Formation", *Toxicology Letters* 281, 20~25 (2017).

26. 늑대와 마을 개(다시 말해서, 외모나 행동에서 강도 높은 의도적 선택을 경험하지 않은 개)를 비교하니 가축화 과정을 거치는 동안 신경능선 유전자가 선택적 진화를 겪었음이 밝혀졌는데, 이것이 이 가설을 뒷받침해 주는 하나의 근거가 된다. A. R., Boyko, R. H., Boyko, C. M., Boyko, H. G. Parker, M. Castelhano, L. Corey, R. J. Kityo, "Complex

---

* 세포의 신호전달 체계에 영향을 주는 유전자로, 이 유전자에 돌연변이가 생긴 초파리의 배아가 고슴도치를 닮았다고 해서 붙인 이름이다.

Population Structure in African Village Dogs and Its Implications for Inferring Dog Domestication history", *Proceedings of the National Academy of Science* 0902129106 (2009).

27. C. Theofanopoulou, S. Gastaldon, T. O'Rourke, B. D. Samuels, A. Messner, P. T. Martins, F. Delogu, S. Alamri, C. Boeckx, "Self-Domestication in Homo sapiens: Insights from Comparative Genomics", *PLoS One* 12, e0185306 (2017).

28. M. Zanella, A. Vitriolo, A. Andirko, P. T. Martins, S. Sturm, T. O'Rourke, M. Laugsch, N. Malerba, A. Skaros, S. Trattaro. "Dosage Analysis of the 7q11. 23 William Region identifies BAZ1B as a Master Regulator of the Modern Human Face and Validate the Self-Domestication Hypothesis", *Science Advances* 5, 12 (2019).

29. Brian Hare, "Survival of the Friendliest: Homo sapiens Evolved via Selection for Prosociality", *Annual Review of Psychology* 68, 155~186 (2017).

30. M. N. Muller, *Chimpanzees and Human Evolution* (Cambridge, MA: Harvard University Press, 2017).

31. J.-J. Hublin, S. Neubauer, P. Gunz, "Brain Ontogeny and Life History in Pleistocene hominins", *Philosophical Transactions of the Roya: Society B: Biological Science* 370, 20140062 (2015).

32. V. Wobber, E. Herrmann, B. Hare, R. Wrangham, M. Tomasello, "Differences in the Early Cognitive Development of Children and Great Apes", *Developmental Psychobiology* 56, 547~573 (2014).

33. P. Gunz, S. Neubauer, L. Golovanova, V. Doronichev, B. Maureille, J.-J. Hublin, "A Uniquely Modern Human Pattern of Endocranial Development: Insights from a New Cranial Reconstruction of the Neandertal Newborn from Mezmaiskaya", *Journal of Human Evolution* 62, 300~313 (2012).

34. C. W. Kuzawa, H. T. Chugani, L. I. Grossman, L. Lipovich, O. Muzik, P. R. Hof, D. E. Wildman, C. C. Sherwood, W. R. Leonard,

N. Lange, "Metabolic Costs and Evolutionary Implications of Human Brain Development", *Proceedings of the National Academy of Sciences* 111, 13010~13015 (2014).

35. E. Bruner, T. M. Preuss, X. Chen, J. K. Rilling, "Evidence for Expansion of the Precuneus in Human Evolution", *Brain Structure and Function* 222, 1053~1060 (2017).

36. T. Grossmann, M. H. Johnson, S. Lloyd-Fox, A. Blasi, F. Deligianni, C. Elwell, G. Csibra, "Early Cortical Specialization for Face-to-face Communication in Human Infants", *Proceedings of the Royal Society of London B: Biological Sciences* 275, 2803~2811 (2008).

37. P. H. Vlamings, B. Hare, J. Call, "Reaching Around Barriers: The Performance of the Great Apes and 3-5-year-old Children", *Animal Cognition* 13, 273~285 (2010).

38. E. Herrmann, A. Misch, V. Hernandez-Lloreda, M. Tomasello, "Uniquely Human Self-control Begins at School Age", *Developmental Science* 18, 979~993 (2015).

39. B. Casey, "Beyond Simple Models of Self-control to Circuit-Based Accounts of Adolescent Behavior", *Annual Review of Psychology* 66, 295~319 (2015).

40. R. B. Bird, D. W. Bird, B. F. Codding, C. H. Parker, J. H. Jones, "The 'Fire Stick Farming' Hypothesis: Australian Aboriginal Foraging Strategies, Biodiversity, and Anthropogenic Fire Mosaics", *Proceedings of the National Academy of Sciences* 105, 14796~14801 (2008).

41. J. C. Berbesque, B. M. Wood, A. N. Crittenden, A. Mabulla, F. W. Marlowe, "Eat First, Share :ater: Hadza Hunter-Gatherer Men Consume More While Foraging Than in Central Places", *Evolution and Human Behavior* 37, 281~286 (2016).

42. M. Gurven, W. Allen-Arave, K. Hill, M. Hurtado, "'It's a Wonderful Life': Signaling Generosity Among the Ache of Para-

guay", *Evolution and Human Behavior* 21, 263~282 (2000).

43. C. Boehm, H. B. Barclay, R. K. Dentan, M.-C. Dupre, J. D. Hill, S. Kent, B. M. Knauft, K. F. Otterbein, S. Rayner, "Egalitarian Behavior and Reverse Dominance Hierarchy" [and comments and reply]. *Current anthropology* 34, 227~254 (1993).

44. M. J. Platow, M. Foddy, T. Yamagishi, L. Lim, A. Chow, "Two Experimental Tests of Trust in In-group Strangers: The Moderating Role of Common Knowledge of Group Membership", *European Journal of Social Psychology* 42, 30~35 (2012).

45. A. C. Pisor, M. Gurven, "Risk Buffering and Resource Access Shape Valuation of Out-group Strangers", *Scientific Reports* 6, 30435 (2016).

46. A. Romano, D. Balliet, T. Yamagishi, J. H. Liu, "Parochial 'Trust and Cooperation Across 17 Societies", *Proceedings of the National Academy of Sciences* 114, 12702~12707 (2017).

47. J. K. Hamlin, N. Mahajan, Z. Liberman, K. Wynn, "Not Like Me= Bad: Infants Prefer Those Who Harm Dissimilar Others", *Psychological Science* 24, 589~594 (2013).

48. G. Soley, N. Sebastián-Gallés, "Infants Prefer Tunes Previously Introduced by Speakers of Their Native Language", *Child Development* 86, 1685~1692 (2015).

49. N. McLoughlin, S. P. Tipper, H. Over, "Young Children Perceive Less Humanness in Outgroup Faces", *Developmental Science* 21, e12539 (2017).

50. L. M. Hackel, C. E. Looser, J. J. Van Bavel, "Group Membership Alters the Threshold for Mind Perception: The Role of Social identity, Collective Identification, and Intergroup Threat", *Journal of Experimental Social Psychology* 52, 15~23 (2014): online Epub2014/05/01/, 10: 1016/j.jesp.2013.12.001.

51. E. Sparks, M. G. Schinkel, C. Moore, "Affiliation Affects Generosity in Young Children: The Roles of Minimal Group

Membership and Shared Interests", *Journal of Experimental Child Psychology* 159, 242~262 (2017).

52. J. S. McClung, S. D. Reicher, "Representing Other Minds: Mental State Reference Is Moderated by Group Membership", *Journal of Experimental Social Psychology* 76, 385~392 (2018).

53. Joseph Henrich, *The Secret of Our Success: How Culture Is Driving Human Evolution, Domesticating Our Species, and Making Us Smarter* (Princeton, NJ: Princeton University Press, 2015).

54. 세로토닌 신경세포는 옥시토신의 효과를 조절한다. 세로토닌 수용체 활동이 옥시토신을 효과를 높이는, 하나의 피드백 순환 고리가 생성된다. 테스토스테론은 옥시토신의 결합을 가로막으며, 이는 세로토닌의 효과를 감소시킨다. Brian Hare, "Survival of the Friendliest: Homo sapiens Evolved via Selection for Prosociality", *Annual Review of Psychology* 68, 155~186 (2017).

55. M. L. Boccia, P. Petrusz, K. Suzuki, L. Marson, C. A. Pedersen, "Immunohistochemical Localization of Oxytocin Receptors in Human Brain", *Neuroscience* 253, 155~164 (2013).

56. C. K. De Dreu, "Oxytocin Modulates Cooperation Within and Competition Between Groups: An Integrative Review and Research Agenda", *Hormones and behavior* 61, 419~428 (2012).

57. M. Nagasawa, T. Kikusui, T. Onaka, M. Ohta, "Dog's Gaze at Its Owner Increases Owner's Urinary Oxytocin During Social Interaction", *Hormones and Behavior* 55, 434~441 (2009).

58. K. M. Brethel-Haurwitz, K. O'Connell, E. M. Cardinale, M. Stoianova, S. A. Stoycos, L. M. Lozier, J. W. VanMeter, A. A. Marsh, "Amygdala-midbrain Connectivity Indicates a Role for the Mammalian Parental Care System in Human Altruism", *Proceedings of the Royal Society B: Biological Sciences* 284, 20171731 (2017).

59. C. Theofanopoulou, A. Andirko, C. Boeckx, "Oxytocin and Vaso-pressin Receptor Variants as a Window onto the Evolution of

Human Prosociality", *bioRxiv*, 460584 (2018).

60. K. R. Hill, B. M. Wood, J. Baggio, A. M. Hurtado, R. T. Boyd, "Hunter-gatherer Inter-band Interaction Rates: Implications for Cumulative Culture," *PLoS One* 9, e102806 (2014).

61. K. Hill, "Altruistic Cooperation During Foraging by the Ache, and the Evolved Human Predisposition to Cooperate", *Human Nature* 13, 105~128 (2002).

62. Steven Pinker, *The Better Angels of Our Nature: Why Violence Has Declined* (Penguin Books, 2012). (스티븐 핑커, 《우리 본성의 선한 천사》, 김명남 옮김, 사이언스북스, 2014.)

63. Y. N. Harari, *Homo Deus: A Brief History of Tomorrow*, (Random House, 2016). (유발 하라리, 《호모 데우스》, 김명주 옮김, 김영사, 2017)

64. R. C. Oka, M. Kissel, M. Golitko, S. G. Sheridan, N. C. Kim, A. Fuentes, "Population Is the Main Driver of War Group Size and Conflict Casualties", *Proceedings of the National Academy of Sciences* 114, E11101~E11110 (2017).

6 사람이라고 하기엔

1. "Burundi: The Gatumba Massacre: War Crimes and Political Agendas", (Human Rights Watch, 2004).

2. Brian Hare, Shinya Yamamoto, *Bonobos: Unique in Mind, Brain, and Behavior* (Oxford University Press, 2017).

3. O. J. Bosch, S. A. Krömer, P. J. Brunton, I. D. Neumann, "Release of Oxytocin in the Hypothalamic Paraventricular Nucleus, but Not Central Amygdala or Lateral Septum in Lactating Residents and Virgin Intruders During Maternal Defence", *Neuroscience* 124, 439~448 (2004).

4. C. F. Ferris, K. B. Foote, H. M. Meltser, M. G. Plenby, K. L. Smith, T. R. Insel, "Oxytocin in the Amygdala Facilitates Maternal Aggression", *Annals of the New York Academy of Sciences* 652, 456~457 (1992).

5. 사람의 경우에는, 옥시토신이 자기 집단 사람들에게는 더 협력적으로 대하면서 외부자에게는 더 공격적으로 굴게 만드는 것인지, 옥시토신이 외부자에 대한 직접적인 공격성을 유발하지는 않으나 집단 구성원들 간에 공감하고 협력하는 행동을 강화시킴으로써 외부자들에게 반감을 일으키고 이것이 고조되다가 공격성이 나오게 되는 것인지, 아직까지 논쟁이 이어지고 있다. (C. K. De Dreu, "Oxytocin Modulates Cooperation Within and Competition Between Groups: An Integrative Review and Research Agenda", *Hormones and Behavior* 61, 419~428 [2012]).

6. D. A. Baribeau, E. Anagnostou, "Oxytocin and Vasopressin: Linking Pituitary Neuropeptides and Their Receptors to Social Neurocircuits", *Frontiers in Neuroscience* 9, (2015).

7. K. M. Brethel-Haurwitz, K. O'Connell, E. M. Cardinale, M. Stoianova, S. A. Stoycos, L. M. Lozier, J. W. VanMeter, A. A. Marsh, "Amygdala-midbrain Connectivity Indicates a Role for the Mammalian Parental Care System in Human Altruism", *Proceedings of the Royal Society B: Biological Sciences* 284, 20171731 (2017).

8. S. T. Fiske, L. T. Harris, A. J. Cuddy, "Why Ordinary People Torture Enemy Prisoners", *Science* 306, 1482~1483 (2004).

9. L. W. Chang, A. R. Krosch, M. Cikara, "Effects of Intergroup Threat on Mind, Brain, and Behavior", *Current Opinion in Psychology* 11, 69~73 (2016).

10. M. Hewstone, M. Rubin, H. Willis, "Intergroup Bias", *Annual Review of Psychology* 53, 575~604 (2002).

11. G. Soley, N. Sebastián-Gallés, "Infants Prefer Tunes Previously Introduced by Speakers of Their Native Language", *Child Development* 86, 1685~1692 (2015).

12. D. J. Kelly, P. C. Quinn, A. M. Slater, K. Lee, A. Gibson, M. Smith, L. Ge, O. Pascalis, "Three-month-olds, but Not Newborns, Prefer Own-Race Faces", *Developmental Science* 8, F31~F36 (2005).

13. J. K. Hamlin, N. Mahajan, Z. Liberman, K. Wynn, "Not Like Me=Bad: Infants Prefer Those Who Harm Dissimilar Others", *Psychological Science* 24, 589~594 (2013).

14. M. F. Schmidt, H. Rakoczy, M. Tomasello, "Young Children Enforce Social Norms Selectively Depending on the Violator's Group Affiliation", *Cognition* 124, 325~333 (2012).

15. J. J. Jordan, K. McAuliffe, F. Warneken, "Development of In-group Favoritism in Children's Third-party Punishment of Selfishness", *Proceedings of the National Academy of Sciences* 111, 12710~12715 (2014).

16. E. L. Paluck, D. P. Green, "Prejudice Reduction: What Works? A Review and Assessment of Research and Practice", *Annual Review of Psychology* 60, 339~367 (2009).

17. A. Bandura, B. Underwood, M. E. Fromson, "Disinhibition of Aggression Through Diffusion of Responsibility and Dehumanization of Victims", *Journal of Research in Personality* 9, 253~269 (1975).

18. Brian Hare, "Survival of the Friendliest: Homo sapiens Evolved via Selection for Prosociality", *Annual Review of Psychology* 68, 155~186 (2017).

19. T. Baumgartner, L. G.tte, R. Gügler, E. Fehr, "The Mentalizing Network Orchestrates the Impact of Parochial Altruism on Social Norm Enforcement", *Human Brain Mapping* 33, 1452~1469 (2012).

20. E. G. Bruneau, N. Jacoby, R. Saxe, "Empathic Control Through Coordinated Interaction of Amygdala, Theory of Mind and Extended Pain Matrix Brain Regions", *Neuroimage* 114, 105~119 (2015); E Bruneau, N. Jacoby, N. Kteily, R. Saxe, "Denying Humanity: The Distinct Neural Correlates of Blantant Dehumanization", *Journal of Experimental Psychology: General* 147, 1078~1093 (2018).

21. M. L. Boccia, P. Petrusz, K. Suzuki, L. Marson, C. A. Pedersen,

"Immunohistochemical Localization of Oxytocin Receptors in Human Brain", *Neuroscience* 253, 155~164 (2013).

22. C. S. Sripada, K. L. Phan, I. Labuschagne, R. Welsh, P. J. Nathan, A. G. Wood, "Oxytocin Enhances Resting-state Connectivity Between Amygdala and Medial Frontal Cortex", *International Journal of Neuropsychopharmacology* 16, 255~260 (2012).

23. M. Cikara, E. Bruneau, J. Van Bavel, R. Saxe, "Their Pain Gives Us Pleasure: How Intergroup Dynamics Shape Empathic Failures and Counter-Empathic Responses", *Journal of Experimental Social Psychology* 55, 110~125 (2014).

24. Lasana Harris, Invisible Mind: Flexible Social Cognition and Denumanization (Cambridge, MA: MIT Press, 2017); L. Harris, S. Fiske, "Social Neuroscinece Evidence for Dehumanised Perception", *European Review of Social Psychology*, 20, 192~231 (2009).

25. H. Zhang, J. Gross, C. De Dreu, Y. Ma, "Oxytocin Promotes Coordinated Out-group Attack During Intergroup Conflict in Humans", *eLife* 8, e40698 (2019). 외부자에 대한 공감이 결여되는 이유는, 코로 흡입하는 옥시토신이 타인에 대해서는 더 사이코패스 같고 덜 이타주의자처럼 반응하게 만들기 때문이다. A. A. Marsh, *The Fear Factor: How One Emotion Connects Altruists, Psychopaths, and Everyone In-between*, (New York: Hachette Book Group, 2017). 그런가 하면 어떤 실험에서는 한 민족 집단 사람들에게 옥시토신을 투여했을 때 타 민족 집단 사람들이 표현하는 두려움이나 고통을 덜 인지하는 결과가 나왔다. X. Xu, X. Zuo, X. Wang, S. Han, "Do You Feel My Pain? Racial Group Membership Modulates Empathic Neural Responses", *Journal of Neuroscience* 29, 8525~8529 (2009); F. Sheng, Y. Liu, B. Zhou, W. Zhou, S. Han, "Oxytocin Modulates the Racial Bias in Neural Responses to Others' Suffering", *Biological Psychology* 92, 380~386 (2013).

26. C. K. De Dreu, L. L. Greer, M. J. Handgraaf, S. Shalvi, G. A.

Van Kleef, M. Baas, F. S. Ten Velden, E. Van Dijk, S. W. Feith, "The Neuropeptide Oxytocin Regulates Parochial Altruism in Intergroup Conflict Among Humans", *Science* 328, 1408~1411 (2010).

27. C. K. De Dreu, M. E. Kret, "Oxytocin Conditions Intergroup Relations Through Upregulated In-group Empathy, Cooperation, Conformity, and Defense", *Biological Psychiatry* 79, 165~173 (2016).

28. C. K. De Dreu, L. L. Greer, G. A. Van Kleef, S. Shalvi, M. J. Handgraaf, "Oxytocin Promotes Human Ethnocentrism", *Proceedings of the National Academy of Sciences* 108, 1262~1266 (2011).

29. X. Xu, X. Zuo, X. Wang, S. Han, "Do You Feel My Pain? Racial Group Membership Modulates Empathic Neural Responses", *Journal of Neuroscience* 29, 8525~8529 (2009).

30. F. Sheng, Y. Liu, B. Zhou, W. Zhou, S. Han, "Oxytocin Modulates the Racial Bias in Neural Responses to Others' Suffering", *Biological Psychology* 92, 380~386 (2013).

31. J. Levy, A. Goldstein, M. Influs, S. Masalha, O. Zagoory-Sharon, R. Feldman, "Adolescents Growing Up Amidst Intractable Conflict Attenuate Brain Response to Pain of Outgroup", *Proceedings of the National Academy of Sciences* 113, 13696~13701 (2016).

32. R. W. Wrangham, "Two Types of Aggression in Human Evolution," *Proceedings of the National Academy of Sciences*, 201713611 (2017).

33. R. C. Oka, M. Kissel, M. Golitko, S. G. Sheridan, N. C. Kim, A. Fuentes, "Population Is the Main Driver of War Group Size and Conflict Casualties", *Proceedings of the National Academy of Sciences* 114, E11101~E11110 (2017).

34. D. Crowe, *War Crimes, Genocide, and Justice: A Global History*

(New York: Springer, 2014).

35. D. L. Smith, *Less Than Human: Why We Demean, Enslave, and Exterminate Others* (New York: St. Martin's Press, 2011).

36. D. Barringer, *Raining on Evolution's Parade* (New York: F&W Publications, 2006).

37. N. Kteily, E. Bruneau, A. Waytz, S. Cotterill, "The Ascent of Man: Theoretical and Empirical Evidence for Blatant Dehuman-ization", *Journal of Personality and Social Psychology* 109, 901 (2015).

38. "무슬림이 보스턴을 폭격했다. 지구에 사는 사람 모두가 그들을 이 세계에서 전멸시켜야 한다"는 진술에 얼마나 동의하는가" 하는 문항도 있었다. 대다수는 강하게 반대했으나, 보스턴 마라톤 폭탄테러 이후로 이 반응에도 큰 변화가 나타났다.

39. E. Bruneau, N. Kteily, "The Enemy as Animal: Symmetric Dehu-manization During Asymmetric Warfare", *PLoS One* 12, e0181422 (2017).

40. N. S. Kteily, E. Bruneau, "Darker Demons of Our Nature: The Need to (Re) Focus Attention on Blatant Forms of Dehuman-ization", *Current Directions in Psychological Science* 26, 487~494 (2017).

41. E. Bruneau, N. Jacoby, N. Kteily, R. Saxe, "Denying Humanity: The Distinct Neural Correlates of Blatant Dehumanization", *Journal of Experimental Psychology: General*, 147, 1078~1093 (2018).

42. N. Kteily, G. Hodson, E. Bruneau, "They See Us as Less Than Human: Metadehumanization Predicts Intergroup Conflict via Reciprocal Dehumanization", *Journal of Personality and Social Psychology* 110, 343 (2016).

43. 여러 실험을 통해서 우리가 누군가를 비인간화할 때는 우리의 뇌가 그들 얼굴의 각 부위를 한 얼굴의 이목구비가 아닌 각각 별개의 부위로 인식하는 경향이 있음이 나타났다. 누군가의 얼굴을 물건처럼 볼 때, 그들에게 해를 입히기가 훨씬 쉬워진다. K. M. Fincher, P. E. Tetlock, M. W. Morris, "Interfacing With Faces: Perceptual Humanization

and Dehumanization", *Current Directions in Psychological Science* 26, 288~293 (2017).

44. "Deception on Capitol Hill", New York Times, January 15, 1992.

45. J. R. MacArthur, "Remember Nayirah, Witness for Kuwait?" *New York Times*, Op-Ed, January 6, 1992.

7 불쾌한 골짜기

1. G. M. Lueong, *The Forest People Without a Forest: Development Paradoxes, Belonging and Participation of the Baka in East Cameroon* (Berghahn Books, 2016).

2. BBC News. Pigmy artists housed in Congo zoo in *BBC News* (2007). Published online 13 July 2007, http://news.bbc.co.uk/2/hi/africa/6898241.stm

3. F. E. Hoxie, "Red Man's Burden", *Antioch Review* 37, 326~342 (1979).

4. T. Buquet, 국제중세학회International Medieval Congress에서 발표된 논문, Leeds, 2011.

5. C. Niekerk, "Man and Orangutan in Eighteenth-Century Thinking: Retracing the Early History of Dutch and German Anthropology", *Monatshefte* 96, 477~502 (2004).

6. Tetsuro Matsuzawa, Tatyana Humle, Yamakoshi Sugiyama, *The Chimpanzees of Bossou and Nimba* (Springer Science & Business Media, 2011).

7. M. Mori, "The Uncanny Valley", *Energy* 7, 33~35 (1970).

8. J. van Wyhe, P. C. Kjærgaard, "Going the Whole Orang: Darwin, Wallace and the Natural History of Orangutans", *Studies in History and Philosophy of Science Part C: Studies in History and Philosophy of Biological and Biomedical Sciences* 51, 53~63 (2015); published online Epub2015/06/01/, 10: 1016/j.shpse.2015:02.006.

9. D. Livingstone Smith, I. Panaitui, "Aping the Human Essence",

356

Simianization: Apes, Gender, Class, and Race, edited by W. D. Hund, C. W. Mills, S. Sebastiani. (LIT Verlag Münster, 2015), vol. 6.

10. Wulf D. Hund, Charles W. Mills, Silvia Sebastiani, eds., *Simianization: Apes, Gender, Class, and Race* (LIT Verlag Münster, 2015), vol. 6.

11. J. Hunt, *On the Negro's Place in Nature* (Trübner, for the Anthropological Society, 1863).

12. Thomas Jefferson, "Notes on Virginia", *The life and Selected Writings of Thomas Jefferson* 187, 275 (New York: Modern Library, 1944).

13. K. Kenny, "Race, Violence, and Anti-Irish Sentiment in the Nineteenth Century", *Making the Irish American: History and heritage of the Irish in the United States*, 364~378 (2006); D. L. Smith, *Less Than Human: Why We Demean, Enslave, and Exterminate Others* (New York: St. Martin's Press, 2011).

14. S. Affeldt, "Exterminating the Brute", in Hund et. al, *Simianization*.

15. C. J. Williams, *Freedom & Justice: Four Decades of the Civil Rights Struggle as Seen by a Black Photographer of the Deep South* (Macon, GA: Mercer University Press, 1995).

16. D. L. Smith, *Less Than Human: Why We Demean, Enslave, and Exterminate others* (New York: St. Martin's Press, 2011).

17. L. S. Newman, R. Erber, *Understanding Genocide: The Social Psychology of the Holocaust* (Oxford University Press, 2002).

18. D. J. Goldhagen, M. Wohlgelernter, "Hitler's Willing Executioners", *Society* 34, 32~37 (1997).

19. Hannah Arendt, *Eichmann in Jerusalem* (Penguin, 1963). (한나 아렌트, 《예루살렘의 아이히만》, 김선욱 옮김, 한길사, 2006.)

20. R. J. Rummel, *Statistics of Democide: Genocide and Mass Murder Since 1900* (LIT Verlag Münster, 1998), vol. 2.

21. G. Clark, "The Human-Relations Society and the Ideological Society", *Japan Foundation News Letter* (1978).

22. V. L. Hamilton, J. Sanders, S. J. McKearney, "Orientations Toward Authority in an Authoritarian State: Moscow in 1990", *Personality and Social Psychology Bulletin* 21, 356~365 (1995).

23. D. Johnson, "Red Army Troops Raped Even Russian Women as They Freed Them from Camps", *The Daily Telegraph*, January 25 (2002).

24. D. Roithmayr, *Reproducing Racism: How Everyday Choices Lock in White Advantage* (Ney York: New York University Press, 2014).

25. R. L. Fleegler, "Theodore G. Bilbo and the Decline of Public Racism, 1938~1947", *Journal of Mississippi History* 68, 1~27 (2006).

26. G. M. Fredrickson, *Racism: A Short History* (Princeton, NJ: Princeton University Press, 2015).

27. 전후 유럽에서는 "직접적이고 공개적인 인종 편견 표현이 감소했다" (N. Akrami, B. Ekehammar, T. Araya, "Classical and Modern Racial Prejudice: A Study of Attitudes Toward Immigrants in Sweden", *European Journal of Social Psychology* 30, 521~532 [2000]): 독일에서는 "전후 세대에서 편견과 권위주의적 태도가 감소하는 것으로 나타났다" (D. Horrocks, E. Kolinsky, *Turkish Culture in German Society Today* [Berghahn Books, 1996], vol. 1), 러시아에서는, "소비에트의 국내 정책 변화와 국제적 상황의 변화가 [독일계 러시아인들에게] 엄청난 기회가 되었다" (E. J. Schmaltz, S. D. Sinner, "'You Will Die Under Ruins and Snow': The Soviet Repression of Russian Germans as a Case Study of Successful Genocide", *Journal of Genocide Research* 4, 327~356 [2002]), 스웨덴에서는 "제2차 세계대전 이후로 나타난 전반적인 사회정치적 경향의 변화와, 특히나 자신을 사회적으로나 정치적으로 편견 없는 사람으로 보이려 하는 사람들의 태도 변화가 노골적인 인종 편견을 표현을 방지하는 효과를 가져왔을 수도 있다": 영국에서는 "인종 편견의 수위가 약해졌으며 앞으로 더욱 감소할 수 있다" (R. Ford, "Is Racial Prejudice Declining in Britain?", *British Journal of Sociology* 59, 609~636

[2008]).

28. R. Ford, "Is Racial Prejudice Declining in Britain?"

29. L. Huddy, S. Feldman, "On Assessing the Political Effects of Racial Prejudice", *Annual Review of Political Science* 12, 423~447 (2009).

30. A. T. Thernstrom and S. Thernstrom, "Taking Race out of the Race", *Los Angeles Times*, March 2 (2008).

31. D. Horrocks, E. Kolinsky, *Turkish Culture in German Society Today* (Berghahn Books, 1996), vol. 1.

32. M. Augoustinos, C. Ahrens, J. M. Innes, "Stereotypes and Prejudice: The Australian Experience", *British Journal of Social Psychology* 33, 125~141 (1994).

33. U.S. Census Bureau (2017).

34. R. C. Hetey, J. L. Eberhardt, "Racial Disparities in Incarceration Increase Acceptance of Punitive Policies", *Psychological Science* 25, 1949~1954 (2014).

35. K. Welch, "Black Criminal Stereotypes and Racial Profiling", *Journal of Contemporary Criminal Justice* 23, 276~288 (2007).

36. V. Hutchings, "Race, Punishment, and Public Opinion", *Perspectives on Politics* 13, 757 (2015).

37. K. T. Ponds, "The Trauma of Racism: America's Original Sin", *Reclaiming Children and Youth* 22, 22 (2013).

38. M. Clair, J. Denis, "Sociology of Racism", *The International Encyclopedia of the Social and Behavioral Sciences*, 2nd Ed. (Oxford: Elsevier, 2015).

39. N. Akrami, B. Ekehammar, T. Araya, "Classical and Modern Racial Prejudice: A Study of Attitudes Toward Immigrants in Sweden", *European Journal of Social Psychology* 30, 521~532 (2000).

40. 이 신종 인종차별주의에는 흑인에 대한 부정적 고정관념, 그리고 흑인이 인종 서열에서 백인의 지위에 위협이 된다는 백인들의 불안감도 포함된다. 1. P. M. Sniderman, E. G. Carmines, "Reaching

Beyond Race", *PS: Political Science & Politics* 30, 466~471 (1997); L. Bobo, V. L. Hutchings, "Perceptions of Racial Group Competition: Extending Blumer's Theory of Group Position to a Multiracial Social Context", *American Sociological Review*, 951~972 (1996). "인종 편견을 다루는 많은 연구자가 현대 사회에서 인종주의적 표현이 갈수록 미묘해지고 있다는 점에 동의한다." N. Akrami, B. Ekehammar, T. Araya, "Classical and Modern Racial Prejudice: A Study of Attitudes Toward Immigrants in Sweden", *European Journal of Social Psychology* 30, 521~532 (2000). 제노사이드와는 달리 이 신종 편견은 "소수 집단에 대한 지속적인 차별과 적대감을 부정하는 형태로, 그리고 소수 집단이 받는 특별한 호의에 대한 원망으로 표현된다"(같은 논문) 범죄학자 켈리 웰치Kelly Welch는 흑인 범죄 고정관념을 이 신종 인종주의의 예로 지목한다. K. Welch, "Black Criminal Stereotypes and Racial Profiling", *Journal of Contemporary Criminal Justice* 23, 276~288 (2007). 〈LA타임스〉는 농축코카인(주로 흑인이 사용) 관련 처벌이 분말코카인(일반적으로 백인이 사용) 관련 처벌보다 가혹하다는 기사를 썼다(J. Katz, *Los Angeles Times*, 2000). 이 가설에 따르면, 신종 편견은 지금은 사라진 구시대의 편견과는 아주 다른 방식으로 표현되는 새로운 유형의 문화다.

41. A. Maccarthy, "Our Dangerous Drift from Reason," *National Review* (2016). https://www.nationalreview.com/2016/09/police-shootings-black-white-media-narrative-population-difference/.

42. 2014년 〈워싱턴타임스〉는 "문제는 흑인의 범죄적 행동이 "궁극적으로는 흑인 가정의 붕괴에서 비롯된 흑인 병리학*의 발현이라는 점"이라고 썼다 (J. Riley, "What the Left won't tell you about black crime," *The Washington Times*, July 21, 2014). 이에 대해 흑인 사회가 겪는 문제의 진짜 원인은 "사회적·경제적 소외"라고 반박하는 입장이 있다 ("Criminal Justice Fact Sheet," NAACP, 2019, hppts://www.naacp.or/criminal-justice-fact-sheet/).

*   흑인을 본래 육체적, 정신적으로 병이 있는 인종으로 보는 관점이다.

43. Gordon W. Allport, *The Nature of Prejudice* (Basic Books, 1979).

44. S. E. Asch, "Studies of Independence and Conformity: I. A Minority of One Against a Unanimous Majority", *Psychological Monographs: General and Applied* 70, 1 (1956).

45. S. Milgram, "The Perils of Obedience", *Harper's* 12 (1973).

46. A. Bandura, B. Underwood, M. E. Fromson, "Disinhibition of Aggression Through Diffusion of Responsibility and Dehumanization of Victims", *Journal of Research in Personality* 9, 253~269 (1975).

47. Kteily, Bruneau, "Darker Demons of our Nature: The Need to (Re) Focus Attention on Blatant Forms of Dehumanization", *Current Directions in Psychological Science* 26, 287~294(2017).

48. N. S. Kteily, E. Bruneau, "Darker Demons of our Nature: The Need to (Re) Focus Attention on Blatant Forms of Dehumanization", *Current Directions in Psychological Science* 26, 287~294 (2017).

49. P. A. Goff, J. L. Eberhardt, M. J. Williams, M. C. Jackson, "Not Yet Human: Implicit Knowledge, Historical Dehumanization, and Contemporary Consequences", *Journal of Personality and Social Psychology* 94, 292~306 (2008).

50. P. A. Goff, M. C. Jackson, B. A. L. Di Leone, C. M. Culotta, N. A. DiTomasso, "The Essence of Innocence: Consequences of Dehumanizing Black Children", *Journal of Personality and Social Psychology* 106, 526~545 (2014).

51. 사회심리학에서는 비인간화가 "산발적인 관심밖에 받지 못하는" 주제여서 (N. Haslam, "Dehumanization: An Integrative Review", *Personality and Social Psychology Review* 10, 252~64 [2006]) "비인간화에 대한 심리학자들의 논문 기여도 역시 상대적으로 빈약하다". (P. A. Goff, J. L. Eberhardt, M. J. Williams, M. C. Jackson, "Not Yet Human: Implicit Knowledge, Historical Dehumanization, and Contemporary Consequence", *Journal of Personality and Social*

Psychology 94, 292~306 [2008]).

52. A. Gordon, "Here's How Often ESPN Draft Analysts Use the Same Words Over and Over", *Vice Sports* (2015). https://sports.vice.com/en_us/article/4x9983/heres-how-often-draft-analysts-us-the-same-words-over-and-over.

53. CBS News, "Curious George Obama Shirt Causes Uproar," *CBS News* (2008). https://www.cbsnews.com/news/curious-george-obama-shirt-causes-uproar/.

54. S. Stein, "New York Post Chimp Cartoon Compares Stimulus Author to Dead Chimpanzee", *Huffington Post*, March 21, 2009.

55. 조지 부시 대통령도 부시의 표정과 침팬지 얼굴을 비교하는 '부시 원숭이 비교' 등 많은 웹사이트에서 원숭이 취급을 받았다. 그러나 이런 비교는 오바마 대통령과 그의 가족에게 훨씬 더 빈번하게 일어났다. 2016년에는 플로리다주 클레이 카운티의 한 노동자가 미셸 오바마를 "하이힐 신은 원숭이"라고 불렀다(C. Narayan 2016). 〈폭스뉴스〉 시청자들은 오바마의 딸 말리아를 "유인원" "원숭이"라고 불렀다(K. D'Onofrio, Diversity Inc., 2016). 켄터키 공화당 하원 의원 댄 존슨은 오바마 가족을 "원숭이들"이라고 불렀다(L. Smith, in WDRB, 2016). 오바마 얼굴에 침팬지나 고릴라 얼굴을 합성한 사진들이 소셜미디어에서 빨리 퍼지기도 했다. (K. B. Kahn, P. A. Goff, J. M. McMahon, "Intersections of Prejudice and Dehumanization, Simianization: Apes, Gender, Class, and Race", 6, 223 [Zurich: Verlag GmbH, 2015]).

56. J. D. Vance, Hillbilly Elegy (New York: HarperCollins, 2016).

57. A. Jardina, S. Piston, "Dehumanization of Black People Motivates White Support for Punitive Criminal Justice Policies", 2016년 미국정치학회American Political Science Association 연례 총회에서 발표된 논문; Ashley Jardina, *White Identiy Politics* (Cambridge: Cambridge University Press, 2019).

58. K. M. Hoffman, S. Trawalter, J. R. Axt, M. N. Oliver, "Racial Bias in Pain Assessment and Treatment Recommendations, and False Beliefs About Biological Differences Between Blacks and Whites",

Proceedings of the National Academy of Sciences 113, 4296~
4301 (2016).

59. A. Cintron, R. S. Morrison, "Pain and Ethnicity in the United
    States: A Systematic Review", *Journal of Palliative Medicine* 9,
    1454~1473 (2006).

60. M. Peffley, J. Hurwitz, "Persuasion and Resistance: Race and the
    Death Penalty in America", *American Journal of Political Science*
    51, 996~1012 (2007).

61. S. Ghoshray, "Capital Jury Decision Making: Looking Through
    the Prism of Social Conformity and Seduction to Symmetry",
    University of Miami Law Review 67, 477 (2012).

62. A. Avenanti, A. Sirigu, S. M. Aglioti, "Racial Bias Reduces
    Empathic Sensorimotor Resonance with Other-Race Pain",
    Current Biology 20, 1018~1022 (2010).

63. N. Lajevardi, K. A. Oskooii, "Ethnicity, Politics, Old-fashioned
    Racism, Contemporary Islamophobia, and the Isolation of Mus-
    lim Americans in the Age of Trump", *Journal of Race, Ethnicity
    and Politics* 3, 112~152 (2018).

64. F. Galton, *Inquiries into Human Faculty and Its Development*
    (Macmillan, 1883).

65. P. A. Lombardo, *A Century of Eugenics in America: From the
    Indiana Experiment to the Human Genome Era* (Bloomington:
    Indiana University Press, 2011).

66. V. W. Martin, C. Victoria, *The Rapid Multiplication of the Unfit*
    (London, 1891).

67. H. Sharp, *The Sterilization of Degenerates* (1907).

68. S. Kühl, *For the Betterment of the Race: The Rise and Fall of
    the International Movement for Eugenics and Racial Hygiene*
    (Palgrave Macmillan, 2013).

69. Lyudmila Trut, "Early Canid Domestication: The Farm-Fox
    Experiment Foxes Bred for Tamability in a 40-year Experiment

Exhibit Remarkable Transformations That Suggest an Interplay Between Behavioral Genetics and Development", *American Scientist* 87, 160~169 (1999).

70. A. R. Wood, T. Esko, J. Yang, S. Vedantam, T. H. Pers, S. Gustafsson, A. Y. Chu, K. Estrada, J. a. Luan, Z. Kutalik, "Defining the Role of Common Variation in the Genomic and Biological Architecture of Adult Human Height", *Nature Genetics* 46, 1173~1186 (2014).

71. C. F. Chabris, J. J. Lee, D. Cesarini, D. J. Benjamin, D. I. Laibson, "The Fourth Law of Behavior Genetics", *Current Directions in Psychological Science* 24, 304~312 (2015).

72. M. Lundstrom, "Moore's Law Forever?", *Science* 299, 210~211 (2003).

73. R. Kurzweil, "The Law of Accelerating Return", *Alan Turing: Life and Legacy of a Great Thinker* (New York: Springer, 2004), 381~416.

74. J. Dorrier, "Service Robots Will Now Assist Customers at Lowe's Stores", *Singularity Hub* (2014).

75. J. J. Duderstadt, *The Millenium Project* (1997).

76. J. Glenn, *The Millenium Project: State of the Future* (Washington, D.C.: World Federation of U.N. Associations, 2011).

8 지고한 자유

1. R. W. Wrangham, "Two Types of Aggression in Human Evolution", *Proceedings of the National Academy of Sciences*, 201713611 (2017).

2. C. J. von Rueden, "Making and Unmaking Egalitarianism in Small-Scale Human Societies", *Current Opinion in Psychology* 33, 167~171 (2019).

3. 예외는 있다. 예를 들어 북서부 해안선 일대의 아메리카원주민 부족들은 자연 자원이 풍부한 해안가에 살지만 농사를 짓지 않는데, 이들

은 확실한 계급제 형태의 사회에서 살아간다. W. Suttles, "Coping with Abundance: Foraging on the Northwest Coast", in *Man the Hunter* (Routledge, 2017), 56~68.

4. Peter Turchin, *Ultrasociety: How 10,000 Years of War Made Humans the Greatest Cooperators on Earth* (Smashwords Edition, 2015, smashwords.com/books/view/593854).

5. E. Weede, "Some Simple Calculations on Democracy and War Involvement", *Journal of Peace Research* 29, 377~383 (1992).

6. J. R. Oneal, B. M. Russett, "The Kantian Peace: The Pacific Benefits of Democracy, Interdependence, and International Organizations" in *Bruce M. Russett: Pioneer in the Scientific and Normative Study of War, Peace, and Policy* (New York: Springer, 2015), 74~108.

7. C. B. Mulligan, R. Gil, X. Sala-i-Martin, "Do Democracies Have Different Public Policies Than Nondemocracies?", *The Journal of Economic Perspectives* 18, 51~74 (2004).

8. J. Tavares, R. Wacziarg, "How Democracy Affects Growth", *European Economic Review* 45, 1341~1378 (2001).

9. M. Rosen. "Democracy," in *Our World in Data* (May 1, 2017, https://ourworldindata.org/democracy).

10. H. Hegre, "Toward a Democratic Civil Peace?: Democracy, Political Change, and Civil War", in *American Political Science Association*, vol. 95 (Cambridge Univeristy Press, 2001), 33~48.

11. H. Hegre, "Democracy and Armed Conflict", *Journal of Peace Research* 51, 159~172 (2014).

12. Peter Levine, *The New Progressive era: Toward a Fair and Deliberative Democracy* (Lanham, MD: Rowman & Littlefield, 2000).

13. James Madison, The Federalist no. 10 (1787).

14. Thomas Paine, *Common Sense* (Penguin, 1986).

15. Cass R. Sunstein, *Can It Happen Here?: Authoritarianism in America* (New York: Dey Street Books, 2018).

16. James Madison, The Federalist No. 51 (1788).

17. James Madison, John Jay, Alexander Hamilton, *The Federalist Papers*, edite by Jim Miller (Mineola, NY: Dover Publications, 2014), 253~257.

18. R. A. Dahl, *How Democratic Is the American Constitution?* (New Haven, CT: Yale University Press, 2003).

19. Michael Ignatieff, *American Exceptionalism and Human Rights* (Princeton, NJ: Princeton University Press, 2009).

20. M. Flinders, M. Wood, "When Politics Fails: Hyper-Democracy and Hyper-Depoliticization", *New Political Science* 37, 363~381 (2015).

21. D. Amy, *Government Is Good: An Unapologetic Defense of a Vital Institution* (New York: Dog Ear Publishing, 2011).

22. A. Romano, "How Ignorant Are Americans?", *Newsweek*, March 20, 2011.

23. Anneberg Public Policy Center, University of Pennsylvania, "Americans Know Surprisingly Little About Their Government, Survey Finds", September 17, 2014.

24. A. Davis, "Racism, Birth Control and Reproductive Rights", *Feminist Postcolonial Theory-A Reader*, 353~367 (2003).

25. 2013년 11월 의회 지지율은 9퍼센트로 떨어졌다. 갤럽이 1974년 처음 지지율 여론조사를 시작한 이래로 최저 지지율이다. 그 뒤로 몇 년 동안 지지율은 답보 상태를 유지하여 2016년에 이르면 겨우 13퍼센트의 지지율을 보였다(Gallup, "Congress and the Public", 2016). 미국의 여론은 대법원과 대통령에 대해서는 대개 더 높은 신뢰를 보여왔으나, 2014년 여론조사에서 대법원의 지지율은 30퍼센트로 역대 최저치를 기록했으며 대통령은 6년 내 최저 지지율인 35퍼센트를 기록했다 (J. McCarthy, "Americans Losing Confidence in All Branches of US Gov't", Gallup Poll, 2014).

26. R. S. Foa, Y. Mounk, "The Democratic Disconnect", *Journal of Democracy* 27, 5~17 (2016).

27. 한 연구에서는 밀레니얼 세대의 32퍼센트만이 민주주의 체제에서 사

는 것이 절대적으로 필요하다고 생각하는 것으로 드러났다. 4명 중 1명이 민주주의가 국가를 운영하는 게 "나쁘다" 또는 "아주 나쁘다"고 생각했으며, 70퍼센트 이상이 정부가 잘못하면 군대가 정권을 빼앗는 것이 적법하다고 생각했다. 이 수치는 점점 더 나빠지고 있다. 1990년에는 젊은 미국인의 53퍼센트가 정치에 관심이 있었다. 2005년에는 그 수치가 41퍼센트로 하락했다. 1995년에는 미국인 16명 중 1명만이 "군대가 통치"하는 것이 좋다고 생각했는데, 2005년에 이르면 그렇게 생각하는 사람이 6명 중 1명으로 증가한다. 1995년에서 2011년 사이에 "의회와 선거에 신경 쓰지 않는 강력한 지도자"에 대한 선호도가 25퍼센트에서 36퍼센트로 상승했다. 2011년에는 미국인의 3분의 1이 그렇게 생각했다는 뜻이다. R. S. Foa, Y. Mounk, "The Democratic Disconnect", *Journal of Democracy* 27, 5~17 (2016).

28. W. Churchill, 1947년 11월 11일 서민원(영국하원의회) 연설, https://api.parliament.uk/historic-hansard/commons/1947/nov/11/parliament-bill#S5CV0444P0_19471111_HOC_292.

29. A. Sullivan, "Democracies End When They Are Too Democratic", *New York Magazine*, May 1, 2016.

30. Plato, F. M. Cornford, ed., *"The Republic" of Plato*, vol. 30 (London: Oxford University Press, 1945).

31. J. Duckitt, "Differential Effects of Right Wing Authoritarianism and Social Dominance Orientation on Outgroup Attitudes and Their Mediation by Threat From and Competitiveness To Outgroups", *Personality and Social Psychology Bulletin* 32, 684~696 (2006).

32. A. K. Ho, J. Sidanius, N. Kteily, J. Sheehy-Skeffington, F. Pratto, K. E. Henkel, R. Foels, A. L. Stewart, "The Nature of Social Dominance Orientation: Theorizing and Measuring Preferences For Intergroup Inequality Using the New SDO7 Scale", *Journal of Personality and Social Psychology* 109, 1003 (2015).

33. 미국 내에서 소수의 변두리 그룹으로 치부되던 대안우파는 2016년을 기점으로 주류 정치에 상당한 영향력을 행사하는 하나의 단독 집

단으로 규정되고 있다. 2016년 7월에 이르면 유럽 39개 국가에서 대안우파 정당이 의석을 차지했다. 마린 르펜Marine Le Pen의 국민전선 Rassemblement national·RN은, 극우 네오나치 아버지가 창립한 정당인데, 프랑스 25대 대선에서 최종 결선투표까지 갔다. 독일에서는 난민보호소를 찾아 국경을 넘는 자들에 대한 총살과 이슬람 상징 사용 금지를 주장하는 프라우케 페트리Frauke Petry의 독일을 위한 대안Alternative für Deutschland·AFD이 영향력 3위의 정당이다. 독일의 반이슬람 정당 페기다Pegida*)의 지지자들은 기자들이 경호원을 필요로 했던 트럼프 선거유세를 떠올리는 양상을 보인다. 반이슬람주의 발언으로 기소된 바 있는 헤이르트 빌더르스Geert Wilders는 네덜란드에서 가장 인기 있는 정당〔자유당〕 대표를 맡고 있다. 네덜란드 총선거가 2016년에 열렸다면 그의 당이 제1당이 되었을 것이다. 이 당은 이슬람 학교의 폐쇄와 모든 시민의 소속 민족을 기록하자고 주장했으며, 외국인 전과자 추방, 의회 폐지, EU 탈퇴를 목표로 활동하고 있다. 빌더르스는 코란과 히틀러의 자서전을 비교한 바 있으며 이슬람 반대 선전 활동에 자금을 지원했다. 그리스에서는 나치당 표장을 닮은 상징을 사용하며 당원들이 나치식 경례를 하는 황금새벽당이 제3당의 지위를 차지하고 있다. 헝가리에서는 요비크Jobbik Magyarországért Mozgalom·Jobbik〔더 나은 헝가리를 위한 운동〕가 제3당으로, 히틀러마저 자랑스러워할 반유대주의 수사로 문제가 된 바 있다. 이름과 달리 백인우월주의자가 창립한 스웨덴민주당 역시 2018년 선거 결과 제3당이 되었다. 나치친위대 장교가 세운 오스트리아 자유당은 2016년 오스트리아 대선에서 간발의 차로 패했다(Daniel Koehler, "Right-Wing Extremism and Terrorism in Europe: Current Developments and Issues fro the Future", *The Journal of Complex Operations*, National Defense University 6, no. 2, July 18, 2016).

34. D. Koehler, "Right-Wing Extremism and Terrorism in Europe."
35. P. S. Forscher, N. Kteily, "A Psychological Profile of the Alt-right", *Perspectives in Psychological Science* doi.org/10.1177/

---

*　　서양의 이슬람화를 반대하는 '애국 유럽인'을 뜻한다.

1745691619868208 (2019).

36. J. D. Vance, *Hillbilly Elegy* (New York: HarperCollins 2016).

37. Karren Stenner, *The Authoritarian Dynamic* (Cambridge: Cambridge University Press, 2005).

38. K. Costello, G. Hodson, "Lay Beliefs About the Causes of and Solutions to Dehumanization and Prejudice: Do Nonexperts Recognize the Role of Human-Animal Relations?", *Journal of Applied Social Psychology* 44, 278~288 (2014).

39. E. L. Paluck, D. P. Green, "Prejudice Reduction: What Works? A Review and Assessment of Research and Practice", *Annual Review of Psychology* 60, 339~367 (2009). Robin Diangelo, *White Fragility: Why It's So Hard for White People to Talk About Racism* (Boston: Beacon Press, 2018).

40. P. Henry, J. L. Napier, "Education Is Related to Greater Ideological Prejudice", *Public Opinion Quarterly* 81, 930~942 (2017).

41. Ashley Jardina, *White Identity Politics* (Cambridge: Cambridge University Press, 2019).

42. G. M. Gilbert, *The Psychology of Dictatorship: Based on an Examination of the Leaders of Nazi Germany* (New York: Ronald Press Company, 1950).

43. Walter Sinnott-Armstrong, *Think Again: How to Reason and Argue* (Oxford University Press, 2018). (월터 시넛 암스트롱, 《씽크 어게인: 논쟁의 기술》, 이영래 옮김, 해냄출판사, 2020).

44. C. Andris, D. Lee, M. J. Hamilton, M. Martino, C. E. Gunning, J. A. Selden, "The Rise of Partisanship and Super-Cooperators in the US House of Representatives", *PloS One* 10, e0123507 (2015).

45. T. E. Mann, N. J. Ornstein, *It's Even Worse Than It Looks: How the American Constitutional System Collided with the New Politics of Extremism* (New York: Basic Books, 2016).

46. Mike Lofgren, *The Party Is Over: How Republicans Went Crazy, Democrats Became Useless, and the Middle Class Got Shafted*

(New York: Viking Penguin, 2012).

47. K. Gehl, M. E. Porter, *Why Competition in the Politics Industry Is Failing America: A Strategy for Reinvigorating Our Democracy*, Harvard Business School paper, September 2017, www.hbs.edu/competitiveness/Documents/why-competetion-in-the-politics-industry-is-failing-america.pdf.

48. Richard Wrangham, *The Goodness Paradox: The Strange Relationship Between Virtue and Violence in Human Evolution* (New York: Pantheon, 2019).

49. P. M. Oliner, *Saving the Forsaken: Religious Culture and the Rescue of Jews in Nazi Europe* (New Haven, CT: Yale University Press, 2008).

50. Website: "About the Righteous" (Yad Vashem: The World Holocaust Memorial Center), (2017). 온라인(2017년 8월 19일 기준), http://www.yadvashem.org/righteous/about-the-righteous.

51. Zora Neale Hurston, letter to the Orlando Sentinel, August 11, 1955. http://teachingamericanhistory.org/library/document/letter-to-the-orlando-sentinel/.

52. Thomans F. Pettigrew, Linda R. Tropp, *When Groups Meet: The Dynamics of Intergroup Contact* (New York: Psychology Press, 2013).

53. W. B. Du Bois, "Does the Negro Need Deparate Schools?", *Journal of Negro Education*, 328~335 (1935).

54. J. W. Jackson, "Contact Theory of Intergroup Hostility: A Review and Evaluation of the Theoretical and Empirical Literature", *International Journal of Group Tensions* 23, 43~65 (1993).

55. S. E. Gaither, S. R. Sommers, "Living with an Other-race Roommate Shapes Whites' Behavior in Subsequent Diverse Settings", *Journal of Experimental Social Psychology* 49, 272~276 (2013).

56. P. B. Wood, N. Sonleitner, "The Effect of Childhood Interracial

Contact on Adult Antiblack Prejudice", *International Journal of Intercultural Relations* 20, 1~17 (1996).

57. C. Van Laar, S. Levin, S. Sinclair, J. Sidanius, "The Effect of University Roommate Contact on Ethnic Attitudes and Behavior," *Journal of Experimental Social Psychology* 41, 329~345 (2005).

58. 다른 연구에서는 학교 기숙사에서 학생들에게 다른 인종 룸메이트 또는 같은 인종 룸메이트, 둘 중 한 명을 무작위로 지정한 실험이 있었다. 연구자들은 1학년 학생들을 대상으로 그 첫 학기가 시작할 때와 끝날 때 조사를 실시했다. 같은 인종 룸메이트와 생활한 1학년생들이 처음에는 만족도가 높았지만 갈수록 만족도가 낮아졌다고 응답한 반면에 혼합 인종 룸메이트들은 그렇지 않았다. 혼합 인종 룸메이트들은 타 인종 학생에 대한 관용이 크게 상승했지만 같은 인종 룸메이트들은 그렇지 않았다. 흑인 룸메이트와 생활한 백인 1학년생들은 백인 룸메이트와 생활한 백인 1학년생보다 1학기가 끝날 무렵 다른 소수 인종 학생들과 교류하는 것을 더 편안해했다. 학기 말에 실시한 암묵적 방식의 평가에서는, 혼합 인종 룸메이트들이 흑인에 대한 긍정적 인식이 높아진 반면 같은 인종 룸메이트들은 그렇지 않았다.

N. J. Shook, R. H. Fazio, "Interracial Roommate rlationships: An Experimental Field Test of the Contact Hypothesis", *Psychological Science* 19, 717~723 (2008).

59. D. M. Wilner, R. P. Walkley, S. W. Cook, *Human Relations in Interracial Housing* (Minneapolis: University of Minnesota Press, 1955).

60. J. Nai, J. Narayanan, I. Hernandez, K. J. Savani, "People in More Racially Diverse Neighborhoods Are More Prosocial", *Journal of Personality and Social Psychology* 114, 497 (2018).

61. R. Falvo, D. Capozza, G. A. Di Bernardo, A. F. PAGANI, "CAN IMAGINED CONTACT FAVOR THE 'HUMANIZATION' OF THE HOMELESS?", TPM: *Testing, Psychometrics, Methodology in Applied Psychology* 22 (2015).

62. L. Vezzali, M. D. Birtel, G. A. Di Bernardo, S. Stathi, R. J. Crisp,

A. Cadamuro, E. P. Visintin, "Don't Hurt My Outgroup Friend: Imagined Contact Promotes Intentions to Counteract Bullying", *Group Processes & Intergroup Relations* (2019).

63. D. Broockman, J. Kalla, "Durably Reducing Transphobia: A Field Experiment on Door-to-Door Canvassing", *Science* 352, 220~224 (2016).

64. D. Capozza, G. A. Di Bernardo, R. Falvo, "Intergroup Contact and Outgroup Humanization: Is the Causal Relationship Uni-or Bidirectional?", *PloS One* 12, e0170554 (2017).

65. G. Hodson, "Do Ideologically Intolerant People Benefit from Intergroup Contact?", *Current Directions in Psychological Science* 20, 154~159 (2011).

66. G. Hodson, R. J. Crisp, R. Meleady, M.J.P.o.P.S. Earle, "Intergroup Contact as an Agent of Cognitive Liberalization", *Perspectives on Psychological Science* 13, 523~548 (2018).

67. B. Major, A. Blodorn, G. Major Blascovich, "The Threat of Increasing Diversity: Why Many White Americans Support Trump in the 2016 Presidential Election", *Group Processes & Intergroup Relations* 21, 931~940 (2018).

68. F. Beyer, T. F. Münte, C. Erdmann, U. M. Krämer, "Emotional Reactivity to Threat Modulates Activity in Mentalizing Network During Aggression", *Social Cognitive and Affective Neuroscience* 9, 1552~1560 (2013).

69. N. Kteily, G. Hodson, E. Bruneau, "They See Us as Less Than Human: Metadehumanization Predicts Intergroup Conflict via Reciprocal Dehumanization", *Journal of Personality and Social Psychology* 110, 343 (2016).

70. 접촉이 남아프리카의 중국 유학생, 흑인 노동자, 독일의 터키인 초등학생, 오스트레일리아의 동남아시아 이민자 같은 민족 집단에 대한 비인간화를 감소시키는 것으로 나타났다. 접촉은 노인, 정신 질환자, 에이즈 환자, 장애인처럼 전통적으로 비인간화의 대상이 되어온 그룹들과 심

지어는 컴퓨터 프로그래머들에게도 효과를 발휘한다. T. F. Pettigrew, "Intergroup Contact Theory", *Annual Review of Psychology* 49, 65~85 (1998). 우리는 접촉이 제도적으로 그룹 간 사회적 관계를 개선하는 데 실패했다는 근거는 찾을 수 없었다.

71. 정치적인 경계선으로 인구 집단이 분리될 때 평화가 가장 효과적으로 유지된다는 주장으로 이 가설에 반대하는 학자들도 있다. A. Rutherford, D. Harmon, J. Werfel, A. S. Gard-Murray, S. Bar-Yam, A. Gros, R. Xulvi-Brunet, Y. Bar-Yam, "Good Fences: The Importance of Setting Boundaries for Peaceful Coexistence", *PloS One* 9, e95660 (2014). 그런가 하면 접촉 가설은 아직 완전한 평가가 이루어지지 못했다고 보는 학자들도 있다. 10여 개의 연구가 일관된 효과를 보여주지만, 실험에 보정이 개입되는 경우가 많으며 대부분의 실험이 편견 감소만 평가했지 비인간화 감소는 평가하지 못하고 있다(표준적인 척도에 의한 평가가 되지 못했다). E. L. Paluck, S. A. Green, D. P. Green, "The Contact Hypothesis Re-evaluated", *Behavioural Public Policy* 3, 129~158 (2019).

72. N. Haslam, S. J. Loughnan, "Dehumanization and Infrahumanization", *Annual Review of Psychology* 65, 399~423 (2014).

73. "American Values Survey 2013", Public Religion Research Institute, https://www.prri.org/wp-content/uploads/2014/08/AVS-Topline-FINAL.pdf.

74. T. W. Smith, P. Marsden, M. Hout, J. Kim, "General Social Surveys, 1972~2016", NORC at the University of Chicago, 2016.

75. M. Saincome, "Berkeley Riots: How Free Speech Debate Launched Violent Campus Showdown", *Rolling Stone*, February 6, 2016.

76. Frantz Fanon, *The Wretched of the Earth*, translated by Constance Farrington, with a preface by Jean-Paul Sartre (New York: Grove Press, 1963), vol. 36. (프란츠 파농, 《대지의 저주받은 사람들》, 남경태 옮김, 그린비, 2005.)

77. J. Lyall, I. Wilson, "Rage Against the Machines: Explaining Outcomes in Counterinsurgency Wars", *International Organ-*

ization 63, 67~106 (2009).

78. Malcolm X. with Alex Haley, *The Autobiography of Malcolm X* (New York: Grove Press, 1965).

79. E. Chenoweth "The Success of Nonviolent Civil Resistance" in TedX Boulder (2013). https://www.youtube.com/watch?v= YJSchRIU34w.

80. E. Chenoweth, M. J. Stephan, *Why Civil Resistance Works: The Strategic Logic of Nonviolent Conflict* (New York: Columbia University Press, 2011).

81. M. Feinberg, R. Willer, C. Kovacheff, "Extreme Protest Tactics Reduce Popular Support for Social Movements", *Rotman School of Management Working Paper* 2911177 (2017); B. Simpson, R. Willer, M. Feinbert, "Does Violent Protest Backfire?: Testing a Theory of Public Reactions to Activist Violence", Socius: Sociological Research for a Dynamic World 4, 2018, doi.org/10. 1177/2378023118803189.

82. E. Volokh, *The First Amendment and Related Statutes* (New York: Foundation Press, 2011).

83. Samuel Walker, *Hate speech: The History of an American Controversy* (Lincoln: University of Nebraska Press, 1994).

84. Toni M. Massaro, "Equality and Freedom of Expression: The Hate Speech Dilemma", *William & Mary Law Review* 32 (1991), https://scholarship.law.wm.edu/wmlr/vol32/iss2/3.

85. D. Meagher, "So Far So Good: A Critical Evaluation of Racial Vilification Laws in Australia", *Federal Law Review* 32(2004), 225.

86. M. Bohlander, *The German Criminal Code: A Modern English Translation* (New York: Bloomsbury, 2008).

87. A. Gow, "'I Had No Idea Such People Were in America!': Cultural Dissemination, Ethnolinguistic Identity and Narratives of Disappearance", spacesofidentity.net 6 (2006).

88. E. Bruneau, N. Jacoby, N. Kteily, R. Saxe, "Denying Humanity: The

Distinct Neural Correlates of Blatant Dehumanization", *Journal of Experimental Psychology: General* 147, 1078~1093 (2018).

89. N. L. Canepa, "From Court to Forest: The Literary Itineraries of Giambattista Basile", *Italica* 71, 291~310 (1994).

90. C. Johnson, "Donald Trump Says the US Military Will Commit War Crimes for Him", *Fox News Debate*. https://www.youtube.com/watch?time_continue=9&v=u3LszO-YLa8.

91. B. Kentish, "Donald Trump Blames 'Animals' Supporting Hillary Clinton for Office Firebomb Attack", *The Independent*. (2016). http://www.independent.co.uk/news/world/americas/us-elections/us-election-donald-trump-hillary-clinton-animals-firebomb-attack-north-carolina-republican-party-a7365206.html.

92. M. Miller, "Donald Trump On a Protester: 'I'd Like to Punch Him in the Face", *Washington Post* (2016). https://www.washingtonpost.com/news/morning-mix/wp/2016/02/23/donald-trump-on-protester-id-like-to-punch-him-in-the-face/.

93. J. Diamond, "Trump: I Could Shoot Somebody and Not Lose Voters", *CNN Politics* (2016). http://www.cnn.com/2016/01/23/politics/donald-trump-shoot-somebody-support/.

94. Jane Jacobs, *The Death and Life of Great American Cities* (New York: Vintage, 2016).

95. Richard Florida, *The New Urban Crisis: How Our Cities Are Increasing Inequality, Deepening Segregation, and Failing the Middle Class and What We Can Do About It* (UK: Hachette, 2017).

96. R. T. T. Forman, "The Urban Region: Natural Systems in Our Place, Our Nourishment, Our Home Range, Our Future", *Landscape Ecology* 23 (2008), 251~253.

97. A. Andreou, "Anti-Homeless Spikes: Sleeping Rough Opened My Eyes to the City's Barbed Cruelty", *Guardian* 19 (2015), 4~8.

9 단짝 친구들

1. R. M. Beatson, M. J. Halloran, "Humans Rule! The Effects of Creatureliness Reminders, Mortality Salience and Self-esteem on Attitudes Towards Animals", *British Journal of Social Psychology* 46, 619~632 (2007).

2. K. Costello, G. Hodson, "Lay Beliefs about the Causes of and Solutions to Dehumanization and Prejudice: Do Nonexperts Recognize the Role of Human-Animal Relations?", *Journal of Applied Social Psychology* 44, 278~288 (2014).

3. K. Dhont, G. Hodson, K. Costello, C. C. MacInnis, "Social Dominance Orientation Connects Prejudicial Human-Human and Human-Animal Relations", *Personality and Individual Differences* 61, 105~108 (2014).

4. K. Costello, G. Hodson, "Exploring the Roots of Dehumanization: The Role of Animal-Human Similarity in Promoting Immigrant Humanization", *Group Processes & Intergroup Relations* 13, 3~22 (2010).

5. R. B. Bird, D. W. Bird, B. F. Codding, C. H. Parker, J. H. Jones, "The 'Fire Stick farming' Hypothesis: Australian Aboriginal Foraging Strategies, Biodiversity, and Anthropogenic Fire Mosaics", *Proceedings of the National Academy of Sciences* 105, 14796~14801 (2008).

6. H. G. Parker, L. V. Kim, N. B. Sutter, S. Carlson, T. D. Lorentzen, T. B. Malek, G. S. Johnson, H. B. DeFrance, E. A. Ostrander, L. Kruglyak, "Genetic Structure of the Purebred Domestic Dog", *Science* 304, 1160~1164 (2004).

7. H. J. V. S. Ritvo, "Pride and Pedigree: The Evolution of the Victorian Dog Fancy", *Victorian Studies* 29, 227~253 (1986).

8. Michael Worboys, Julie-Marie Strange, Neil Pemberton, *The Invention of the Modern Dog* (Baltimore: Johns Hopkins University Press, 2019).

찾아보기

지은이 브라이언 헤어Brian Hare

듀크대학교에서 진화인류학, 심리학, 신경과학과 교수를 맡고 있다. 하버드대학교에서 박사학위를 받았으며 독일 막스 플랑크 진화인류학 연구소에서 '사람과 심리학 연구그룹Hominoid Psychology Research Group'을 세웠다. 듀크대학교로 돌아온 뒤 '듀크 개 인지능력 연구센터Duke Canine Cognition Center'를 설립했다. '인지신경과학센터Center for Cognitive Neuroscience'의 중요한 일원이기도 하다. 버네사 우즈와《개는 천재다》(2013),《다정한 것이 살아남는다》(2020)를 출간했으며,〈사이언스〉〈네이처〉〈미국국립과학원회보〉등의 학술지에 100여 편의 과학 논문을 발표했다.

헤어는 개, 늑대, 보노보, 침팬지, 사람을 포함하여 10여 종의 동물을 연구하면서 시베리아에서 콩고분지까지 세계 곳곳을 누볐으며, 2007년〈스미소니언매거진〉이 선정한 '36세 이하 세계 우수 과학자 35인'에 이름을 올렸다. 미국 CBS의 탐사보도 프로그램〈60분〉, 공영방송 PBS의 과학 프로그램〈노바NOVA〉,〈네이처〉에서 헤어의 연구를 특집으로 다룬 바 있다. 내셔널 지오그래픽 와일드 채널에서〈당신의 개는 천재입니까?Is Your Dog a Genius?〉를 진행했다. 2019년에는 디스커버리 채널에서 방영한 스티븐 스필버그의 다큐멘터리 시리즈〈우리는 왜 증오하는가?Why We Hate?〉에 참여했다.

지은이 버네사 우즈 Vanessa Woods

작가, 저널리스트, 듀크대학교 진화인류학과 연구원, '사람과 심리학 연구 그룹' 구성원이다. 오스트레일리아에서 태어나 우간다 등에서 자원활동가로 일하다가 침팬지를 연구하던 진화인류심리학자 브라이언 헤어와 결혼한 후 예측할 수 없는 모험의 삶이 시작되었다. 브라이언과 함께 우간다, 콩고, 케냐, 독일, 러시아, 일본, 미국 등에서 침팬지, 보노보, 늑대, 개 등을 연구하며 글을 썼다.

오스트레일리아 과학상 저널리즘 부문(2004)을 수상했다. 첫 책《모든 원숭이는 제 힘으로 살아간다 It's Every Monkey for Themselves》(2007)를 출간했고, 공저《정말이에요, 우주가 당신을 스파게티로 바꿔요 It's True, Space Turns You into Spaghetti》(2007)가 영국 왕립학회 주니어 과학도서상 후보에 선정되었다.《보노보 핸드셰이크》(2010)가 로웰 토머스 교양 부문을 수상했다. 브라이언 헤어와 함께《개는 천재다》(2013),《다정한 것이 살아남는다》(2020)를 출간했다. 〈디스커버리 채널〉의 탐사전문기자로 활동했으며, 〈뉴욕타임스〉 〈내셔널지오그래픽〉 〈월스트리트저널〉 〈BBC 와일드라이프 BBC Wildlife〉 등에 글을 기고하고 있다.

옮긴이 이민아

이화여자대학교에서 중문학을 공부했고, 영문 책과 중문 책을 번역한다. 옮긴 책으로 올리버 색스의《온 더 무브》《깨어남》《색맹의 섬》, 빌 헤이스의《인섬니악 시티》, 에릭 호퍼의《맹신자들》, 이언 매큐언의《토요일》, 헬렌 한프의《채링크로스 84번지》, 수전 손택의《해석에 반대한다》, 피터 브룩의《빈 공간》등 다수가 있다.

다정한 것이 살아남는다

1판 1쇄	2021년 7월 26일
1판 16쇄	2022년 2월 4일
특별판 1쇄	2022년 1월 10일
특별2판 1쇄	2023년 3월 13일
2판 1쇄	2022년 5월 2일
2판 14쇄	2024년 8월 23일

지은이	브라이언 헤어, 버네사 우즈
옮긴이	이민아
펴낸이	김정호

주간	김진형
편집	김진형, 원보름
디자인	박연미, 박애영

펴낸곳	디플롯
출판등록	2021년 2월 19일(제2021-000020호)
주소	10881 경기도 파주시 회동길 445-3 2층
전화	031-955-9505(편집) · 031-955-9514(주문)
팩스	031-955-9519
이메일	dplot@acanet.co.kr
페이스북	facebook.com/dplotpress
인스타그램	instagram.com/dplotpress

ISBN	979-11-974130-2-5 03400

디플롯은 아카넷의 교양·에세이 브랜드입니다.

명쾌하고 잔인한 개념은 유혹적이다. '적자생존' '각자도생' 같은 단어는 큰 설득 없이도 사람들의 머릿속에 순식간에 자리 잡는다. 하지만 자연도 인간도 꼭 그렇지만은 않다. 이 책은 우리가 서로의 손을 잡을 수 있어서 여기까지 발전해왔고, 또한 서로의 손을 잡을 수 있어서 다른 누군가를 미워해왔다는 사실을 알려준다. 우리의 사랑과 다정이 우리를 지켜주었고, 그 사랑과 다정이 또한 한없이 잔인해질 수 있다면, 그것이 인간에게 주어진 자연의 섭리라면, 우리는 어떤 삶과 사회를 선택해야 할 것인가. 깊이 생각해볼 문제를 제기하는 책이다.

— 김겨울(작가, 《책의 말들》 저자)

다정한 프로그램을 만들고 싶다는 오랜 바람이 있지만 쉽게 밖으로 내뱉어지지 않았다. 지루하지 않겠느냐, 그런 건 이미 많지 않냐, 많이 듣겠냐… 이미 내 안에서부터 수많은 반박 질문이 떠오른다. 나뿐이 아닐 것이다, 다정함이라는 가치를 끈질기게 검열하고 구박해온 이들이. 왜 우리는 생존의 정반대편에 다정함을 놓고, 친구가 되고 곁을 내어주는 것이 곧 약자가 되는 것이라 쉽게 정의 내렸을까. 이 책을 읽고 이제는 소리 내 말해본다. 아, 다정한 프로그램을 만들고 싶다.

— 서미란(PD, MBC 라디오 〈푸른밤, 옥상달빛입니다〉 연출)